化学工业出版社"十四五"普通高等教育规划教材

建筑结构

刘琦华　贾宏俊　主编

化学工业出版社

·北京·

内容简介

　　《建筑结构》共 14 章内容，包括绪论、建筑结构计算的基本原则、钢筋和混凝土材料的力学性能、钢筋混凝土受弯构件、钢筋混凝土受压构件、钢筋混凝土受扭构件、钢筋混凝土受拉构件、预应力混凝土的基本概念、钢筋混凝土结构的适用性和耐久性、钢筋混凝土梁板结构、多高层钢筋混凝土结构、建筑结构抗震设计基本知识、钢结构基本知识和建筑结构施工图整体表示法。

　　本书适合于高等学校工程管理、工程造价、建筑学和城市规划等本科专业师生作为教材使用，也适合于土木建筑类其他相关专业的师生以及相关专业的从业人员参考。

图书在版编目（CIP）数据

建筑结构/刘琦华，贾宏俊主编. —北京：化学工业出版社，2023. 8（2025. 1 重印）

化学工业出版社"十四五"普通高等教育规划教材
ISBN 978-7-122-43695-5

Ⅰ.①建…　Ⅱ.①刘…②贾…　Ⅲ.①建筑结构-高等学校-教材
Ⅳ.①TU3

中国国家版本馆 CIP 数据核字（2023）第 112182 号

责任编辑：刘丽菲　　　　　　　文字编辑：罗　锦　师明远
责任校对：刘曦阳　　　　　　　装帧设计：关　飞

出版发行：化学工业出版社
　　　　　（北京市东城区青年湖南街 13 号　邮政编码 100011）
印　　装：北京天宇星印刷厂
787mm×1092mm　1/16　印张 15½　字数 409 千字
2025 年 1 月北京第 1 版第 2 次印刷

购书咨询：010-64518888　　　售后服务：010-64518899
网　　址：http://www.cip.com.cn
凡购买本书，如有缺损质量问题，本社销售中心负责调换。

定　　价：49.80 元

本书编写团队

主　　编：刘琦华　贾宏俊

副主编：李文靖　候新平

参　　编：米　帅　李志国　李　楠　李洪刚　唐　迪

　　"建筑结构"课程是工程管理、工程造价和建筑学等相关专业的一门主干专业课，其目的是通过本课程的教学使学生掌握建筑结构的基本概念、原理和结构设计的理论与实用设计方法，具备简单的结构设计能力，在此基础上做好相关的设计、造价、咨询和管理等工作。

　　为深入贯彻全国教育大会精神和《中国教育现代化 2035》《教育部关于加快建设高水平本科教育全面提高人才培养能力的意见》《教育部关于深化本科教育教学改革全面提高人才培养质量的意见》等相关文件的精神，加快推进一流本科教育，本着重视培养学生的创新精神、实践能力的教育思想观念，本教材根据应用型人才培养的要求，注重基本原理与实际应用的结合，以实际应用为主。根据上述文件精神，针对专业特点，本书的内容安排，强化基本概念的学习，拓宽学生的知识面，对设计计算内容进行了精简，以钢筋混凝土结构设计为主，介绍了预应力混凝土结构、钢结构和抗震设计的相关内容，以及结构识图（平法）的知识。顺应时代的发展，没有把砌体结构和单层厂房等纳入本课程体系。

　　本教材在编写过程中，紧密结合现行规范和规程要求，注重教材内容的时效性，根据最新发布的《混凝土结构设计规范（2015 年版）》（GB 50010—2010）、《建筑结构荷载规范》（GB 50009—2012）、《高层建筑混凝土结构技术规程》（JGJ 3—2010）、《钢结构设计标准》（GB 50017—2017）和《建筑抗震设计规范（2016 年版）》（GB 50011—2010）等编写而成。

　　由于编者水平有限，书中难免有不足之处，欢迎读者批评指正。

编　者
2023.05

目录

第3章　钢筋混凝土受弯构件 / 31

第4章　钢筋混凝土受压构件 / 69

第5章 ▶ 钢筋混凝土受扭构件 / 84 ◀

第6章 ▶ 钢筋混凝土受拉构件 / 93 ◀

第7章 ▶ 预应力混凝土的基本概念 / 100 ◀

第 8 章 ▶ 钢筋混凝土结构的适用性和耐久性 / 110 ◀

第 9 章 ▶ 钢筋混凝土梁板结构 / 121 ◀

第 10 章 ▶ 多高层钢筋混凝土结构 / 154 ◀

第 11 章　▶ 建筑结构抗震设计基本知识 / 167 ◀

第 12 章　▶ 结构施工图识读与平法图集介绍 / 185 ◀

第 13 章　▶ 钢结构 / 194 ◀

附录 / 216

参考文献 / 238

绪 论

引言

建筑设计强调外观美观、新颖以及功能分区等相关问题，注重的是外表；作为建筑物，其本身必须承受起恒荷载和活荷载、风荷载、地震作用等各种作用，相当于人类的骨架。任何一个建筑设计方案，都会对具体的结构设计产生影响，而结构设计又制约着建筑设计。建筑设计与结构设计相互配合，使二者统一，才能创造出优秀的作品。

工程建设的过程，就是利用各类建筑构件（建筑骨架）进行建造的过程，作为工程管理人员，必须对各类建筑结构形式、构件组成（梁板柱的尺寸与配筋）足够熟悉，在此基础上，才能做好相关的造价和管理工作。

思考："在强国建设、民族复兴的新征程，我们要坚定不移推动高质量发展"2020 年，建筑业增加值占国内生产总值的比重达到 7.2%，为全社会提供了超过 5000 万个就业岗位。建筑业从快速发展向高质量发展转变，工程设计、建造水平显著提高，港珠澳大桥、北京大兴国际机场等一批世界级标志性重大工程相继建成。如何实现工程设计的高质量发展？

本章重点 >>>

建筑结构的概念和建筑结构的分类，钢筋混凝土结构、砌体结构、钢结构和木结构的概念及其优缺点。

0.1 建筑结构的一般概念

为便于大家更深入地理解建筑结构课程，首先有必要学习相关的专业术语，并了解其相互之间的关系。

（1）建筑物，通称为建筑。建筑物是人工建造，供人们进行生产、生活或其他活动的房屋或场所。一般指房屋建筑，也包括纪念性建筑、园林建筑和建筑小品等。构成建筑物的基本要素有：建筑功能、物质技术条件和建筑形象。

（2）构筑物，又称结构物。构筑物是为某种工程目的而建造的、人们一般不直接在其内部进行生产和生活活动的某项工程实体和附属建筑设施。前者如纪念性结构物、道路、桥梁、隧道、矿井等，后者如烟囱、水塔、贮液池等。构筑物除满足使用功能和技术条件外，还必须注意构筑物形象，以及与周围环境相协调。

（3）建筑结构。由若干构件连接而成的能承受荷载和其他间接作用的体系，叫作建筑结构。从狭义上说，指各种建筑物实体的承重骨架，也就是若干构件或部件按确定的方法组成互相关联的能承受作用的平面或空间体系。

（4）结构构件，简称构件。结构构件即组成结构的单元。按受力状态的不同，有受拉构件、受压构件、受弯构件、受扭构件等，如梁、板、柱、墙、基础、杆或者索等。

（5）作用。施加在结构上的集中力或分布力（直接作用，也称荷载）和引起结构外加变形或约束变形的原因（间接作用）。

（6）作用效应。由作用引起的结构或结构构件的反应，例如内力、变形和裂缝等。

（7）结构承载力，简称承载力。结构、构件或截面承受作用效应的能力。通常以在一定的受力状态和工作状态下结构或构件所能承受的最大内力，或达到不适于继续承受作用的变形时相应的内力来表示。按受力状态有受拉承载力、受压承载力、受弯承载力、受剪承载力、受扭承载力等。

（8）结构变形。结构或构件位移、沉降、倾斜、转动等的总称。

（9）结构刚度，简称刚度。刚度是指结构或构件抵抗变形的能力。通常以施加于结构或构件上的作用所引起的内力与其相应的构件变形之比来表示。

（10）结构耐久性。结构和构件在使用过程中，抵抗其自身和环境的长期作用，保持其原有性能而不破坏、不变质的能力。

0.2 常见建筑结构的特点及应用范围

（1）混凝土结构

① 素混凝土结构。素混凝土结构是指无钢筋或不配置受力钢筋的混凝土结构。在建筑工程中一般只用作基础垫层或室外地坪。

② 钢筋混凝土结构。钢筋混凝土是由混凝土和钢筋两种力学性能不同的材料组成的。混凝土的抗压强度很高，但是抗拉强度很低；钢筋的抗拉强度和抗压强度均很高但是抗火性能差并且易锈蚀。钢筋混凝土结构将两者结合，可以发挥两种材料的优点并克服各自的缺点，成为性能良好的结构形式。

钢筋混凝土结构的主要优点是：

a. 取材容易。混凝土所用的砂、石一般易于就地取材。另外，还可以有效利用矿渣、粉煤灰等工业废料。

b. 合理用材。钢筋混凝土结构合理地发挥了钢筋和混凝土两种材料的性能，与钢结构相比，还可以降低造价。

c. 耐久性好。钢筋被混凝土紧紧包裹而不致锈蚀，即使在侵蚀性介质条件下，也可采用特殊工艺制成耐腐蚀的混凝土，从而保证结构的耐久性。

d. 耐火性好。混凝土包裹在钢筋外面，火灾时钢筋不会很快达到软化温度而导致结构整体破坏。与裸露的木结构、钢结构相比，钢筋混凝土结构耐火性要好。

e. 可模性好。根据需要，可以较容易地浇筑成各种形状和尺寸的钢筋混凝土结构。

f. 整体性好。现浇或装配整体式钢筋混凝土结构有很好的整体性，有利于抗震、抵抗振动和抵抗爆炸冲击作用。

钢筋混凝土结构应用最广，目前房屋结构基本以钢筋混凝土结构为主。在一般混合结构房屋中，预制或现浇钢筋混凝土结构被广泛用作楼盖和屋盖；工业厂房也大量采用钢筋混凝土结构，而且，可以利用钢筋混凝土结构代替钢柱、钢屋架和钢吊车梁；在多层与高层建筑中，也多采用钢筋混凝土结构。

③ 预应力混凝土结构。预应力混凝土结构是指在混凝土或钢筋混凝土结构制作时，在其特定的部位上，通过张拉受力钢筋或其他方法，人为地预先施加应力的混凝土结构。同钢筋混凝土结构比较，预应力混凝土结构可延缓开裂，提高构件的抗裂性能和刚度，并可节约钢筋，减小自重，但其构造、计算和施工均较复杂，且延性差。预应力混凝土结构由于其承载力大、抗裂性能好，可实现大的跨度，常被应用于桥梁、高层建筑等结构中。

（2）钢结构

钢结构的构件较小，质量较小，便于运输、装拆、扩建等，适用于跨度大、高度高、承载重的结构。钢结构具有以下特点：

① 钢材的材质均匀，质量稳定，可靠度高。

② 钢材的强度高，塑性和韧性好，抗冲击和抗振动能力强。

③ 钢结构工业化程度高，工厂制造，工地安装，加工精度高，制造周期短，生产效率高，建造速度快。

④ 钢结构抗震性能好。

⑤ 钢结构耐腐蚀和耐火性差，可以采取一些技术手段来克服，如涂膜等。

由于钢结构优点突出，目前被广泛应用于重型工业厂房、高层及超高层房屋、大跨度结构、高耸结构等方面。在大跨度结构方面，如体育场馆、会展中心、会堂、剧场、飞机库、机车库等，都广泛地采用钢结构。国家体育场——鸟巢（图0-1）就是钢结构建筑。

图 0-1　钢结构建筑

（3）砌体结构

砌体结构的抗压强度较高，而抗弯、抗拉强度很低，因此砌体结构很少单独用来作为整体承重结构。砌体结构虽然有易于就地取材、造价低、运输和施工方便等优点，但整体性和抗震性差。

（4）木结构

木结构具有易于就地取材、制作方便、对环境污染小、材质轻、强度较高、可再生、可回收等优点，所以很早就被广泛地用于建设中。如图0-2所示的山西省应县的应县木塔，是世界现存最高、最古老的一座木结构塔式建筑。

图 0-2　应县木塔

木材还有易燃、易腐蚀、变形大的缺点。但经现代的设计后，现代木结构是集传统的建材（木材）和现代先进的设计、加工及建造技术而发展起来的结构形式，相对于传统木结构，连接多采用金属构件，抗震性能较好。

（5）混合结构

混合结构包含的内容较多。多层混合结构一般以砌体结构为竖向承重构件（如墙、柱等），而水平承重构件（如梁、板等）多采用钢筋混凝土结构，有时采用钢木结构。高层混合结构一般是钢-混凝土混合结构，即由钢框架或型钢混凝土框架与钢筋混凝土筒体所组成的共同承受竖向和水平作用的结构。

钢-混凝土混合结构体系是近年来在我国迅速发展的一种结构体系。它不仅具有钢结构建筑自重小、截面尺寸小、施工进度快、抗震性能好的特点，还兼有钢筋混凝土结构刚度大、防火性能好、成本低的优点，因而被认为是一种较好的高层建筑结构形式。

0.3　研究建筑结构的意义

结构的选择、设计和施工质量的好坏，对于工程的可靠性和寿命具有决定性的作用，对于生产和使用的影响重大。研究建筑结构的主要意义在于以下几个方面：

（1）结构方案决定着建筑设计的平面、立面和剖面。工程设计中，尽管建筑设计先于结构设计，但结构方案的选择决定着建筑设计的内容。

（2）经济合理的结构方案是成功设计的必然基础。也就是说要选择一个切实可行的结构形式和结构体系，同时在各种可行的结构形式和结构体系的比较中，又要能在特定的物质与技术条件下，具有尽可能好的结构性能、经济效果和建造速度。

（3）结构方案的选择是工程设计审查的主要内容。建筑与结构之间的关系处理得好，就能相得益彰，做到经济适用，达到美观的效果。相反，两者关系处理得不好，会带来很多问题。

0.4　建筑结构课程简介与学习方法

0.4.1　课程简介

建筑结构是工程管理、工程造价、建筑学、建筑工程技术等专业的主干课程，主要包括混凝土结构、钢结构和建筑抗震等相关知识。本课程将详细讲解受弯、受压、受拉、受扭构件的计算方法和构造要求。

本课程在材料力学、结构力学、房屋建筑学课程的基础上，进一步探讨钢筋、混凝土的力学性能，结构的布置、选型及基本构件的设计计算方法。学习完本课程，应能够正确理解国家建筑结构设计规范中的有关规定，能正确进行截面设计等，并应逐步培养专业素养，为将来从事建筑工程设计、项目管理工作打好基础。

0.4.2 学习方法

在学习本课程时，需注意以下几点：

（1）由于建筑结构材料自身性能较复杂，同时还有很多其他因素影响其性能，有些方面的强度理论还不够完善，在某些情况下，构件承载力和变形的取值还得参照试验资料的统计分析，处于半经验半理论状态，故学习时要正确理解其本质并注意公式的适用条件。

（2）建筑结构课程针对的是结构和构件的设计，需要遵循国家的建设方针，熟悉结构设计规范和其他相应规范，考虑适用、经济、安全、施工可行等因素，牵涉到方案的比较、构件的选型等方面，是一个多因素的综合性问题。

（3）学以致用。学习本课程不单要懂得一些理论，更要进行实践和应用，有些内容需要在实践中加强认识和理解。

（4）培养识图能力。识图能力是工科学生的基本能力，识读结构施工图则是本课程的落脚点之一。要学会运用工程图形（结构施工图）正确表达设计意图。

 习题 >>>

1. 什么是建筑结构？
2. 简述常见的建筑结构并说明各类结构的优缺点。
3. 简述建筑结构课程的学习要求。
4. 通过查阅资料，了解建筑结构发展的历程以及建筑结构发展的趋势。

第1章

建筑结构计算的基本原则

引言

　　建筑结构要有能力抵抗力和变形，在各种力的作用下，保证建筑的安全。需要明确加在结构上的各种作用力有哪些？如何去计量这些力的大小？如何组合这些力？

　　建筑结构设计的目的就是在现有技术的基础上，用最经济的手段来获得预定条件下预定功能的要求，结构设计就是遵循一定的原则和方法达到这个目的。

　　思考： 结合结构设计理论发展简史，了解结构设计理论的两大核心问题的矛盾与统一。

　　查阅相关文献，举例说明结构或构件的承载能力极限状态和正常使用极限状态都有哪些破坏类型？建立基本工程伦理，塑造良好的职业道德和责任意识。

本章重点 >>>

　　结构上作用的定义、分类，建筑结构的功能要求及安全等级，极限状态的定义、分类及两种极限状态的设计表达式，荷载分项系数、材料分项系数、结构重要性系数的意义和取值，极限状态设计时材料强度与荷载的取值。

1.1 建筑结构荷载

1.1.1 结构上的作用

　　使结构产生内力或变形的各种原因统称为作用。

　　建筑结构设计中涉及的作用应包括直接作用和间接作用。直接作用即荷载，以力的形式呈现，如结构的自重、楼面荷载、雪荷载、风荷载等；间接作用，不仅与外界因素有关，而且与结构本身的特性有关，如地基变形、混凝土收缩、温度变化、地震作用等。

1.1.2 荷载的分类

结构上的荷载按其随时间的变异性的不同，分为永久荷载、可变荷载和偶然荷载三类。

（1）永久荷载（恒荷载）

永久荷载是指在结构设计基准期内，其作用量值不随时间变化，或其变化幅度与平均值相比可以忽略不计的荷载，如结构自重、土压力、预应力等。

（2）可变荷载

可变荷载是指在结构设计基准期内其作用量值随时间而变化，且其变化幅度与平均值相比不可忽略不计的荷载，如楼面（屋面）活荷载、积灰荷载、吊车荷载、风荷载和雪荷载等。

（3）偶然荷载

偶然荷载是指在结构设计基准期内不一定出现，而一旦出现其量值很大且持续时间很短的荷载，如爆炸力、撞击力等。

1.1.3 荷载代表值

建筑结构设计时，应对不同荷载采用不同的代表值：
① 对永久荷载应采用标准值作为代表值。
② 对可变荷载应根据设计要求采用标准值、组合值、频遇值或准永久值作为代表值。
③ 对偶然荷载应按建筑结构使用的特点确定其代表值。
确定可变荷载代表值时应采用 50 年设计基准期。

1.1.3.1 永久荷载的代表值

永久荷载应包括结构构件、围护构件、面层及装饰、固定设备、长期储物的自重，土压力，水压力，以及其他需要按永久荷载考虑的荷载。荷载的标准值是指荷载的基本代表值，为设计基准期内最大荷载统计分布的特征值。永久荷载标准值按结构构件的设计尺寸、构造做法和材料单位体积的自重值计算确定。由于结构或非承重构件的自重变异性不大，一般以其平均值作为荷载标准值，即可按结构构件的设计尺寸和材料或结构构件单位体积（或面积）的自重标准值确定。对于自重变异性较大的材料，在设计中应根据其对结构有利或不利的情况，分别取其自重的下限值或上限值。

常用材料和构件的单位体积的自重见《建筑结构荷载规范》（GB 50009—2012），现将几种常用材料单位体积的自重摘录如下：素混凝土 $22\sim24kN/m^3$，钢筋混凝土 $24\sim25kN/m^3$，水泥砂浆 $20kN/m^3$，混合砂浆 $17kN/m^3$。

例如，取钢筋混凝土单位体积自重标准值为 $25kN/m^3$，则截面尺寸为 $200mm\times500mm$ 的钢筋混凝土矩形截面梁的自重标准值为 $0.2\times0.5\times25=2.5(kN/m)$。

1.1.3.2 可变荷载的代表值

可变荷载的代表值有四种，即标准值、组合值、频遇值和准永久值，其中，可变荷载的标准值是基本代表值，组合值、频遇值、准永久值都是以标准值乘以相应系数得出的。

（1）可变荷载的标准值

可变荷载的标准值是由设计基准期内荷载最大值频率分布的某一分位值确定的。但是，并非所有的荷载都能取得充分的统计资料，并以合理的统计分析来规定其特征值。因此，《建筑结构荷载规范》（GB 50009—2012）规定的可变荷载的标准值主要是根据历史经验确定的。《建筑结构荷载规范》（GB 50009—2012）给出了各种可变荷载的标准值，设计时可直接查用。现将民用建筑楼面均布活荷载的标准值、屋面均布活荷载的标准值摘录于附表 1 和附表 2。

考虑到构件的负荷面积越大，楼面单位面积上活荷载在同一时刻都达到其标准值的可能性越小，因此，《建筑结构荷载规范》（GB 50009—2012）规定，设计楼面梁、墙、柱及基础时，附表 1 中的楼面活荷载的标准值在下列情况下应乘以规定的折减系数：

① 设计楼面梁时的折减系数。

a. 第 1① 项当楼面梁从属面积超过 $25m^2$ 时，应取 0.9。

b. 第 1②～7 项当楼面梁从属面积超过 $50m^2$ 时，应取 0.9。

c. 第 8 项对单向板楼盖的次梁和槽形板的纵肋应取 0.8，对单向板楼盖的主梁应取 0.6，对双向板楼盖的梁应取 0.8。

d. 第 9～13 项应采用与所属房屋类别相同的折减系数。

② 设计墙、柱和基础时的折减系数。

a. 第 1① 项应按表 1-1 的规定采用。

b. 第 1②～7 项采用与其楼面梁相同的折减系数。

c. 第 8 项的客车，对单向板楼盖取 0.5，对双向板楼盖和无梁楼盖取 0.8。

d. 第 9～13 项采用与所属房屋类别相同的折减系数。

表 1-1　活荷载按楼层数的折减系数

墙、柱、基础计算截面以上的层数	1	2　3	4～5	6～8	9～20	＞20
计算截面以上各楼层活荷载总和的折减系数	1.00(0.90)	0.85	0.70	0.65	0.60	0.55

注：当楼面梁的从属面积超过 $25m^2$ 时，应采用括号内的系数。

（2）可变荷载的组合值

考虑到施加在结构上的各可变荷载不可能同时达到各自的最大值，因此，可变荷载的组合值不仅与荷载本身有关，而且与荷载效应组合所采用的概率模型有关。其值根据两种或两种以上可变荷载在设计基准期内的相遇情况及其组合的最大荷载效应的概率分布，并考虑不同荷载效应组合时结构构件可靠指标是否具有一致性的原则确定；也可根据使组合后产生的荷载效应值超越概率与考虑单一荷载时基本相同的原则确定。可变荷载的组合值可表示为 $\psi_c Q_k$，其中 Q_k 为可变荷载的标准值，ψ_c 为可变荷载的组合值系数，如民用建筑楼面值可按附表 1 取用。

（3）可变荷载的频遇值

对可变荷载，在设计基准期内，其超越的总时间为规定的较小比率或超越频率为规定频率的荷载值称为可变荷载的频遇值。具体来说，可变荷载的频遇值是指在设计基准期内被超越的总时间仅为设计基准期一小部分的荷载值。可变荷载的频遇值可表示为 $\psi_f Q_k$，其中 ψ_f 为可变荷载的组合值系数，如民用建筑楼面 ψ_f 值可按附表 1 取用。

（4）可变荷载的准永久值

对可变荷载，在设计基准期内，其超越的总时间约为设计基准期一半的荷载值称为可变荷载的准永久值。在结构设计中，准永久值主要用于考虑荷载长期效应的影响。可变荷载的准永久值可表示为 $\psi_q Q_k$，其中 ψ_q 为可变荷载的组合值系数，如民用建筑楼面 ψ_q 值可按附表 1 取用。

1.2　建筑结构概率极限状态设计法

1.2.1　设计基准期和设计使用年限

（1）设计基准期

设计基准期是指为确定可变荷载代表值而选用的时间参数。也就是说，在结构设计中所采用的荷载统计参数和与时间有关的材料性能取值时所选用的时间参数。建筑结构设计所考虑的荷载统计参数都是按 50 年确定的，如果设计时需要采用其他设计基准期，则必须另行确定在该基准期内最大荷载的概率分布及相应的统计参数。

（2）设计使用年限

设计使用年限是指房屋建筑在正常设计、正常施工、正常使用和维护的条件下，不需要进行大修就能达到其预定功能的使用时期。结构的设计使用年限应按表 1-2 采用。

表 1-2　结构的设计使用年限

类别	设计使用年限/年	示例
1	5	临时性结构
2	15	易于替换的结构构件
3	50	普通房屋和构筑物
4	100	纪念性建筑和特别重要的建筑结构

设计使用年限不同于设计基准期的概念。但对于普通建筑和构筑物，设计使用年限和设计基准期一般均为 50 年。

设计使用年限也不等同于建筑物的使用寿命。建筑寿命是指建筑物从建成使用直至最终废弃拆除的全部时间。按照标准规定，建筑达到设计使用年限后，要进行"体检"，通过鉴定给出继续使用、维修加固后使用和拆除的意见。正常情况下，建筑达到设计使用年限时，绝大部分可继续使用。对个别有问题的，可通过大修加固后继续使用。

1.2.2 建筑结构的功能要求与可靠度

建筑结构设计的目的就是在现有技术的基础上，用最经济的手段来获得预定条件下预定功能的要求。

建筑结构的功能要求主要包括以下三个方面：

① 安全性。结构在规定的设计使用年限内，在正常的施工和正常使用时，能承受可能出现的各种作用，以及在偶然事件发生时和发生后，仍能保持必需的整体稳定性。

② 适用性。建筑结构在正常使用时具有良好的工作性能，不出现过大的变形或振动。

③ 耐久性。建筑结构在正常的维护下，应能完好地使用到设计所规定的年限，具有足够的耐久性能，不发生锈蚀和风化现象。

安全性、适用性、耐久性三者可概括为结构可靠性。建筑结构在规定的时间内，在规定的条件下，完成预定功能的概率，称为建筑结构的可靠度。其中"规定的时间"是指"设计使用年限"，"规定的条件"是指正常设计、正常施工和正常使用的条件，也就是不考虑人为过失的影响。

1.2.3 建筑结构的极限状态

建筑结构满足设计规定的功能要求时称为"可靠"，反之则称为"失效"。结构或结构的一部分超过某一特定的状态就不能满足设计规定的某一功能要求，此特定的状态就称为该功能的极限状态。一旦超过这一状态，结构就将因丧失某一功能而失效。根据功能要求，建筑结构的极限状态可分为，承载能力极限状态和正常使用极限状态两类。

1.2.3.1 承载能力极限状态

结构或构件达到最大承载力或达到不适于继续承载的变形的极限状态称为承载能力极限状态。当结构或构件出现下列状态之一时，即认为超过了承载能力极限状态：

（1）结构构件或连接部位因荷载过大而遭受破坏，包括承受多次重复荷载构件产生的疲劳破坏（如钢筋混凝土梁受压区混凝土达到其抗压强度）。

（2）整个结构或其中的一部分作为刚体失去平衡（如倾覆、过大的滑移）。

（3）结构构件或连接部位因产生过度的塑性变形而不适于继续承载（如受弯构件中的少筋梁）。

（4）结构转变为机动体系（如超静定结构由于某些截面的屈服，形成塑性铰使结构成为几何可变体系）。

（5）结构或构件丧失稳定（如细长柱达到临界荷载发生压屈）。

1.2.3.2 正常使用极限状态

结构或构件达到正常使用或耐久性的某项规定限值的极限状态称为正常使用极限状态。当结构或构件出现下列状态之一时，应认为超过了正常使用极限状态：

① 影响正常使用或外观变形（如梁产生超过了挠度限值的过大的挠度）。

② 影响正常使用或耐久性的局部损坏（如不允许出现裂缝的构件开裂，或允许出现裂

缝的构件，其裂缝宽度超过了允许限值）。

③ 影响正常使用的振动。

④ 影响正常使用的其他特定状态（如由于钢筋锈蚀产生的沿钢筋的纵向裂缝）。

承载能力极限状态主要考虑结构的安全性，正常使用极限状态主要考虑结构的适用性和耐久性，超过正常使用极限状态的后果一般不如超过承载能力极限状态严重，但也不可忽略。在正常使用极限状态设计时，其可靠度水平可以适当低于承载能力极限状态的可靠度水平。因此，对结构构件通常先按承载能力极限状态进行承载力计算，然后根据使用要求按正常使用极限状态进行变形、裂缝宽度或抗裂等的验算。

1.2.4 承载能力极限状态计算

1.2.4.1 承载能力极限状态设计

在极限状态设计方法中，结构构件的承载力计算应采用下列表达式。

$$\gamma_0 S_d \leqslant R_d$$

式中 γ_0——结构重要性系数，如表 1-3 所示；

   S_d——荷载组合的效应设计值；

   R_d——结构构件抗力的设计值。

表 1-3   结构重要性系数 γ_0

结构重要性系数	对持久设计状况和短暂设计状况			对偶然设计状况和地震设计状况
	安全等级			
	一级	二级	三级	
γ_0	1.1	1.0	0.9	1.0

1.2.4.2 基本组合荷载效应组合设计值

（1）由可变荷载效应控制的组合，按下式进行计算：

$$S_d = \sum_{j=1}^{m} \gamma_{G_j} S_{G_j k} + \gamma_{Q_1} \gamma_{L_1} S_{Q_1 k} + \sum_{i=2}^{n} \gamma_{Q_i} \gamma_{L_i} \psi_{c_i} S_{Q_i k}$$

式中 γ_{G_j}——第 j 个永久荷载的分项系数，当永久荷载效应对结构不利时，对由可变荷载效应控制的组合应取 1.2，对由永久荷载效应控制的组合应取 1.35，当永久荷载效应对结构有利时，不应大于 1.0；

   γ_{Q_i}——第 i 个可变荷载的分项系数，其中 γ_{Q_1} 为主导可变荷载 Q_1 的分项系数，可变荷载的分项系数：对标准值大于 4kN/m² 的工业房屋楼面结构的活荷载应取 1.3，其他情况应取 1.4；

   γ_{L_i}——第 i 个可变荷载考虑设计使用年限的调整系数，其中 γ_{L_1} 为主导可变荷载 Q_1 考虑设计使用年限的调整系数；

   $S_{G_j k}$——按第 j 个永久荷载标准值 G_{jk} 计算的荷载效应值；

   $S_{Q_i k}$——按第 i 个可变荷载标准值 Q_{ik} 计算的荷载效应值，其中 $S_{Q_1 k}$ 为诸可变荷载效应中起控制作用者；

   ψ_{c_i}——第 i 个可变荷载 Q_i 的组合值系数；

m——参与组合的永久荷载数；

n——参与组合的可变荷载数。

（2）由永久荷载效应控制的组合，按下式进行计算：

$$S_d = \sum_{j=1}^{m} \gamma_{G_j} S_{G_j k} + \sum_{i=1}^{n} \gamma_{Q_i} \gamma_{L_i} \psi_{c_i} S_{Q_i k}$$

基本组合中的效应设计值仅适用于荷载与荷载效应为线性的情况。

当对 $S_{Q_1 k}$ 无法明显进行判断时，应轮次以各可变荷载效应作为 $S_{Q_1 k}$，并选取其中最不利的荷载组合的效应设计值。

1.2.4.3　荷载偶然组合效应设计值

（1）用于承载能力极限状态计算的效应设计值，应按下式进行计算：

$$S_d = \sum_{j=1}^{m} S_{G_j k} + S_{A_d} + \psi_{f_1} S_{Q_1 k} + \sum_{i=2}^{n} \psi_{q_i} S_{Q_i k}$$

式中　S_{A_d}——按偶然荷载标准值 A_d 计算的荷载效应值；

ψ_{f_1}——第 1 个可变荷载的频遇值系数；

ψ_{q_i}——第 i 个可变荷载的准永久值系数。

（2）用于偶然事件发生后受损结构整体稳固性验算的效应设计值，应按下式进行计算：

$$S_d = \sum_{j=1}^{m} S_{G_j k} + \psi_{f_1} S_{Q_1 k} + \sum_{i=2}^{n} \psi_{q_i} S_{Q_i k}$$

组合中的设计值仅适用于荷载与荷载效应为线性的情况。

1.2.5　正常使用极限状态计算

在正常使用极限状态计算中，应根据不同的设计要求，采用荷载的标准组合、频遇组合或准永久组合，按下列设计表达式进行设计：

$$S_d \leqslant C$$

式中　C——结构或构件达到正常使用要求的规定限值，应按各有关建筑结构设计规范的规定采用。

（1）对于标准组合，荷载效应组合的设计值按下式计算：

$$S_d = \sum_{j=1}^{m} S_{G_j k} + S_{Q_1 k} + \sum_{i=2}^{n} \psi_{c_i} S_{Q_i k}$$

（2）对于频遇组合，荷载效应组合的设计值按下式计算：

$$S_d = \sum_{j=1}^{m} S_{G_j k} + \psi_{f_1} S_{Q_1 k} + \sum_{i=2}^{n} \psi_{q_i} S_{Q_i k}$$

（3）对于准永久组合，荷载效应组合的设计值按下式计算：

$$S_d = \sum_{j=1}^{m} S_{G_j k} + \sum_{i=2}^{n} \psi_{q_i} S_{Q_i k}$$

组合的设计值仅适用于荷载与荷载效应为线性的情况。

习题 >>>

1. 什么是设计基准期？什么是设计使用年限？
2. 建筑结构的功能要求是什么？
3. 建筑结构或构件超过承载能力极限的状态表现是怎样的？
4. 建筑结构或构件超过正常使用极限的状态表现是怎样的？
5. 什么是重要性系数？什么是分项系数？

第2章

钢筋和混凝土材料的力学性能

引言

　　钢筋混凝土结构主要采用钢筋和混凝土两种材料，在建筑材料实验课中，介绍了两种材料的基本力学特征，无论从外观还是物理、化学的特性讲，两种材料都相差甚远。两种性质截然不同的材料为什么能够在一起共同作用，各自在结构中发挥着什么样的作用呢？

　　思考：混凝土具有较好的抗压性能，钢筋有较好的抗拉性能，工程中取长补短形成钢筋混凝土结构，实现"1＋1＞2"的效果。建筑科技中，还有哪些"1＋1＞2"的案例？

本章重点 >>>

　　钢筋和混凝土两种材料的特点；钢筋和混凝土在不同受力条件下强度和变形的变化规律；这两种材料共同工作的基础和影响因素。

2.1 混凝土的力学性能

2.1.1 混凝土的强度

　　混凝土是由水泥、粗细骨料、外加剂和水按一定配合比经搅拌后结硬的人工石材，简称"砼"。混凝土是一种不均匀、不密实的混合体，且其内部结构复杂，这就给混凝土的强度测定带来一定的困难。此外，混凝土的强度还受到许多因素的影响，如水泥的品质和用量，骨料的性质，混凝土的配比、制作的方法、养护环境的温湿度、龄期，试件的形状和尺寸，试验的方法等，因此，在测定混凝土的强度时要规定一个统一的标准作为依据。

2.1.1.1 立方体抗压强度及混凝土强度等级

　　测定混凝土抗压强度的试件，有立方体和圆柱体两种。我国规定边长为 150mm 的立方体试块，在温度（20±3）℃、相对湿度≥95％条件下养护28天，用标准试验方法测得的抗压强度，称为立方体抗压强度，用符号 f_{cu} 表示。混凝土立方体抗压强度 f_{cu} 是混凝土强度的基本代表值，其他强度可由它换算得到。

我国《混凝土结构设计规范（2015年版）》（GB 50010—2010）（以下简称《混凝土结构设计规范》）规定将混凝土的强度按照其立方体抗压强度标准值（$f_{cu,k}$）的大小划分为14个等级，即 C15、C20、C25、C30、C35、C40、C45、C50、C55、C60、C65、C70、C75、C80。其中 C 表示混凝土，C 后面的数字表示混凝土立方体抗压强度标准值，单位为 N/mm^2。如 C30 表示混凝土立方体抗压强度标准值为 $30N/mm^2$。

素混凝土结构的强度等级不应低于 C15；钢筋混凝土结构的强度等级不应低于 C20；采用 HRB400 级钢筋时混凝土强度等级不宜低于 C25；当采用 HRB500 级钢筋时，混凝土强度等级不宜低于 C30。

2.1.1.2 轴心抗压强度

在工程中，钢筋混凝土受压构件的尺寸，往往是高度 h 比截面的边长 b 大很多，形成棱柱体。用棱柱体所测得的强度称为混凝土的轴心抗压强度 f_c，f_c 能更好地反映混凝土的实际抗压能力。从图 2-1 所作试验的曲线可知，当 $h/b=2\sim3$ 时，轴心抗压强度趋于稳定，达到纯压状态。我国《混凝土物理力学性能试验方法标准》（GB/T 50081—2019）规定以 $150mm\times150mm\times300mm$ 的棱柱体作为混凝土轴心抗压强度试验的标准试件。

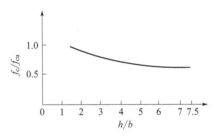

图 2-1　柱体高宽比对抗压强度的影响

轴心抗压强度的试件是在与立方体试件相同条件下制作的，经测试其数值要小于立方体抗压强度。图 2-2 是根据我国所制作的混凝土棱柱体与立方体抗压强度对比试验的结果。由图可看出轴心抗压试验值 f_c^0 和立方体抗压试验值 f_{cu}^0 的统计平均值大致成一条直线关系，它们的比值大致在 0.70～0.92 的范围内变化，强度大的比值大。

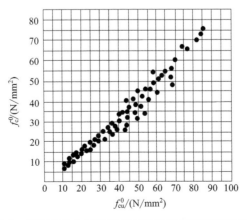

图 2-2　混凝土轴心抗压强度与立方体抗压强度的关系

2.1.1.3 轴心抗拉强度

混凝土的抗拉强度很低，与立方体抗压强度之间为非线性关系，一般只有其立方体抗压强度的 1/10。混凝土轴心抗拉强度与立方体抗压强度的关系见图 2-3。

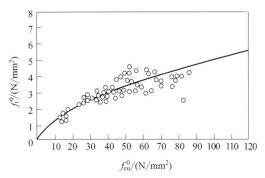

图 2-3 混凝土轴心抗拉强度与立方体抗压强度的关系

2.1.2 混凝土强度的取值

混凝土强度是影响混凝土结构构件承载力的主要因素之一。其强度的取值合理与否，将直接影响结构构件的可靠性和经济效果。

按同一标准生产的混凝土各批之间的强度不会完全相同，即使同一次搅拌的混凝土其强度也有差别，这就是所谓材料强度的变异性。为了保证结构的安全性，在设计时应确定材料强度的标准值。所谓材料强度的标准值，是指在正常情况下，可能出现的最小材料强度。材料强度的标准值应根据材料强度概率分布某一分位值确定。材料强度概率分布一般采用正态分布。

（1）混凝土强度标准值

混凝土轴心抗压强度标准值用 f_{ck} 表示；轴心抗拉强度标准值用 f_{tk} 表示。混凝土轴心抗压强度标准值、混凝土轴心抗拉强度标准值均见表 2-1。

表 2-1 混凝土轴心抗压（抗拉）强度标准值　　　　　单位：N/mm²

强度	混凝土强度等级													
	C15	C20	C25	C30	C35	C40	C45	C50	C55	C60	C65	C70	C75	C80
f_{ck}	10.0	13.4	16.7	20.1	23.4	26.8	29.6	32.4	35.5	38.5	41.5	44.5	47.4	50.2
f_{tk}	1.27	1.54	1.78	2.01	2.20	2.39	2.51	2.64	2.74	2.85	2.93	2.99	3.05	3.11

（2）混凝土强度设计值

《混凝土结构设计规范》规定，混凝土结构构件按承载能力极限状态计算时，应采用基本组合或偶然组合，混凝土强度应采用设计值。

混凝土强度设计值，等于混凝土强度标准值除以混凝土的材料分项系数 γ_c。《混凝土结构设计规范》规定，$\gamma_c = 1.40$。它是根据可靠指标及工程经验分析确定的。

混凝土轴心抗压强度设计值、混凝土轴心抗拉强度设计值见表 2-2。

表 2-2　混凝土轴心抗压（抗拉）强度设计值　　　　　单位：N/mm²

强度	混凝土强度等级													
	C15	C20	C25	C30	C35	C40	C45	C50	C55	C60	C65	C70	C75	C80
f_c	7.2	9.6	11.9	14.3	16.7	19.1	21.1	23.1	25.3	27.5	29.7	31.8	33.8	35.9
f_t	0.91	1.10	1.27	1.43	1.57	1.71	1.80	1.89	1.96	2.04	2.09	2.14	2.18	2.22

2.1.3　混凝土的变形性能

混凝土的变形可分为两类。一类是在荷载作用下的受力变形，如单调短期加载、多次重复加载以及荷载长期作用下的变形。另一类与受力无关，称为体积变形，如混凝土收缩、膨胀以及由于温度变化所产生的变形等。

（1）混凝土在单调、短期加载作用下的变形性能

混凝土在单调、短期加载情况下的应力-应变关系，是混凝土力学性能的一个重要方面，它是钢筋混凝土构件应力分析、建立强度和变形计算理论所必不可少的依据。

混凝土在单调短期加载作用下的应力-应变曲线是其最基本的力学性能，曲线的特征是研究钢筋混凝土构件的强度、变形、延性（承受变形的能力）和受力全过程的依据。混凝土试件受压时典型的应力-应变曲线示于图 2-4（a），整个曲线大体呈上升段与下降段两部分。为了便于对钢筋混凝土结构进行设计计算，通常采用简化的混凝土应力-应变曲线，如图 2-4（b）。

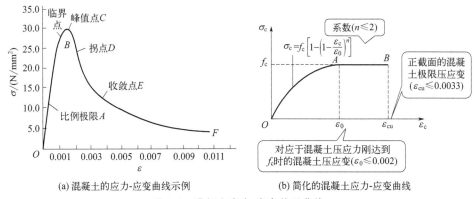

(a) 混凝土的应力-应变曲线示例　　　　(b) 简化的混凝土应力-应变曲线

图 2-4　混凝土应力-应变关系曲线

对于图 2-4（a），在上升段 OC 段：起初压应力较小，当应力 $\sigma \leq 0.3 f_c$ 时（OA 段），变形主要取决于混凝土内部骨料和水泥结晶体的弹性变形，应力-应变曲线关系呈直线变化。当应力 σ 在（0.3～0.8）f_c 范围时（AB 段），由于混凝土内部水泥凝胶体的黏性流动，混凝土表现出越来越明显的非弹性性质，应力应变呈现出非线性关系，随着荷载加大初始裂缝加宽、伸长并出现新裂缝，但处于稳定状态，此时应变增长快于应力增长。

在 CE 段：当试件应力达到 f_c 即应力峰值 C 点时，混凝土发挥出它受压时的最大承载能力，即轴心抗压强度，此时，内部微裂缝已延伸扩展成若干通缝，由于混凝土内部结构整体受到越来越严重的破坏，试件的平均强度下降，试件承载力也开始下降。应力-应变曲线

第❷章　钢筋和混凝土材料的力学性能

向下弯曲，直到凹向发生改变，线出现拐点 D。超过 D 点，混凝土只靠骨料间的咬合及摩擦力与残余承压面来承受荷载，应力-应变曲线逐渐凸向水平轴，出现曲率最大的一点 E 称为收敛点。E 点以后的曲线称为收敛段。对于无侧向约束的混凝土收敛段 EF 已失去结构上的意义。

值得注意的是，如果测试时使用的是一般性的试验机，测不出应力-应变曲线的下降段。不同条件下混凝土应力-应变曲线不相同，影响混凝土应力-应变曲线的因素很多，主要有混凝土强度、加载速度、加载方法、横向钢筋的约束等。图 2-5、图 2-6 表示不同因素下单调短期荷载作用下混凝土应力-应变关系。

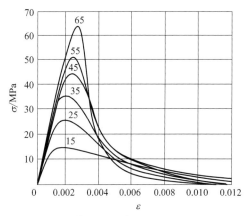

图 2-5　强度等级不同的混凝土应力-应变关系　　图 2-6　不同应变速率的混凝土应力-应变关系

（2）混凝土处于三向受压时的变形特点

在三向受压的情况下，因为混凝土试件横向处于约束状态，其强度与延性均有较大程度的增加。为了进一步说明问题以便工程应用，图 2-7 给出了混凝土圆柱体试件在三向受压作用下的轴向应力-应变曲线。当试件周围的侧向力 $\sigma_2 = 0$ 时，混凝土强度 $f_c = 25.7\mathrm{N/mm^2}$，但是随着试件周围侧向压力的加大，试件的强度和延性都大为提高。

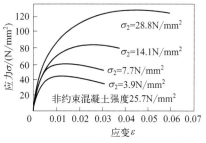 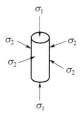

图 2-7　混凝土圆柱体三向受压应力-应变关系

由上图可得出如下结论：

① 约束了混凝土的横向变形可以提高其抗压强度，了解这一原理不仅具有理论意义，而且具有实践意义；

② 侧向压应力有利于提高混凝土的抗压强度和延性，剪应力的存在会降低混凝土的抗压强度；

③ 适宜的压应力有利于提高混凝土的抗剪强度；

④ 剪切面上的拉应力能降低混凝土的抗剪能力。

在工程实际中，常以间距较小的螺旋式钢筋或间距较密的普通箍筋来约束混凝土。对结构的构件和节点区，采用间距较密的螺旋筋和箍筋约束混凝土来提高构件的延性，以承受地震力的作用是行之有效的。

（3）混凝土在多次重复荷载下的应力-应变关系

对混凝土棱柱体试件加载使其应力达到某个数值 σ，然后卸载至零，并将这一循环多次重复进行就称为多次重复加载。试验表明，混凝土经过一次加载循环后将有一部分塑性变形不能恢复，在多次循环过程中，这些塑性变形将逐渐积累，但每次的增量不断减小。试件在循环 200 万次或稍多时发生破坏的压应力称为混凝土的疲劳抗压强度，用符号 f_c^f 表示。混凝土的疲劳抗压强度低于其轴心抗压强度。

（4）混凝土的弹性模量、变形模量、泊松比和剪切模量

① 混凝土的弹性模量。在材料力学中，衡量弹性材料应力-应变之间的关系，可用弹性模量表示：

$$E = \sigma/\varepsilon \tag{2-1}$$

在一般情况下，混凝土的应力和应变呈曲线变化，见图 2-8。弹性模量高，即表示材料在一定应力作用下，所产生的应变相对较小。在钢筋混凝土结构中，无论是进行超静定结构的内力分析，还是计算构件的变形、温度变化和支座沉陷对结构构件产生的内力，以及预应力构件等都要应用到混凝土的弹性模量。

通过一次加载的混凝土 σ-ε 关系曲线原点的斜率，称为原点弹性模量，简称弹性模量，用符号 E_c 表示。由图 2-9 看出：

$$E_c = \tan\alpha_0 \tag{2-2}$$

式中　E_c——混凝土弹性模量；

　　　α_0——通过混凝土 σ-ε 曲线原点处的切线与横坐标轴的夹角。

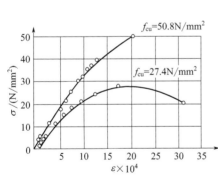

图 2-8　混凝土应力-应变曲线

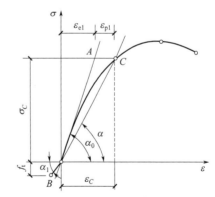

图 2-9　混凝土棱柱体一次加载的应力-应变曲线

但是，E_c 的准确值不易从一次加载的应力-应变曲线上求得。《混凝土结构设计规范》规定的 E_c 值是在重复加载应力-应变曲线上求得的。《混凝土结构设计规范》对不同强度等级的混凝土所做的实验结果如图 2-10 所示，并给出了弹性模量的计算公式：

$$E_c = \frac{10^5}{2.2 + \dfrac{34.7}{f_{cu}}} \tag{2-3}$$

根据上式求得不同强度等级的混凝土弹性模量，见表 2-3。

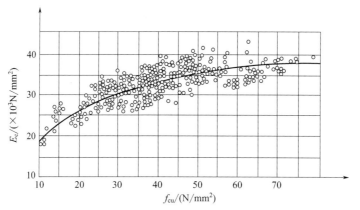

图 2-10 混凝土 E_c 与 f_{cu} 的关系曲线

表 2-3 混凝土弹性模量

强度等级	C15	C20	C25	C30	C35	C40	C45	C50	C55	C60	C65	C70	C75	C80
E_c /($\times 10^4 \text{N/mm}^2$)	2.20	2.55	2.80	3.00	3.15	3.25	3.35	3.45	3.55	3.60	3.65	3.70	3.75	3.80

② 混凝土变形模量。当应力较大，超过 $0.5f_c$ 时，弹性模量 E_c 已不能反映这时应力-应变之间的关系。为此，给出变形模量的概念。应力-应变曲线上任一点 C 的应变 ε_C 由两部分组成（图 2-9）：

$$\varepsilon_C = \varepsilon_{el} + \varepsilon_{pl} \tag{2-4}$$

式中 ε_{el}——混凝土弹性应变；

ε_{pl}——混凝土塑性应变。

原点 O 与应力-应变曲线上任一点 C 连线（割线）的斜率，称为变形模量，即

$$E'_C = \tan\alpha = \frac{\sigma_C}{\varepsilon_C} \tag{2-5}$$

设弹性应变 ε_{el} 与总应变 ε_C 之比

$$\nu = \frac{\varepsilon_{el}}{\varepsilon_C} \tag{2-6}$$

将式(2-6)代入式(2-5)，得式(2-7)

$$E'_C = \nu E_c \tag{2-7}$$

式中 E'_C——混凝土变形模量；

E_c——混凝土弹性模量；

ν——混凝土弹性系数。

混凝土弹性系数 ν 反映了混凝土的弹性性质，它随应力 σ 的增大而减小。当 $\sigma = 0.5f_c$ 时，ν 的平均值为 0.85；当 $\sigma = 0.8f_c$ 时，ν 的平均值为 0.4~0.7。

③ 混凝土泊松比。混凝土泊松比是指试件在短期一次加载（纵向）作用下横向应变与纵向应变之比，即

$$\mu_c = \frac{\varepsilon_x}{\varepsilon_y} \tag{2-8}$$

式中 μ_c——混凝土泊松比（《混凝土结构设计规范》取 $\mu_c = 0.2$）；

ε_x、ε_y——分别为混凝土的横向应变和纵向应变。

④ 混凝土剪切模量。由材料力学可知，剪切模量可按下式计算：

$$G_c = \frac{E_c}{2(1+\mu_c)} \tag{2-9}$$

式中 G_c——混凝土剪切模量。

其余符号意义同前。

若取 $\mu_c = 0.2$，则 $G_c = 0.417E_c$，《混凝土结构设计规范》取 $G_c = 0.4E_c$。

2.1.4 混凝土的时随变形——徐变和收缩

(1) 混凝土的徐变

混凝土在长期不变荷载持续作用下，产生随时间而增长的变形称为混凝土的徐变（图 2-11）。影响混凝土徐变的因素如下。

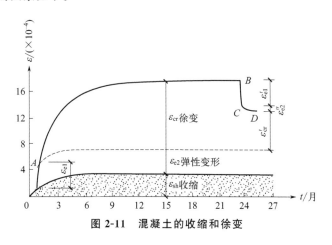

图 2-11 混凝土的收缩和徐变

① 水灰比的影响。在水灰比不变的条件下，水泥用量越大，徐变量越大。

② 骨料的影响。骨料所占比例越高，骨料弹性模量越高，徐变量越小。

③ 环境的影响。在受荷载前混凝土养护时的温度越高、湿度越大、徐变量越小，故采用蒸汽养护，可减小徐变量约 $20\% \sim 25\%$。受力后，环境的温度越高，徐变就越大；环境相对湿度越低，徐变也就越大。

④ 应力大小的影响。试验表明，在压应力不超过 $0.5f_c^0$ 范围内，徐变与应力大致成正比关系，称为线性徐变。随时间的增长，徐变最终趋近于某一定值，故徐变是收敛性的。但徐变增长速率大于应力增长，同时随应力的增长，徐变收敛性越来越差，称为非线性徐变。当应力超过 $0.8f_c^0$ 后，徐变变为非收敛性，在这种情况下徐变发展，最终将导致混凝土破坏。因此，在长期荷载持续作用下取压应力 $0.8f_c^0$ 为混凝土长期抗压强度。

⑤ 混凝土构件相对表面积的影响。相对表面积越大则徐变越大。

混凝土徐变对钢筋混凝土构件的受力性能有重要影响。它可以增大受压构件的变形，产生应力重分布，使钢筋实际应力大于理论值；使钢筋混凝土梁的挠度增大；对细长的偏心受压构件，可以增大偏心，降低构件的承载力；在预应力混凝土中将使预应力钢筋产生应力损失等。应该说明的是，徐变也有对结构受力有利的一面，如可缓和应力集中现象、降低温度应力、减少支座不均匀沉降引起的结构内力、受拉徐变可延缓收缩裂缝的出现等。

（2）混凝土的收缩

混凝土在空气中硬结时体积缩小的现象称为混凝土收缩。混凝土的收缩随时间增长而增大，初期收缩变形发展较快，两周后完成总收缩量的 25%，一个月可完成 50%，三个月后收缩增长减缓，两年后趋于稳定，最终收缩值可在 $(2\sim5)\times10^{-4}$ 之间（图 2-11）。

一般认为，混凝土的收缩由凝缩和干缩两部分组成。凝缩是凝胶体本身的体积收缩，干缩是混凝土因失水产生的体积收缩。影响混凝土收缩的因素主要有以下几个方面：

① 水灰比。水泥用量不变，水灰比越大，收缩越大。

② 水泥用量。水灰比不变，水泥用量越多，收缩越大。

③ 骨料及级配。骨料的级配好、密度大、弹性模量大、粒径大，骨料对凝胶体收缩制约作用就大，从而可以减小收缩。

④ 养护条件。高温、高湿养护可加快水泥的水化作用，减少混凝土中的自由水，减少收缩；当环境的温度高、湿度小时，混凝土中的水分蒸发较快，最终的收缩值较大。

此外，混凝土最终收缩量还与混凝土的体积与表面积的比值有关，体表比小的构件，由于水分比较容易蒸发，故收缩值也较大；反之，体表比大的构件，收缩值就较小。

混凝土的收缩是与荷载无关的变形，如果这种变形受到外部或内部因素的约束而不能自由变形时，将会导致混凝土内产生拉应力，甚至开裂，同时收缩还会导致预应力混凝土中预应力的损失。因此，无论在设计还是施工上均应注意减少混凝土收缩。

2.2　钢筋的种类及其力学性能

2.2.1　钢筋的种类、成分及形式

建筑用的钢筋，要求其有较高的强度，良好的塑性，便于加工和焊接。为了检查钢筋的这种性能，就要掌握钢筋的化学成分、生产工艺和加工条件。

我国用于混凝土结构的钢筋主要有热轧钢筋、热处理钢筋、预应力钢筋及钢绞线四种，在钢筋混凝土结构中主要采用热轧钢筋，在预应力混凝土中这四种钢筋均会用到。热轧钢筋是低碳钢、普通低合金钢在高温下轧制而成。热轧钢筋为软钢，其应力-应变曲线有明显的屈服点和流幅，断裂时有"颈缩"现象，伸长率较大。根据力学指标的高低，可将热轧钢筋分为以下几种。

① 热轧光圆钢筋　HPB300，300MPa 级（符号Φ）。

② 热处理带肋钢筋　HRB335，335MPa 级（符号Φ）；HRB400，400MPa 级（符号Φ）；HRB500，500MPa 级（符号Φ）。

③ 细晶粒热处理带肋钢筋　HRBF400，400MPa 级（符号Φ^F）；HRBF500，500MPa 级（符号Φ^F）。

④ 余热处理带肋钢筋　RRB400 级，400MPa 级（符号Φ^R）。

英文字母后面的数字表示钢筋屈服强度特征值，如 400，表示该级钢筋的屈服强度特征值为 400N/mm^2。

混凝土结构中，纵向受力普通钢筋宜采用 HRB400、HRB500、HRBF400、HRBF500

钢筋，也可采用 HPB300、HRB335、RRB400 钢筋；梁、柱纵向受力普通钢筋应采用 HRB400、HRB500、HRBF400、HRBF500 钢筋；箍筋宜采用 HRB400、HRBF400、HPB300、HRB500、HRBF500 钢筋，也可采用 HRB335 钢筋。

钢筋的化学成分以铁元素为主，还含有少量的其他元素，这些元素影响着钢筋的力学性能，Ⅰ级钢为低碳素钢，强度较低，但有较好的塑性；Ⅱ、Ⅲ、余热处理Ⅲ级钢为低合金钢，其成分除含量每级递增的碳元素外，还含有少量用于提高钢筋强度的硅、钒、钛等元素。目前我国生产的低合金钢有锰系（20MnSi、25MnSi）、硅钒系（40SiMnV、45SiMnV）硅钛系（45Si$_2$MnTi）等系列。钢筋中碳的含量增加，强度就随之提高，不过塑性和可焊性会有所降低。一般低碳钢含碳量≤0.25%，高碳钢含碳量为 0.6%～1.4%。

在钢筋的化学成分中，磷和硫是有害的元素，磷、硫含量多的钢筋的塑性差，磷使钢材冷脆，硫使钢材热脆，而且影响焊接质量，所以对其含量要予以限制。

热处理钢筋是将特定强度的热轧钢筋再通过加热、淬火和回火等调质工艺处理的钢筋。热处理后的钢筋强度能得到较大幅度的提高，而塑性降低不大。热处理钢筋为硬钢，其应力-应变曲线没有明显的屈服点，伸长率较小，质地硬脆。

钢筋混凝土结构中所采用的钢筋，有柔性钢筋和劲性钢筋（又称为钢骨），见图 2-12。柔性钢筋即一般的普通钢筋，是我国使用的主要钢筋形式。柔性钢筋的外形可分为光圆钢筋与变形钢筋，变形钢筋有螺纹形、人字形和月牙纹形等，见图 2-13。

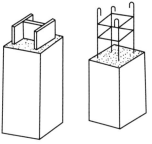

(a) 劲性钢筋　　　　(b) 柔性钢筋

图 2-12　劲性钢筋和柔性钢筋

钢筋混凝土结构构件中的钢筋网、平面和空间的钢筋骨架可采用铁丝将柔性钢筋绑扎成型，也可采用焊接网和焊接骨架（图 2-14）。劲性钢筋以角钢、槽钢、工字钢、钢轨等型钢作为结构构件的钢筋（骨）。

光圆钢筋

螺纹钢筋

人字纹钢筋

图 2-13　常用柔性钢筋及其外形

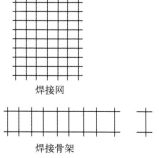

焊接网

焊接骨架

图 2-14　焊接网和焊接骨架

2.2.2　钢筋的力学性能

钢筋的力学性能有强度、变形（包括弹性和塑性变形）等。单向拉伸试验是确定钢筋性能的主要手段。经过钢筋的拉伸试验可以看到，钢筋拉伸的应力-应变关系曲线可分为两类：有明显屈服点的（图 2-15）和没有明显屈服点的（图 2-16）。一般来说，热轧和冷拉钢筋属于有明显屈服点的钢筋，钢丝和热处理钢筋属无明显屈服点的钢筋。

图 2-15 所示为一条有明显屈服点的典型的钢筋应力-应变曲线。在图 2-15 中，oa 为一段斜直线，其应力与应变之比为常数，应变在卸荷后能完全消失，称为弹性阶段，与 oa 相应的应力称为比例极限（或弹性极限）。应力超过 a 点之后，钢筋中晶粒开始产生相互滑移错位，应变增长得稍快，除弹性应变外，还有卸荷后不能消失的塑性变形。到达 b 点后，钢筋开始屈服，即荷载不增加，应变却继续发展，出现水平段 bc，bc 称之为流幅或屈服台阶；b 点则称屈服点，与 b 点相应的应力称为屈服应力或屈服强度。

经过屈服阶段之后，钢筋内部晶粒经调整重新排列，抵抗外荷载的能力又有所提高，cd 段即称为强化阶段，d 点叫作钢筋的抗拉强度或极限强度，而与 d 点应力相应的荷载是试件所能承受的最大荷载，称为极限荷载。对于有明显流幅的钢筋，一般取屈服点作为钢筋设计强度取值的依据。屈服强度与抗拉强度之比称为屈强比。

试验表明，钢筋的受压性能与受拉性能类同，其受拉和受压弹性模量也是相同的。

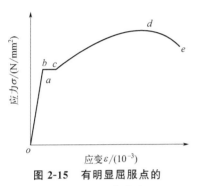

图 2-15　有明显屈服点的钢筋应力-应变曲线

图 2-15 中 e 点的横坐标代表了钢筋的伸长率，它和流幅 bc 的长短，都因钢筋的品种而异，均与材质含碳量成反比。伸长率越大，标志着钢筋的塑性指标越好。这样的钢筋不致发生危险的脆性破坏，因为断裂前钢筋有相当大的变形，足够给出构件即将破坏的预告。因此，强度和塑性这两个方面的要求，都是选用钢筋所必须考虑的。

图 2-16 所示为没有明显流幅的钢筋的应力-应变曲线，此类钢筋的比例极限相当于其抗拉强度的 65％。通常取残余应变为 0.2％ 时对应的应力（$\sigma_{0.2}$）作为条件屈服强度。为了统一起见，《混凝土结构设计规范》规定取条件屈服强度 $\sigma_{0.2}$ 为极限抗拉强度的 0.85 倍。一般来说，含碳量高的钢筋，质地较硬，没有明显的流幅，其强度高，但伸长率低，下降段极短促，其塑性性能较差。

冷弯性能是检验钢筋塑性性能的另一项指标。为使钢筋在加工、使用时不开裂、弯断或脆断，可对钢筋试件进行冷弯试验，见图 2-17，要求钢筋弯绕一辊轴弯心 180° 而不产生裂缝、鳞落或断裂现象。弯转角度越大、弯心直径 D 越小，钢筋的塑性就越好。冷弯试验较受力均匀的拉伸试验能更有效地揭示材质的缺陷，冷弯性能是衡量钢筋力学性能的一项综合指标。

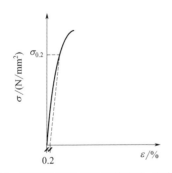

图 2-16　无明显屈服点的钢筋应力-应变曲线

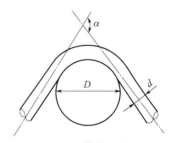

图 2-17　钢筋的冷弯试验

此外，根据需要，还可做钢筋冲击韧性试验和反弯试验，以确定钢筋的有关力学性能。

2.2.2.1 钢筋强度的取值

钢筋强度是随机变量。按同一标准不同时间生产的钢筋，各批之间的强度不会完全相同。即使同一炉钢轧制的钢筋，其强度也有差异，即材料具有变异性。因此，在结构设计中，需确定钢筋强度标准值。

（1）钢筋强度标准值

为了保证钢材的质量，国家相关标准规定，产品出厂前要进行抽样检查，检查的标准为"废品限值"，即强度标准值。当发现某批钢筋的实测屈服强度低于废品限值时，即认为是废品，不得按合格品出厂。例如，国家冶金工业标准规定，对 HPB300 级钢筋，其废品限值为 $300N/mm^2$。《混凝土结构设计规范》规定普通钢筋的强度标准值应具有不小于 95% 的保证率。普通钢筋的强度标准值按表 2-4 采用。

表 2-4　普通钢筋的强度标准值　　　　　　　　　　　单位：N/mm^2

牌　号	符号	公称直径 D/mm	屈服强度标准值 f_{yk}	极限强度标准值 f_{stk}
HPB300	Φ	6～14	300	420
HRB335	$\underline{\Phi}$	6～14	335	455
HRB400 HRBF400 RRB400	$\underline{\Phi}$ $\underline{\Phi}^F$ $\underline{\Phi}^R$	6～50	400	540
HRB500 HRBF500	$\overline{\underline{\Phi}}$ $\overline{\underline{\Phi}}^F$	6～50	500	630

对于没有明显屈服点的预应力钢筋，取其极限抗拉强度 σ_b 作为极限强度标准值，用 f_{ptk} 表示，一般取 0.002 残余应变所对应的应力 $\sigma_{0.2}$ 作为其条件屈服强度标准值 f_{pyk}。对传统的预应力钢丝、钢绞线，取 $0.85\sigma_b$ 作为条件屈服点。预应力钢筋的强度标准值也应具有不小于 95% 的保证率。预应力钢筋的强度标准值按表 2-5 采用。

表 2-5　预应力钢筋强度标准值　　　　　　　　　　　单位：N/mm^2

种类		符号	公称直径 D/mm	屈服强度标准值 f_{pyk}	极限强度标准值 f_{ptk}
中强度 预应力钢丝	光面螺旋肋	Φ^{PM} Φ^{HM}	5、7、9	620	800
				780	970
				980	1270
预应力 螺纹钢筋	螺纹	Φ^T	18、25、32、 40、50	785	980
				930	1080
				1080	1230
消除 应力钢丝	光面螺旋肋	Φ^P Φ^H	5	—	1570
				—	1860
			7	—	1570
			9	—	1470
				—	1570

种类		符号	公称直径 D/mm	屈服强度标准值 f_{pyk}	极限强度标准值 f_{ptk}
钢绞线	1×3 （三股）	Φ^S	8.6、10.8、12.9	—	1570
				—	1860
				—	1960
	1×7 （七股）		9.5、12.7、 15.2、17.8	—	1720
				—	1860
				—	1960
			21.6	—	1860

（2）钢筋强度设计值

《混凝土结构设计规范》规定，混凝土结构构件按承载能力极限状态计算时，应采用基本组合或偶然组合。当采用基本组合时，钢筋强度应采用设计值。

对于延性较好的普通钢筋强度设计值 f_y，等于其强度标准值 f_{yk} 除以材料分项系数 γ_s。其中 γ_s 取 1.1；但对新列入《混凝土结构设计规范》的高强度 HRB500 级的钢筋，γ_s 取 1.15。

对于延性较差的预应力钢筋强度设计值 f_{py}，等于其条件屈服强度标准值 f_{pyk} 除以材料分项系数 γ_s，其中 γ_s 一般不小于 1.2。

普通钢筋抗拉强度设计值 f_y 和抗压强度设计值 f'_y，按表 2-6 采用；预应力钢筋抗拉强度设计值 f_{py} 和抗压强度设计值 f'_{py} 按表 2-7 采用。

表 2-6　普通钢筋强度设计值　　　　　　　单位：N/mm^2

牌号	抗拉强度设计值 f_y	抗压强度设计值 f'_y
HPB300	270	270
HRB335	300	300
HRB400、HRBF400、RRB400	360	360
HRB500、HRBF500	435	435

表 2-7　预应力钢筋强度设计值　　　　　　　单位：N/mm^2

种类	极限强度标准值 f_{ptk}	抗拉强度设计值 f_{py}	抗压强度设计值 f'_{py}
中强度预应力钢丝	800	510	410
	970	650	
	1270	810	
消除应力钢丝	1470	1040	410
	1570	1110	
	1860	1320	
钢绞线	1570	1110	390
	1720	1220	
	1860	1320	
	1960	1390	

建筑结构

种类	极限强度标准值 f_{ptk}	抗拉强度设计值 f_{py}	抗压强度设计值 f'_{py}
预应力螺纹钢筋	980	650	400
	1080	770	
	1230	900	

2.2.2.2 钢筋的弹性模量

钢筋的弹性模量 E_s，取其比例极限内的应力与应变的比值。各类钢筋的弹性模量，按表 2-8 采用。

表 2-8　钢筋弹性模量

项次	钢筋种类	$E_s/(\times 10^5 \text{N/mm}^2)$
1	HPB300	2.10
2	HRB335、HRB400、HRBF400、HRB500、HRBF500、RRB400 预应力螺纹钢筋	2.00
3	消除应力钢丝、中强度预应力钢丝	2.05
4	钢绞线	1.95

2.2.3 混凝土结构对钢筋质量的要求

用于混凝土结构中的钢筋，一般应能满足下列要求：

① 具有适当的屈强比。在钢筋的应力-应变曲线中，强度有两个：一个是钢筋的屈服强度（或条件屈服强度），这是设计计算时的主要依据，屈服强度高则材料用量省，所以要选用高强度钢筋；另一个是钢筋的抗拉强度，屈服强度与抗拉强度的比值称为屈强比，它可以代表结构的强度储备，比值小则结构强度储备大，但比值太小则钢筋强度的有效利用率太低，所以要选择适当的屈强比。对有明显屈服点的钢筋，屈强比不应大于 0.8，对无明显屈服点的钢筋，屈强比（条件屈服强度）不应大于 0.85。

② 足够的塑性。在混凝土结构中，若发生脆性破坏则变形很小，没有预兆，而且是突发性的，因此是危险的。故而要求钢筋断裂时要有足够的变形，这样，结构在破坏之前就能显示出预警信号，保证安全。另外在施工时，钢筋要经受各种加工，所以钢筋要符合冷弯试验的要求。

③ 可焊性。要求钢筋具备良好的焊接性能，保证焊接强度，焊接后钢筋不产生裂纹及过大的变形。

④ 抗低温性能。在寒冷地区要求钢筋具备抗低温性能，以防钢筋低温冷脆而致破坏。

⑤ 与混凝土要有良好的黏结力。黏结力是钢筋与混凝土得以共同工作的基础，在钢筋表面加以刻痕，或制作各种纹形，都有助于提高黏结力。钢筋表面沾染油脂、泥污、长满浮锈都会损害这两种材料的黏结。

2.3　钢筋与混凝土的黏结及锚固长度

2.3.1　基本术语

黏结力，使钢筋和混凝土共同变形的钢筋表面上承担的纵向剪力；

黏结应力，钢筋单位表面积上的黏结力；

黏结强度，钢筋单位表面积上所能承担的最大纵向剪应力。

2.3.2　黏结力的组成

钢筋与混凝土之所以能够共同工作，其基本前提是在钢筋与混凝土之间具有足够的黏结强度，使之能共同承受外力、共同变形、抵抗相互间的滑移，而钢筋能否可靠地锚固在混凝土中则直接影响到这两种材料的共同工作，从而关系到结构和构件的安全和材料强度的充分利用。

一般而言，钢筋与混凝土的黏结锚固作用包含：

① 混凝土凝结时，水泥胶凝体的化学作用使钢筋和混凝土在接触面上产生的胶结力；

② 由于混凝土凝结时收缩，握裹住钢筋，在发生相互滑动时产生的摩阻力；

③ 钢筋表面粗糙不平或变形钢筋凸起的肋纹与混凝土的机械咬合力；

④ 当采用锚固措施后所造成的机械锚固力等。

实际上，黏结力是指钢筋和混凝土接触界面上沿钢筋纵向的抗剪能力，也就是分布在界面上的纵向剪力，而锚固则是通过在钢筋一定长度上黏结应力的积累，或某种构造措施，将钢筋"锚固"在混凝土中，保证钢筋和混凝土的共同工作，使两种材料各自正常、充分地发挥作用。

2.3.3　影响黏结强度的因素

影响黏结强度的因素很多，其中主要包括：钢筋外形特征、混凝土强度、保护层厚度及钢筋净间距、横向钢筋等。

① 钢筋外形特征。如前所述，钢筋外形特征决定着钢筋与混凝土的黏结机理、破坏类型和黏结强度，当其他条件相同时，光面钢筋的黏结强度约比带肋的变形钢筋黏结强度低20%。

② 混凝土强度。光面钢筋及变形钢筋的黏结强度均随混凝土强度的提高而增大，但并不与立方体强度成正比。试验表明，当其他条件基本相同时，黏结强度 τ_u 与混凝土轴心抗拉强度 f_t 近似成正比。

③ 保护层厚度及钢筋净间距。钢筋混凝土构件出现沿钢筋的纵向裂缝对结构的耐久性是非常不利的。增大保护层厚度和保持必要的钢筋净间距，可以提高外围混凝土的劈裂抗

力，保证黏结强度的发挥。

④ 横向钢筋。横向钢筋的存在限制了径向裂缝的发展，使黏结强度得到提高。因此，在较大直径钢筋的锚固区段和搭接长度范围内，均应设置一定数量的横向钢筋，如将梁的箍筋加密等。当一排并列钢筋的根数较多时，采用附加钢筋可以增加箍筋的肢数，对控制劈裂裂缝、提高黏结强度是有效的。

2.3.4　钢筋的锚固

当计算中充分利用钢筋的抗拉强度时，受拉钢筋的锚固应符合下列要求。

① 基本锚固长度应按下列公式计算。

普通钢筋

$$l_{ab} = \alpha \frac{f_y}{f_t} d \qquad (2\text{-}10)$$

预应力筋

$$l_{ab} = \alpha \frac{f_{py}}{f_t} d \qquad (2\text{-}11)$$

式中　l_{ab}——受拉钢筋的基本锚固长度；

f_y、f_{py}——普通钢筋、预应力钢筋的抗拉强度设计值；

f_t——混凝土轴心抗拉强度设计值，当混凝土强度等级高于 C60 时，按 C60 取值；

d——锚固钢筋的直径；

α——锚固钢筋的外形系数，按表 2-9 采用。

表 2-9　锚固钢筋的外形系数

钢筋类型	光圆钢筋	带肋钢筋	螺旋肋钢丝	三股钢绞线	七股钢绞线
α	0.16	0.14	0.13	0.16	0.17

② 受拉钢筋的锚固长度应根据锚固条件按下列公式计算，且不应小于 200mm。

$$l_a = \zeta_a l_{ab} \qquad (2\text{-}12)$$

式中　ζ_a——锚固长度修正系数，对普通钢筋按下列规定取用，当多于一项时，可按连乘计算，但不应小于 0.6；对预应力筋，可取 1.0。

a. 当带肋钢筋的公称直径大于 25mm 时取 1.10；

b. 施工过程中易受扰动的钢筋取 1.10；

c. 环氧树脂涂层带肋钢筋取 1.25；

d. 当纵向受力钢筋的实际配筋面积大于其设计计算面积时，修正系数取设计计算面积与实际配筋面积的比值，但对有抗震设防要求及直接承受动力荷载的结构构件，不应考虑此项修正；

e. 锚固钢筋的保护层厚度为 3d 时修正系数可取 0.80，保护层厚度为 5d 时修正系数可取 0.70，中间按内插法取值，此处 d 为锚固钢筋的直径。

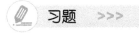 习题　>>>

1. 什么是混凝土立方体抗压强度？混凝土强度等级是如何划分的？

2. 什么是混凝土轴心抗压强度和轴心抗拉强度？

3. 什么是混凝土的收缩和徐变？影响混凝土收缩和徐变的因素是什么？它们对工程有何危害？

4. 我国用于钢筋混凝土结构的钢筋有几种？热轧钢筋分为几个等级？

5. 绘出有明显流幅的钢筋的拉伸曲线，说明各阶段的特点，指出比例极限、屈服强度、破坏强度的含义。

6. 钢筋和混凝土共同工作的基础有哪些？

7. 钢筋混凝土构件应采取哪些措施来保证钢筋与混凝土的黏结作用？

第 3 章

钢筋混凝土受弯构件

引言

受弯构件在土木工程中应用极为广泛，如建筑结构中常用的混凝土梁、板与楼梯，厂房屋面板和屋面梁，以及悬臂式挡土墙的立板和底板等。

受弯的现象，在现实生活中随处可见，比如：用两个手指向中间挤压橡皮，橡皮会发生弯折；用久的木桌，遇水暴晒后可能会发生弯曲。生活中弯曲的现象还有很多，那在结构工程中，钢筋混凝土构件发生弯曲，我们该如何应对？

思考：研究构件破坏的特征，分析构件破坏的类别、影响因素，找出对策，这是本章整体的思路，这符合哲学课程中的什么思维方式呢？

构件设计的时候，强调要把构件设计得有延性，避免脆性的出现，又符合我国古代什么样的哲学思想呢？

本章重点 >>>

钢筋混凝土梁的正截面受弯性能、设计计算方法；斜截面的受力性能、破坏特征；影响斜截面受剪承载力的主要因素，以及钢筋的锚固和截断。

3.1 概述

受弯构件主要是指受弯矩和剪力共同作用的构件，是在工程中应用最为广泛的一类构件。建筑结构中各种类型的梁、板是典型的受弯构件。梁、板的区别在于梁的截面高度一般大于其宽度，而板的截面高度则远小于其宽度。仅在受拉区配置受力钢筋的受弯构件称为单筋受弯构件；在截面受压区与受拉区都配置钢筋的受弯构件称为双筋受弯构件。

受弯构件在荷载作用下可能发生两种破坏：当受弯构件沿弯矩最大的截面发生破坏，破坏截面与构件的纵轴线垂直，称为沿正截面破坏，如图 3-1(a) 所示；当受弯构件沿剪力最大或弯矩和剪力都较大的截面发生破坏，破坏截面与构件的纵轴线斜交，称为沿斜截面破坏，如图 3-1(b) 所示。所以受弯构件需要进行正截面承载力和斜截面承载力计算。

为了防止受弯构件因斜截面承载力不足而发生斜截面破坏，通常需要在梁内设置与梁轴

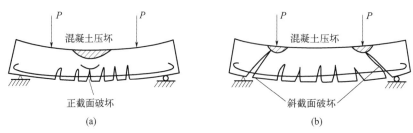

图 3-1　受弯构件的破坏形式

线垂直的箍筋，也可同时设置与主拉应力方向平行的斜向钢筋来共同承担剪力。斜向钢筋通常由正截面强度不需要的纵向钢筋弯起而成，称为弯起钢筋。箍筋和弯起钢筋统称为腹筋（见图 3-2）。配有腹筋和纵向钢筋的梁称为有腹筋梁，只配有纵向钢筋而无腹筋的梁称为无腹筋梁。

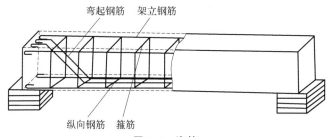

图 3-2　腹筋

一般来说，板的跨度比较大，具有足够的斜截面承载力，故受弯构件斜截面承载力计算主要是对梁和厚板而言。

3.2　截面形状、尺寸与构造要求

3.2.1　截面形状与尺寸

（1）截面形状

梁和板均为常见的受弯构件。常见的梁按截面分为矩形、T 形、I 形、环形等，板按截面分为槽形板和空心板等。

（2）截面尺寸

① 梁的截面尺寸。现浇受弯构件的截面尺寸的确定，既要满足承载力的要求，又要满足正常使用的要求，同时还要满足施工方便的要求。

梁截面高度 h 可根据计算跨度 l_0 估算。对独立简支梁，可取 $h=(1/12\sim1/8)l_0$；对独立连续梁，可取 $h=(1/14\sim1/8)l_0$；对独立悬臂梁，可取 $h=(1/6\sim1/5)l_0$。梁的截面高度 h 拟定后，梁的截面宽度 b 可按工程经验估算。通常矩形截面梁 $b=(1/3\sim1/2)h$，T 形截面

梁 $b=(1/4\sim1/2.5)h$。

为了统一模板尺寸，方便施工，梁的截面高度 $h\leqslant800\text{mm}$ 时以 50mm 为模数，$h>800\text{mm}$ 时以 100mm 为模数。

② 板的厚度。板的厚度 h 与荷载的大小、板的计算跨度 l_0 有关。一般来说，对现浇钢筋混凝土单向板，可取 $h\geqslant l_0/30$；对现浇钢筋混凝土双向板，可取 $h\geqslant l_0/40$。

现浇板的厚度一般以 10mm 为模数，常用厚度为 60mm、70mm、80mm、100mm、120mm。

3.2.2 构造要求

3.2.2.1 配筋构造

（1）梁的配筋构造

梁中通常配置纵向受拉钢筋、弯起钢筋、箍筋、架立钢筋等，如图 3-3 所示。截面高度较大的梁，还需设置纵向构造钢筋及相应的拉筋。这些钢筋相互连系形成空间骨架。

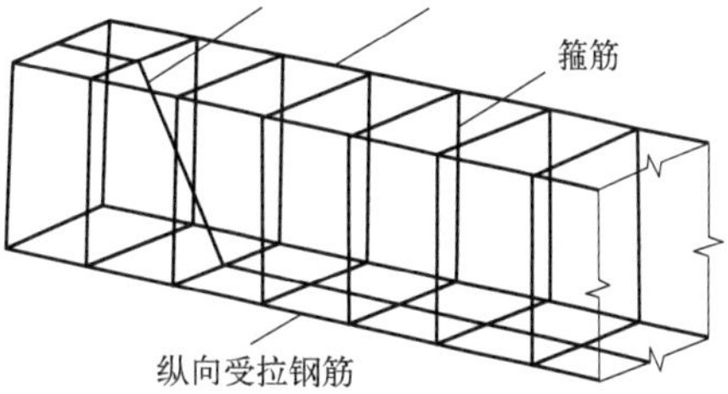

① 纵向受拉钢筋。梁的纵向受拉钢筋宜采用 HRB400 级和 HRB500 级钢筋，常用直径为 12～25mm，根数不得少于 2 根。梁内受力钢筋的直径尽可能相同，当采用两种不同的直径时，它们之间相差至少应为 2mm，以便在施工时容易用肉眼识别，但相差也不宜超过 6mm。

为了便于混凝土的浇筑，保证钢筋能与混凝土粘接在一起，并保证钢筋周围混凝土的密实性，纵筋的净间距以及钢筋的最小保护层厚度应满足图 3-4 的要求。如果受力纵筋必须排成两排，上、下两排钢筋应对齐；若多于两排，

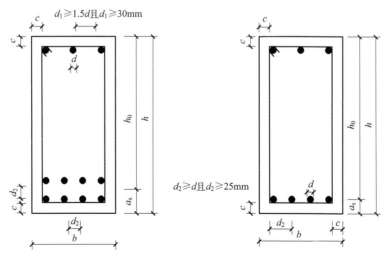

图 3-3　梁的配筋

弯起钢筋　架立钢筋　箍筋　纵向受拉钢筋

图 3-4　钢筋的净间距、保护层及有效高度

a_s—纵向受拉钢筋合力点至截面受拉压力边缘的距离；b—梁宽；c—保护层厚度；d—钢筋直径；d_1—上部纵向钢筋的净间距；d_2—下部纵向钢筋的净间距；h—梁高；h_0—梁截面有效高度

两排以上钢筋水平方向的中距应比下面两排的中距增大1倍。

② 弯起钢筋。弯起钢筋是利用梁下部的部分纵向受力钢筋在支座附近弯起形成的。弯起钢筋在非弯起段抵抗梁内正弯矩，在弯起段可抵抗剪力，在连续梁中间支座的弯起钢筋还可以抵抗支座负弯矩。弯起钢筋的弯起角度一般为45°；当梁高大于800mm时，弯起角度可采用60°。

③ 箍筋。箍筋用来承受梁的剪力，连系梁内的受拉及受压纵向钢筋并使之共同工作。此外，它还能固定纵向钢筋位置，便于浇筑混凝土。

箍筋的形式有封闭式和开口式两种，一般情况下均采用封闭式箍筋。为使箍筋更好地发挥作用，应将其端部锚固在受压区内，且端头应做成135°弯钩，弯钩端部平直段的长度不应小于5d（d为箍筋直径）和50mm。

箍筋的肢数一般有单肢、双肢和四肢，如图3-5所示，通常采用双肢箍筋。当梁宽$b \geq$400mm且一层内纵向受压钢筋多于3根时，或当梁宽$b < $400mm但一层内纵向受压钢筋多于4根时，宜采用四肢箍筋。只有当梁宽$b \leq$150mm时，才采用单肢箍筋。

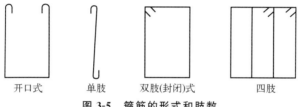

图3-5 箍筋的形式和肢数

箍筋的直径与梁高h有关，为了保证钢筋骨架具有足够的刚度，当$h > $800mm时，其箍筋直径不宜小于8mm；当$h \leq$800mm时，其箍筋直径不宜小于6mm；梁中配有计算需要的纵向受压钢筋时，箍筋直径尚不应小于$d/4$（d为纵向受压钢筋的较大直径）。

支承在砌体结构上的钢筋混凝土独立梁，在纵向受力钢筋的锚固长度l_{as}范围内应设置不少于两道的箍筋，当梁与混凝土梁或柱整体连接时，支座内可不设置箍筋。

梁中箍筋间距除满足计算要求外，还应符合最大间距的要求。为防止箍筋间距过大，出现不与箍筋相交的斜裂缝，《混凝土结构设计规范》规定，梁中箍筋的最大间距宜符合表3-1的规定。

表3-1 梁中箍筋的最大间距 s_{max} 单位：mm

梁高	$150 < h \leq 300$	$300 < h \leq 500$	$500 < h \leq 800$	$h > 800$
$V \leq 0.7 f_t b h_0 + 0.05 N_{p0}$	200	300	350	400
$V > 0.7 f_t b h_0 + 0.05 N_{p0}$	150	200	250	300

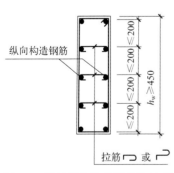

图3-6 梁的纵向构造钢筋和拉筋

④ 架立钢筋。架立钢筋布置于梁的受压区，和纵向受力钢筋平行，以固定箍筋的正确位置，承受由于混凝土收缩及温度变化所产生的拉力。在受压区有受压纵向钢筋时，受压钢筋可兼作架立钢筋。当梁的跨度$l < $4m时，架立钢筋直径$\geq$8mm；当$4m \leq l < 6m$时，架立钢筋直径$\geq$10mm；当$l \geq$6m时，架立钢筋直径$\geq$12mm。架立钢筋需要与受力钢筋搭接时，其搭接长度：当架立钢筋直径$< $10mm时，为100mm；当架立钢筋直径$\geq$10mm时，为150mm。

⑤ 纵向构造钢筋及拉筋。当梁的腹板高度$h_w \geq$

450mm 时，在梁的两个侧面沿高度配置纵向构造钢筋（腰筋），并用拉筋固定，如图 3-6 所示。每侧纵向构造钢筋（不包括梁上、下部受力钢筋及架立钢筋）的截面面积不应小于腹板截面面积 bh_w 的 0.1%，且其间距不宜大于 200mm。此处腹板高度 h_w：矩形截面，为有效高度 h_0；T 形截面，取有效高度 h_0 减去翼缘高度；I 形截面，取腹板净高。纵向构造钢筋的直径可按表 3-2 选用。拉筋直径一般与箍筋相同，间距常取为箍筋间距的 2 倍。

表 3-2　梁侧纵向构造钢筋的直径　　　　　　　　　　单位：mm

梁宽 b	纵向构造钢筋的最小直径	梁宽 b	纵向构造钢筋的最小直径
$b \leqslant 250$	8	$350 < b \leqslant 550$	12
$250 < b \leqslant 350$	10	$550 < b \leqslant 750$	14

（2）板的配筋构造

板主要配置两种钢筋：受力钢筋和分布钢筋，如图 3-7 所示。

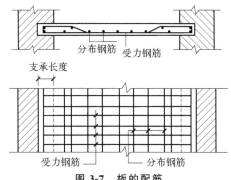

图 3-7　板的配筋

① 受力钢筋。板中受力钢筋常用 HPB300 级、HRB335 级和 HRB400 级钢筋，直径通常采用 6mm、8mm、10mm、12mm，其中现浇板的受力钢筋直径不宜小于 8mm。板中受力钢筋间距不宜小于 70mm，当板厚≤150mm，其受力筋间距不宜大于 200mm；当板厚＞150mm，间距不宜大于 1.5h，且不大于 250mm。

② 分布钢筋。板设计时，除沿受力方向布置受力钢筋外，还应在垂直受力方向布置分布钢筋，板的分布钢筋应分布在受力钢筋的内侧，与受力钢筋相互垂直。分布钢筋的作用是将板面上的荷载更均匀地传给受力钢筋，同时在施工中可固定受力钢筋位置，抵抗温度变化和混凝土收缩应力的作用，并可承受一定荷载的作用。分布钢筋宜采用 HPB300 级，钢筋直径为 6mm 和 8mm。分布钢筋的配筋面积不小于受力钢筋截面面积的 15%，且不小于该方向板截面面积的 0.15%；其直径不宜小于 6mm；间距不宜大于 250mm；当有较大的集中荷载时，间距不宜大于 200mm。

3.2.2.2　混凝土保护层厚度及截面有效高度

为了保护钢筋免遭锈蚀，保证钢筋与混凝土间有足够的黏结强度以及耐火、耐久性要求，受力钢筋的表面必须有足够厚度的混凝土保护层。钢筋外沿至构件边缘的距离，称为保护层厚度，用 c 表示，如图 3-4 所示。纵向受力钢筋的混凝土保护层厚度不应小于受力钢筋的直径 d，且不应小于表 3-3 的数值。

实际工程中，一类环境中梁、板的混凝土保护层厚度一般按以下规则取用：混凝土强度等级≤C25 时，梁 25mm，板 20mm；混凝土强度等级＞C25 时，梁 20mm，板 15mm。

表 3-3　混凝土保护层的最小厚度 c　　　　　　单位：mm

环境类别	板、墙、壳	梁、柱、杆
一	15	20
二 a	20	25
二 b	25	35
三 a	30	40
三 b	40	50

注：1. 混凝土强度等级不大于 C25 时，表中保护层厚度数值应增加 5mm。

2. 钢筋混凝土基础宜设置混凝土垫层，基础中钢筋的混凝土保护层厚度应从垫层顶面算起，且不应小于 40mm。

截面有效高度 h_0 是指受拉钢筋的重心至混凝土受压边缘的垂直距离，即

$$h_0 = h - a_s \tag{3-1}$$

式中　a_s——纵向受拉钢筋合力点至截面受拉应力边缘的距离，当为一排钢筋时，板的 $a_s = c + d_1/2$，梁的 $a_s = c + d_2 + d_3/2$（d_1 为板中受力钢筋直径，c 为混凝土保护层厚度，d_2 为梁中箍筋直径，d_3 为梁中纵向受力钢筋直径）；

h——梁高。

在正截面承载力设计中，由于钢筋数量和布置情况都是未知的，a_s 需要预先估计。因此，h_0 事实上也是估计值。一类环境下梁、板的 a_s 可近似按表 3-4 采用。

表 3-4　一类环境下梁、板的 a_s 的估计值　　　　　　单位：mm

构件种类	纵向受力钢筋层数	混凝土强度等级	
		≤C25	>C25
梁	一层	45	40
	二层	70	65
板	一层	25	20

3.3　受弯构件正截面的受力特征及破坏形态

3.3.1　钢筋混凝土梁正截面工作的三个阶段

试验研究表明，当钢筋混凝土受弯构件具有足够的抗剪能力而且构造设计合理时，构件受力后将在弯矩较大的部位，或在纯弯区段的正截面发生弯曲破坏。受弯构件自加载至破坏的过程中，随着荷载的增加及混凝土塑性变形的发展，对于正常配筋的梁，其正截面上的应力及其分布和应变发展过程可分为以下三个阶段（如图 3-8 所示）：

（1）第一阶段——截面开裂前的阶段

荷载很小时，截面上的内力也很小，应力与应变成正比，截面的应力分布为直线〔图 3-8

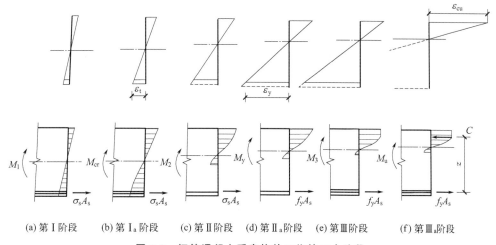

图 3-8　钢筋混凝土受弯构件工作的三个阶段

(a)第Ⅰ阶段　(b)第Ⅰₐ阶段　(c)第Ⅱ阶段　(d)第Ⅱₐ阶段　(e)第Ⅲ阶段　(f)第Ⅲₐ阶段

〔(a)〕，这种受力阶段称为第Ⅰ阶段。

荷载不断增大时，截面上的内力也不断增大，由于受拉区混凝土出现塑性变形，受拉区的应力图形呈曲线。当荷载增大到某一数值时，受拉区边缘的混凝土可达其实际的抗拉强度和抗拉极限应变值。截面处在开裂前的临界状态〔图 3-8(b)〕，这种受力状态称为Ⅰₐ阶段。

(2) 第二阶段——从截面开裂到受拉区纵向受力钢筋开始屈服的阶段

截面受力达Ⅰₐ阶段后，荷载只要有少许增加，截面立即开裂，截面上应力发生重分布，裂缝处混凝土不再承受拉力，混凝土释放的拉力由钢筋承受，钢筋的拉应力突然增大，受压区混凝土出现明显的塑性变形，应力图形呈曲线〔图 3-8(c)〕，这种受力阶段称为第Ⅱ阶段。

荷载继续增加，裂缝进一步开展，钢筋和混凝土的应力不断增大。当荷载增加到某一数值时，受拉区纵向受力钢筋开始屈服，钢筋应力达到其屈服强度〔图 3-8(d)〕，这种特定的受力状态称为Ⅱₐ阶段。

(3) 第三阶段——破坏阶段

受拉区纵向受力钢筋屈服后，截面的承载力无明显的增加，但塑性变形急速发展，裂缝迅速开展，并向受压区延伸，受压区面积减小，受压区混凝土压应力迅速增大，这是截面受力的第Ⅲ阶段〔图 3-8(e)〕。

在荷载几乎保持不变的情况下，裂缝进一步急剧开展，受压区混凝土出现纵向裂缝，混凝土被完全压碎，截面发生破坏〔图 3-8(f)〕，这种特定的受力状态称为第Ⅲₐ阶段。

试验同时表明，从开始加载到构件破坏的整个受力过程中，变形前的平面，变形后仍保持为平面。

进行受弯构件截面受力工作阶段的分析，不但可以详细地了解截面受力的全过程，而且为裂缝、变形及承载力的计算提供了依据：截面抗裂验算是建立在第Ⅰₐ阶段的基础之上的，构件使用阶段的变形和裂缝宽度验算是建立在第Ⅱ阶段的基础之上的，而截面的承载力计算则是建立在第Ⅲₐ阶段的基础之上的。

3.3.2 钢筋混凝土梁正截面的破坏特征

试验研究表明，梁正截面的破坏形式与配筋率以及钢筋和混凝土强度有关。当材料品种选定后，其破坏形式主要随纵向钢筋配筋率的不同而不同。纵向钢筋配筋率是指受拉钢筋面积与混凝土有效面积的比值，即

$$\rho = \frac{A_s}{A} \tag{3-2}$$

式中 A_s——纵向受拉钢筋截面面积；

A——构件截面面积，对矩形截面，$A = bh_0$，对倒 T 形截面，$A = bh + (b_f - b)h_f$。

根据梁纵向受拉钢筋配筋率的不同，单筋截面受弯构件正截面受弯破坏形态有适筋破坏、超筋破坏和少筋破坏三种，与这三种破坏形态相对应的梁分别称为适筋梁、超筋梁和少筋梁，分别指纵向钢筋配置适量、过多和过少的梁。

(1) 少筋梁的破坏特征

这种梁受拉区混凝土一出现裂缝，受拉钢筋立即达到屈服强度，并可能进入强化阶段而发生破坏［见图 3-9(c)］，这种少筋梁在破坏时裂缝开展较宽，挠度增长也较大，如图 3-10中曲线 A 所示。少筋破坏在构件破坏前无明显预兆，呈脆性性质，混凝土的抗压强度没有得到充分利用，所以设计时应避免采用。

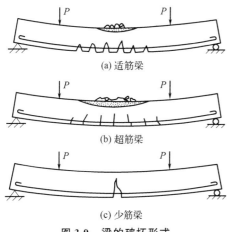

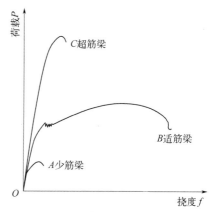

图 3-9　梁的破坏形式

图 3-10　不同破坏形态梁的 P-f 曲线

(2) 适筋梁的破坏特征

适筋梁的破坏特点是受拉区钢筋首先进入屈服阶段，再继续增加荷载后，受压区最外边缘混凝土被压碎（达到其抗压极限强度），梁宣告破坏。其破坏形态如图 3-9(a) 所示。在压坏前，构件有明显的塑性变形和裂缝预兆，破坏不是突然发生的，这种破坏属于塑性破坏，在整个破坏过程中，挠度的增加相当大，如图 3-10 中曲线 B 所示，此时钢筋和混凝土这两种材料性能基本上都得到充分利用，因而设计中一般采用这种设计方式。

(3) 超筋梁的破坏特征

配筋率高于 ρ_{max}（$\rho_{max} = \xi_b \alpha_1 f_c / f_y$）的梁称为"超筋梁"。若配筋率过高，加载后受拉钢

筋应力尚未达到屈服强度前，受压混凝土却先达到极限压应变而被压坏，致使构件突然破坏〔见图 3-9(b)〕，挠度的变化较小如图 3-10 中曲线 C 所示。超筋破坏在破坏前虽然也有一定的变形和裂缝预兆，但不如适筋破坏那样明显，这种破坏属于脆性破坏，虽然配置了很多受拉钢筋，但超筋破坏中钢筋未能发挥应有作用，浪费了钢材，因此，设计中必须避免采用。

3.4　受弯构件正截面承载力计算的基本假定和方法

　　受弯构件正截面承载力计算是以适筋梁破坏阶段即第三阶段末（Ⅲ$_a$）为依据的，为了便于计算，突出主要的受力特征，《混凝土结构设计规范》采用了下述基本假定和简化方法。

3.4.1　受弯构件正截面承载力计算的基本假定

① 截面应变保持平面。构件正截面在弯曲变形以后仍保持为平面。
② 不考虑混凝土的抗拉强度。
③ 混凝土受压的应力与应变关系，采用如图 3-11(a) 所示的曲线并应符合下列规定：

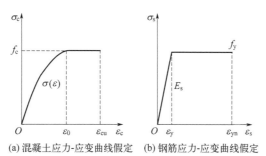

(a) 混凝土应力-应变曲线假定　　(b) 钢筋应力-应变曲线假定

图 3-11　基本假定

　　当 $\varepsilon_c \leqslant \varepsilon_0$ 时

$$\sigma_c = f_c \left[1 - \left(1 - \frac{\varepsilon_c}{\varepsilon_0} \right)^n \right] \tag{3-3}$$

　　当 $\varepsilon_0 < \varepsilon_c \leqslant \varepsilon_{cu}$ 时

$$\sigma_c = f_c \tag{3-4}$$

$$n = 2 - \frac{1}{60}(f_{cu,k} - 50) \tag{3-5}$$

$$\varepsilon_0 = 0.002 + 0.5(f_{cu,k} - 50) \times 10^{-5} \tag{3-6}$$

$$\varepsilon_{cu} = 0.0033 - (f_{cu,k} - 50) \times 10^{-5} \tag{3-7}$$

式中　σ_c——对应于混凝土应变为 ε_c 时的混凝土压应力；

　　　ε_0——对应于混凝土压应力刚达到 f_c 时的混凝土压应变，当计算的 ε_0 值小于 0.002 时，应取为 0.002；

　　　ε_{cu}——正截面处于非均匀受压时的混凝土极限压应变，当处于非均匀受压且按公式(3-7)计算的 ε_{cu} 值大于 0.0033 时，应取为 0.0033，当处于轴心受压时取

为 ε_0；

f_c——混凝土轴心抗压强度设计值；

$f_{cu,k}$——混凝土立方体抗压强度标准值；

n——系数，当计算的 n 大于 2.0 时，应取为 2.0。

④ 钢筋受拉的应力-应变关系曲线采用简化形式，即钢筋应力-应变曲线假定，如图 3-11 （b）所示。钢筋的应力-应变关系曲线方程为

a. 当 $\varepsilon_s < \varepsilon_y$ 时，

$$\sigma_s = E_s \varepsilon_s$$

b. 当 $\varepsilon_s \geq \varepsilon_y$ 时，

$$\sigma_s = f_y$$

3.4.2　等效矩形应力图

如图 3-12 所示，为了简化计算，受压区混凝土的应力图形可采用等效矩形应力图形来代替受压区混凝土的理论应力图形。采用等效矩形应力图形代替理论应力图形应满足的条件是：

① 等效应力图的压力合力与理论应力图形的压力合力大小相等。

② 等效应力图的压力合力作用点位置与理论应力图形的压力合力作用点位置相同。

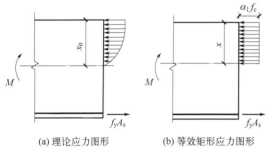

(a) 理论应力图形　　(b) 等效矩形应力图形

图 3-12　单筋矩形截面受压区混凝土的等效应力图

等效矩形应力图形的应力值取为 $\alpha_1 f_c$，其换算受压区高度取为 x，实际受压区高度为 x_0，令 $x = \beta_1 x_0$。根据等效原则，通过计算统计分析，系数 β_1 和 α_1 取值如表 3-5 所示。

表 3-5　受压混凝土的简化应力图形系数 β_1、α_1 值

混凝土强度等级	≤C50	C55	C60	C65	C70	C75	C80
β_1	0.8	0.79	0.78	0.77	0.76	0.75	0.74
α_1	1.0	0.99	0.98	0.97	0.96	0.95	0.94

3.5　单筋矩形截面受弯构件正截面承载力计算

3.5.1　基本计算公式

按图 3-13 中的计算应力图形建立平衡条件，同时从满足承载力极限状态出发，应满足

$M \leqslant M_u$。故单筋矩形截面受弯构件正截面承载力计算式为

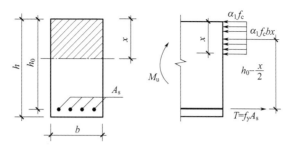

图 3-13 单筋矩形截面受弯构件正截面计算应力图形

$$\alpha_1 f_c b x = f_y A_s \tag{3-8}$$

$$M \leqslant M_u = \alpha_1 f_c b x \left(h_0 - \frac{x}{2} \right) \tag{3-9a}$$

或

$$M \leqslant M_u = f_y A_s \left(h_0 - \frac{x}{2} \right) \tag{3-9b}$$

式中　f_c——混凝土轴心抗压强度设计值；

　　　b——截面宽度；

　　　x——混凝土受压区高度；

　　　α_1——系数，当混凝土强度等级$\leqslant$C50 时取 1.0，当混凝土强度等级$>$C50 时，按
　　　　　表 3-5 取值；

　　　f_y——钢筋抗拉强度设计值；

　　　A_s——纵向受拉钢筋截面面积；

　　　h_0——截面有效高度；

　　　M_u——截面破坏时的极限弯矩；

　　　M——作用在截面上的弯矩设计值。

等效矩形应力图受压区高度 x 与截面有效高度 h_0 的比值记为 ξ，称为相对受压区高度。

$$\xi = \frac{x}{h_0} \tag{3-10}$$

将 $x = \xi h_0$ 分别代入式(3-9a) 和式(3-9b)，得

$$M \leqslant M_u = \alpha_1 f_c b h_0^2 \xi (1 - 0.5\xi) \tag{3-11a}$$

$$M \leqslant M_u = f_y A_s h_0 (1 - 0.5\xi) \tag{3-11b}$$

3.5.2　基本公式的适用条件

式(3-8) 和式(3-9) 是根据适筋构件的破坏简图推导出的静力平衡方程式。它们只适用
于适筋构件计算，不适用于少筋构件和超筋构件计算。在前面的讨论中已经指出，少筋构件
和超筋构件的破坏都属于脆性破坏，设计时应避免将构件设计成这两类构件。为此，任何受
弯构件必须满足下列两个适用条件：

① 为了防止将构件设计成少筋构件，要求构件纵向受力钢筋的截面面积满足：

$$A_s \geqslant \rho_{\min} b h \tag{3-12}$$

式中　$\rho_{\min}$——最小配筋率，可根据截面的开裂弯矩与极限弯矩相等的条件求得；

b、h——分别为截面的宽度和高度，注意此处用 h 而不是 h_0。

在大多数情况下，受弯构件的最小配筋率 $\rho_{\min}$ 取 0.2% 和 $45f_t/f_y$（$\%$）中的较大值，板类构件 $\rho_{\min}$ 可采用 0.15% 和 $45f_t/f_y$（$\%$）中的较大值。

② 为了防止将构件设计成超筋构件，要求构件截面的相对受压区高度 ξ 不得超过其相对界限受压区高度 ξ_b，即

$$\xi \leqslant \xi_b \tag{3-13}$$

相对界限受压区高度 ξ_b 是适筋构件与超筋构件相对受压区高度的界限值。对于有明显屈服点钢筋配筋的受弯构件的相对界限受压区高度 ξ_b 值如表 3-6 所示。

表 3-6　相对界限受压区高度 ξ_b 值

钢筋牌号	混凝土强度等级						
	$\leqslant$ C50	C55	C60	C65	C70	C75	C80
HPB300	0.5757	0.5661	0.5564	0.5468	0.5372	0.5276	0.5180
HRB400 HRBF400 RRB400	0.5176	0.5084	0.4992	0.4900	0.4808	0.4716	0.4625
HRB500 HRBF500	0.4822	0.4733	0.4644	0.4555	0.4466	0.4378	0.4290

若将 ξ_b 值代入式(3-11a)，则可求得单筋矩形截面适筋梁所能承受的最大弯矩值：

$$M_{u,\max} = \alpha_1 f_c b h_0^2 \xi_b (1 - 0.5\xi_b) \tag{3-14}$$

3.5.3　承载力的计算

单筋矩形截面受弯构件正截面承载力计算，可以分为两类问题：一是截面设计；二是截面复核（复核设计好的截面的承载力）。

3.5.3.1　截面设计

截面设计是指根据截面所需承担的弯矩设计值 M，选定材料（混凝土强度等级、钢筋级别），确定截面尺寸 $b \times h$ 和截面所需配置的纵向受拉钢筋截面面积 A_s。

因为只有两个基本计算式式(3-8)、式(3-9)，而未知数却有多个，所以截面设计的结果并不唯一。设计人员应根据构件的特点、受力性能、材料供应、施工条件、使用要求等因素综合分析，确定较为经济合理的设计。目前常用的方法有两种，即公式法和系数法。

（1）公式法

情况一：已知弯矩设计值 M，材料强度 $\alpha_1 f_c$、f_y，截面尺寸 $b \times h$，求受拉钢筋面积 A_s。其设计步骤如下：

① 假设钢筋布置一排或两排，即取定 a_s，计算 $h_0 = h - a_s$。

② 把 h_0 代入式(3-8)和式(3-9a)，并联立求解得 x 和 A_s。

③ 根据计算求得的 A_s，利用附表 3 选择适当的钢筋直径和根数（间距），并进行配筋布置。所选的钢筋截面面积与计算所得 A_s 值，两者相差一般控制在 $\pm 5\%$。

④ 验算是否满足 $\xi \leqslant \xi_b$ 或 $x \leqslant \xi_b h_0$ 的条件，若不满足，则应加大截面尺寸，或提高混凝

土强度等级，或改用双筋矩形截面，重新计算。

⑤ 验算是否满足最小配筋率的要求，即 $\rho \geqslant \rho_{\min}$ 或 $A_s \geqslant A_{s,\min}$，若不满足，则按 $A_s = \rho_{\min} bh$ 配置钢筋。

情况二：已知弯矩设计值 M，材料强度 $\alpha_1 f_c$、f_y，求截面尺寸 $b \times h$ 和受拉钢筋面积 A_s。其设计步骤如下：

① 按常用的高宽比、高跨比及模数尺寸，根据设计经验自行确定截面尺寸 $b \times h$。

② 其后设计步骤同情况一。

（2）系数法

由于相对受压区高度 $\xi = x/h_0$，则 $x = \xi h_0$。令

$$\alpha_s = \xi(1 - 0.5\xi) \tag{3-15a}$$

则式（3-11a）可写成

$$M \leqslant M_u = \alpha_s \alpha_1 f_c bh_0^2 \tag{3-15b}$$

令

$$\gamma_s = 1 - 0.5\xi \tag{3-16a}$$

则式（3-11b）可写成

$$M \leqslant M_u = f_y A_s \gamma_s h_0 \tag{3-16b}$$

式中 α_s——截面抵抗矩系数，反映截面抵抗矩的相对大小，在适筋梁范围内，ρ 越大，则 α_s 值越大，M_u 值也越高；

γ_s——截面内力臂系数，即截面内力臂与有效高度的比值，ξ 越大，γ_s 越小。

另外，ξ、γ_s 也可按下列两个公式求得：

$$\xi = 1 - \sqrt{1 - 2\alpha_s} \tag{3-17}$$

$$\gamma_s = \frac{1 + \sqrt{1 - 2\alpha_s}}{2} \tag{3-18}$$

综上所述，单筋矩形截面受弯构件的正截面配筋系数法计算可以按以下两种方法进行：

方法一：

① 计算截面抵抗矩系数，即 $\alpha_s = \dfrac{M}{\alpha_1 f_c bh_0^2}$

② 计算相对受压区高度，即 $\xi = 1 - \sqrt{1 - 2\alpha_s}$

③ 计算纵向受力钢筋面积，即 $A_s = \xi bh_0 \dfrac{\alpha_1 f_c}{f_y}$

方法二：

① 计算截面抵抗矩系数，即 $\alpha_s = \dfrac{M}{\alpha_1 f_c bh_0^2}$

② 计算截面内力臂系数，即 $\gamma_s = \dfrac{1 + \sqrt{1 - 2\alpha_s}}{2}$

③ 计算纵向受力钢筋面积，即 $A_s = \dfrac{M}{f_y \gamma_s h_0}$

3.5.3.2 截面复核

截面复核时，一般是在材料强度、截面尺寸及配筋都已知的情况下，计算截面的极限承载力设计值 M_u，并与截面所需承担的设计弯矩 M 进行比较。当 $M_u \geqslant M$ 时，则截面是安全的。一般按如下步骤进行：

① 按式(3-8)求得 x，代入式(3-10)求得 ξ。

② 检验是否满足条件 $\xi \leqslant \xi_b$，若满足则由式(3-9)计算 M_u；若 $\xi > \xi_b$，则说明此梁属超筋梁，应取 $\xi = \xi_b$，代入式(3-11a)计算 M_u。

③ 计算出 M_u 后与构件实际承受的弯矩值 M 比较，当 $M_u \geqslant M$ 时，认为正截面承载力满足要求，否则截面不安全，需重新进行设计或采取加固措施。

【例题 3-1】 某实验室一楼面梁的尺寸为 250mm×500mm，跨中最大弯矩设计值为 $M = 180000\text{N} \cdot \text{m}$，采用强度等级 C30 的混凝土和 HRB400 级钢筋配筋。环境类别为一类，设计使用年限为 50 年。试求所需纵向受力钢筋的面积。

解： 已知 $f_c = 14.3\text{N/mm}^2$，$f_y = 360\text{N/mm}^2$，$\alpha_1 = 1.0$，$\xi_b = 0.5176$。

先假定受力钢筋按一排布置，则 $h_0 = h - 35 = 500 - 35 = 465\text{mm}$。

（1）求 α_s

$$\alpha_s = \frac{M}{\alpha_1 f_c b h_0^2} = \frac{1.8 \times 10^8}{14.3 \times 250 \times 465^2} = 0.2329$$

（2）求 ξ，判断是否超筋

$$\xi = 1 - \sqrt{1 - 2\alpha_s} = 1 - \sqrt{1 - 2 \times 0.2329} = 0.2691 < \xi_b$$

不超筋。

（3）求 A_s

$$A_s = \xi b h_0 \frac{\alpha_1 f_c}{f_y} = 0.2691 \times 250 \times 465 \times \frac{1.0 \times 14.3}{360} = 1242\text{mm}^2$$

（4）验算是否少筋

$$A_s > \rho_{min} bh = 0.2\% \times 250 \times 500 = 250\text{mm}^2$$

不少筋。

故选用 4 Φ 20（实配 $A_s = 1256\text{mm}^2$）

【例题 3-2】 已知梁截面尺寸为 200mm×450mm，纵向受拉钢筋采用 4 Φ 16，弯矩设计值 $M = 85\text{kN} \cdot \text{m}$，混凝土强度等级为 C30，钢筋等级为 HRB335 级，环境类别为一类，验算此梁截面是否安全。

解： 已知 $f_c = 14.3\text{N/mm}^2$，$f_y = 300\text{N/mm}^2$，$f_t = 1.43\text{N/mm}^2$，$A_s = 804\text{mm}^2$。

a_s 取 40mm，则 $h_0 = 450 - 40 = 410\text{mm}$

（1）验算最小配筋率

$$\rho_{min} = \max\left\{0.2\%, 0.45\frac{f_t}{f_y}\right\} = \max\left\{0.2\%, 0.45 \times \frac{1.43}{300}\right\} = 0.21\%$$

$$A_{s,min} = \rho_{min} bh = 0.21\% \times 200 \times 450 = 189\text{mm}^2 < A_s$$

满足最小配筋率的要求。

（2）求 ξ

$$x = \frac{f_y A_s}{\alpha_1 f_c b} = \frac{300 \times 804}{1.0 \times 14.3 \times 200} = 84.3\text{mm}$$

$$\xi = \frac{x}{h_0} = \frac{84.3}{410} = 0.206 < \xi_b$$

满足最大配筋率的要求。

（3）求 M_u

$$M_u = f_y A_s \left(h_0 - \frac{x}{2}\right) = 300 \times 804 \times \left(410 - \frac{84.3}{2}\right) = 88.7\text{kN} \cdot \text{m} > M$$

故该梁安全。

3.6 双筋矩形截面受弯构件正截面承载力计算

在受拉区配置纵向受拉钢筋的同时，在受压区也按计算配置一定数量的受压钢筋 A'_s，以协助受压区混凝土承担一部分压力的梁，称为双筋截面梁。在正截面抗弯中，利用钢筋承受压力是不经济的，故应尽量少用双筋截面。

双筋矩形截面适用于下面几种情况：

① 结构或构件承受某种交变的作用（如地震），使截面上的弯矩改变方向；

② 截面承受的弯矩设计值大于单筋截面所能承受的最大弯矩设计值，而截面尺寸和材料品种等由于某些原因又不能改变；

③ 结构或构件的截面由于某种原因，在截面的受压区预先已经布置了一定数量的受力钢筋（如连续梁的某些支座截面）。

3.6.1 基本计算公式及适用条件

试验表明，双筋矩形截面受弯构件正截面破坏时的受力特点与单筋矩形截面受弯构件相类似，也是受拉钢筋的应力先达到屈服强度，然后受压区边缘的混凝土压应变达到极限压应变。不同的只是在受压区增加了纵向受压钢筋的压力。试验研究表明，当构件在一定保证条件下进入破坏阶段时，受压钢筋应力也可达到屈服强度 f'_y。

为了简化计算，双筋矩形截面采用如图 3-14 所示的应力图。

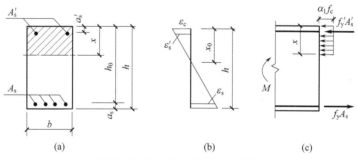

图 3-14 双筋矩形截面计算简图

如图 3-14 所示，由平衡条件可得：

$$\alpha_1 f_c bx + f'_y A'_s = f_y A_s \tag{3-19}$$

$$M \leqslant M_u = \alpha_1 f_c bx \left(h_0 - \frac{x}{2}\right) + f'_y A'_s (h_0 - a'_s) \tag{3-20}$$

式中　f'_y——钢筋的抗压强度设计值；

　　　A'_s——受压钢筋的截面面积；

　　　a'_s——受压钢筋的合力点到截面受压区外边缘的距离；

　　　A_s——受拉钢筋的截面面积，$A_s = A_{s1} + A_{s2}$，而 $A_{s1} = \dfrac{f'_y A'_s}{f_y}$。

双筋矩形截面所承担的弯矩设计值 M_u 可分为两部分。M_{u1} 为受压区混凝土和与其对应的一部分受拉钢筋 A_{s1} 所形成的弯矩抗力，相当于单筋矩形截面的受弯承载力；M_{u2} 是由受压钢筋和与其对应的另一部分受拉钢筋 A_{s2} 所形成的弯矩抗力。即

$$M_u = M_{u1} + M_{u2} \tag{3-21}$$

$$A_s = A_{s1} + A_{s2} \tag{3-22}$$

式(3-19) 和式(3-20) 是双筋矩形截面受弯构件的计算公式。它们的适用条件是

$$A_s \geqslant \rho_{min} bh \tag{3-23}$$

$$x \leqslant \xi_b h_0 \tag{3-24a}$$

$$x \geqslant 2a_s' \tag{3-24b}$$

在双筋截面中，式(3-23) 一般均可满足。满足条件式(3-24a)，可防止受压区混凝土在受拉区纵向受力钢筋屈服前压碎。满足条件式(3-24b)，可防止受压区纵向受力钢筋在构件破坏时达不到抗压强度设计值。

3.6.2 基本公式的应用

3.6.2.1 截面设计

截面设计时，可能会出现两种情况：

情况一：已知弯矩设计值 M，材料强度 $\alpha_1 f_c$、f_y，截面尺寸 $b \times h$，求受拉钢筋面积 A_s 和受压钢筋面积 A_s'。

为使配筋最少，就要充分利用混凝土的受压能力。令 $x = \xi_b h_0$ 时，混凝土受压能力达到极限。则

$$A_s' = \frac{M - \alpha_1 f_c b h_0^2 \xi_b (1 - 0.5\xi_b)}{f_y'(h_0 - a_s')} \tag{3-25}$$

$$A_s = \frac{A_s' f_y'}{f_y} + \frac{\xi_b \alpha_1 f_c b h_0}{f_y} \tag{3-26}$$

情况二：已知弯矩设计值 M，材料强度 $\alpha_1 f_c$、f_y，截面尺寸 $b \times h$ 以及受压钢筋面积 A_s'，求纵向受拉钢筋面积 A_s。这类问题一般是由于变号弯矩的需要，或由于构造要求，已在受压区配置了受压钢筋，这时，就不必考虑充分利用混凝土的抗压强度，而应充分利用 A_s'，以减小总钢筋量。

由于 A_s' 现在已知，只有两个未知量 A_s 和 x。由式(3-20) 可得

$$x = h_0 - \sqrt{h_0^2 - 2\left[\frac{M - f_y' A_s'(h_0 - a_s')}{\alpha_1 f_c b}\right]} \tag{3-27}$$

由式(3-19) 可得

$$A_s = \frac{f_y' A_s' + \alpha_1 f_c b x}{f_y} \tag{3-28}$$

应该注意的是，按式(3-27) 求出受压区的高度以后，要按式(3-23) 和式(3-24) 验算适用条件是否能够满足。如果条件式(3-23) 不满足，说明给定的受压钢筋截面面积 A_s' 太小，这时应按第一种情况分别求出 A_s' 和 A_s。如果条件式(3-24) 不满足，应按式(3-29) 计算受拉钢筋截面面积。

$$A_s = \frac{M}{f_y(h_0 - a_s')} \tag{3-29}$$

3.6.2.2 截面复核

承载力校核时，截面的弯矩设计值 M、截面尺寸 $b \times h$、钢筋种类、混凝土的强度等级、受拉钢筋截面面积 A_s 和受压钢筋截面面积 A_s' 都是已知的，要求确定截面能否抵抗给定的弯矩设计值。

先按式(3-19)计算受压区高度 x

$$x = \frac{f_y A_s - f_y' A_s'}{\alpha_1 f_c b} \tag{3-30}$$

如果 x 能满足条件式(3-23)和式(3-24)，则由式(3-20)可知其能够抵抗的弯矩为

$$M_u = f_y' A_s'(h_0 - a_s') + \alpha_1 f_c b x \left(h_0 - \frac{x}{2} \right) \tag{3-31}$$

如果 $x \leq 2a_s'$，则

$$M_u = A_s f_y (h_0 - a_s') \tag{3-32}$$

如果 $x > \xi_b h_0$，只能取 $x = \xi_b h_0$ 计算，则

$$M_u = f_y' A_s'(h_0 - a_s') + \alpha_1 f_c b \xi_b h_0 \left(h_0 - \frac{\xi_b h_0}{2} \right) \tag{3-33}$$

截面能够抵抗的弯矩 M_u 求出后，将其与截面的弯矩设计值 M 相比较，如果 $M \leq M_u$，则截面承载力足够，截面工作可靠；反之，如果 $M > M_u$，则截面承载力不够，可采取加大截面尺寸或选用强度等级更高的混凝土和钢筋等措施来解决。

【例题 3-3】 已知一矩形截面梁截面尺寸 $b \times h = 250\text{mm} \times 500\text{mm}$，承受弯矩设计值 $M = 320\text{kN} \cdot \text{m}$，混凝土强度等级为 C30，钢筋采用 HRB335 级，环境类别为一类。求所需受压和受拉钢筋截面面积 A_s 和 A_s'。

解： 已知 $f_c = 14.3\text{N/mm}^2$，$f_y = f_y' = 300\text{N/mm}^2$，$f_t = 1.43\text{N/mm}^2$，$\alpha_1 = 1.0$，$\xi_b = 0.5500$。

假定受拉钢筋为两层，a_s 取为 65mm，$h_0 = 500 - 65 = 435\text{mm}$，$a_s'$ 取为 40mm。

(1) 计算 α_s 和 ξ

$$\alpha_s = \frac{M}{\alpha_1 f_c b h_0^2} = \frac{320 \times 10^6}{1.0 \times 14.3 \times 250 \times 435^2} = 0.473$$

$$\xi = 1 - \sqrt{1 - 2\alpha_s} = 1 - \sqrt{1 - 2 \times 0.473} = 0.768 > \xi_b$$

取 $\xi = \xi_b = 0.5500$

(2) 计算 A_s'

$$A_s' = \frac{M - \alpha_1 f_c b h_0^2 \xi_b (1 - 0.5\xi_b)}{f_y'(h_0 - a_s')}$$

$$= \frac{320 \times 10^6 - 1.0 \times 14.3 \times 250 \times 435^2 \times 0.5500 \times (1 - 0.5 \times 0.5500)}{300 \times (435 - 40)}$$

$$= 424.1\text{mm}^2$$

(3) 计算 A_s

$$A_s = \frac{A_s' f_y'}{f_y} + \frac{\xi_b \alpha_1 f_c b h_0}{f_y}$$

$$= \frac{424.1 \times 300}{300} + \frac{0.5500 \times 1.0 \times 14.3 \times 250 \times 435}{300}$$

$$= 3275.2\text{mm}^2$$

受拉钢筋选用 3 Φ 25 + 3 Φ 28，$A_s = 1473 + 1847 = 3320\text{mm}^2$。受压钢筋选用 3 Φ 14，

$A'_s = 461\text{mm}^2$。配筋如图 3-15 所示。

【例题 3-4】 某梁截面尺寸 $b \times h = 250\text{mm} \times 500\text{mm}$，承受弯矩设计值 $M = 2.0 \times 10^8 \text{N} \cdot \text{mm}$，设计使用年限为 50 年，环境类别为一类，受压区预先已经配好了 HRB400 级受压钢筋 2 Φ 16（$A'_s = 402\text{mm}^2$）。若受拉钢筋也采用 HRB400 级钢筋配筋，混凝土的强度等级为 C30，试求截面所需配置的受拉钢筋截面面积 A_s。

解: 已知 $f_c = 14.3\text{N/mm}^2$，$f_y = f'_y = 360\text{N/mm}^2$，$f_t = 1.43\text{N/mm}^2$，$\alpha_1 = 1.0$，$\xi_b = 0.5176$。

a_s 与 a'_s 均取 35mm，则 $h_0 = 500 - 35 = 465\text{mm}$。

（1）求受压区高度 x

$$x = h_0 - \sqrt{h_0^2 - 2 \left[\frac{M - f'_y A'_s (h_0 - a'_s)}{\alpha_1 f_c b} \right]}$$

$$= 465 - \sqrt{465^2 - 2 \times \left[\frac{2.0 \times 10^8 - 360 \times 402 \times (465 - 35)}{1.0 \times 14.3 \times 250} \right]}$$

$$= 92\text{mm} < \xi_b h_0 = 0.5176 \times 465 = 240.68\text{mm}$$

$$x > 2a'_s = 2 \times 35 = 70\text{mm}$$

（2）计算受拉钢筋截面面积

$$A'_s = \frac{f'_y A'_s + \alpha_1 f_c b x}{f_y} = \frac{360 \times 402 + 1.0 \times 14.3 \times 250 \times 92}{360} = 1316\text{mm}^2$$

选用 3 Φ 25，实配钢筋截面面积 $A_s = 1473\text{mm}^2$。截面配筋图如图 3-16 所示。

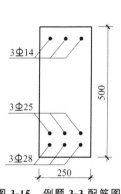

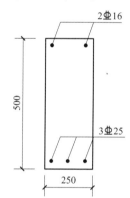

图 3-15　例题 3-3 配筋图　　　　图 3-16　例题 3-4 配筋图

3.7　T 形截面受弯构件正截面承载力计算

3.7.1　基本概念

如前所述，在矩形截面受弯构件的承载力计算中，没有考虑混凝土的抗拉强度。因此，对于尺寸较大的矩形截面构件，可将受拉区两侧的一部分混凝土挖去，形成如图 3-17 所示 T 形截面，以减轻结构自重，获得经济效果。

在图 3-17 中，T 形截面顶部两侧伸出部分称为翼缘，其宽度为 b'_f，高度为 h'_f；中间部

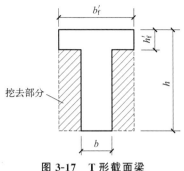

图 3-17　T 形截面梁

分称为梁肋或腹板，有时为了需要，也采用工字形截面。由于不考虑受拉区翼缘混凝土受力 [图 3-18(a)]，工字形截面按 T 形截面计算。对于现浇楼盖的连续梁 [图 3-18(b)]，由于支座处承受负弯矩，梁截面下部受压，上部受拉（1—1 截面），因此支座处按矩形截面计算，而跨中（2—2 截面）则按 T 形截面计算。

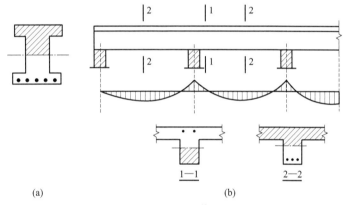

图 3-18　T 形和矩形截面的划分

理论上，T 形截面翼缘宽度 b'_f 越大，截面受力性能越好。因为在弯矩 M 作用下，b'_f 越大则受压区高度 x 越小，内力臂增大，因而可减小受拉钢筋截面面积。但是试验与理论研究证明，T 形截面受弯构件翼缘的纵向压应力沿翼缘宽度方向分布不均匀，离肋部越远压应力越小 [图 3-19(a)]。因此，对翼缘计算宽度 b'_f 应加以限制。

T 形截面翼缘计算宽度 b'_f 的取值与翼缘厚度、梁的跨度和受力情况等许多因素有关。《混凝土结构设计规范》规定按表 3-7 中有关规定的最小值取用。在规定范围内的翼缘，可认为压应力均匀分布 [图 3-19(b)]。

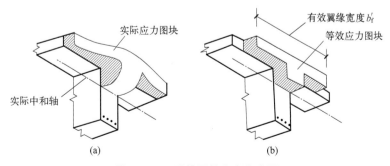

图 3-19　T 形截面的应力分布图

表 3-7　T 形、I 形及倒 L 形截面受弯构件翼缘计算宽度 b_f'

情况		T 形、I 形截面		倒 L 形截面
		肋形梁（板）	独立梁	肋形梁（板）
1	按计算跨度 l_0 考虑	$l_0/3$	$l_0/3$	$l_0/6$
2	按梁（肋）净距 s_n 考虑	$b+s_n$	—	$b+s_n/2$
3	按翼缘高度 h_f' 考虑　$h_f'/h_0 \geqslant 0.1$	—	$b+12h_f'$	—
	$0.1 > h_f'/h_0 \geqslant 0.05$	$b+12h_f'$	$b+6h_f'$	$b+5h_f'$
	$h_f'/h_0 < 0.05$	$b+12h_f'$	b	$b+5h_f'$

注：1. 表中 b 为梁的腹板宽度；

2. 肋形梁在梁跨内设有间距小于纵肋间距的横肋时，可不考虑表中情况 3 的规定；

3. 加腋的 T 形、I 形和倒 L 形截面，当受压区加腋的高度 h_h 不小于 h_f' 且加腋的长度 b_h 不大于 $3h_h$ 时，其翼缘计算宽度可按表中情况 3 的规定分别增加 $2b_h$（T 形、I 形截面）和 b_h（倒 L 形截面）；

4. 独立梁受压区的翼缘板在荷载作用下经验算沿纵肋方向可能产生裂缝时，其计算宽度应取腹板宽度 b。

3.7.2　基本计算公式及适用条件

3.7.2.1　两类 T 形截面的判别

按照中和轴的位置不同，T 形截面可分为两类。

第一类 T 形截面：中和轴位于翼缘内，即 $x \leqslant h_f'$，如图 3-20(a) 所示。

第二类 T 形截面：中和轴位于梁肋内，即 $x > h_f'$，如图 3-20(b) 所示。

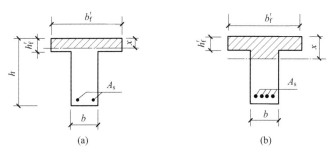

图 3-20　两类 T 形截面

其中，x 为混凝土受压区高度，显然，第一类 T 形截面的受压区混凝土面积较小，故与其压应力合力平衡的受拉钢筋截面面积 A_s 较小，截面承受的弯矩值也较小。

当符合下列条件时，为第一类 T 形截面，否则为第二类 T 形截面：

$$M \leqslant \alpha_1 f_c b_f' h_f' \left(h_0 - \frac{h_f'}{2} \right) \tag{3-34}$$

或

$$f_y A_s \leqslant \alpha_1 f_c b_f' h_f' \tag{3-35}$$

上述判别条件，式(3-34) 用于截面设计，式(3-35) 用于截面复核。

3.7.2.2 第一类 T 形截面

（1）基本计算公式

由图 3-21 可知，第一类 T 形截面的受压区为矩形，面积为 $b'_f x$。由于梁截面承载力与受拉区形状无关，因此，第一类 T 形截面承载力与宽度为 b'_f 的矩形截面承载力的计算方法完全相同，其计算式为

$$\alpha_1 f_c b'_f x = f_y A_s \tag{3-36}$$

$$M \leqslant \alpha_1 f_c b'_f x \left(h_0 - \frac{x}{2} \right) \tag{3-37}$$

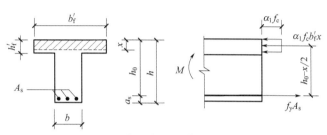

图 3-21　第一类 T 形截面计算简图

（2）适用条件

$$A_s \geqslant \rho_{\min} bh \tag{3-38}$$

或

$$\rho = \frac{A_s}{bh} \geqslant \rho_{\min} \tag{3-39}$$

由于这类 T 形截面的受压高度在翼缘内，故条件 $\xi \leqslant \xi_b$ 不必验算，能够满足。应该注意的是，尽管这类截面承载力是按矩形截面 $b'_f \times h$ 计算的，但其最小配筋率还是应按式(3-39)计算。这是因为最小配筋率是根据钢筋混凝土梁开裂后的受弯承载力与相同截面素混凝土梁受弯承载力相同的条件得出的，而素混凝土 T 形截面受弯构件（肋宽为 b，梁高为 h）的受弯承载力相比矩形截面素混凝土梁（$b \times h$）的提高不多。为简化计算并考虑以往设计经验，此处 $\rho_{\min}$ 仍按 $b \times h$ 的矩形截面的数值采用。

3.7.2.3 第二类 T 形截面

（1）基本计算公式

混凝土受压区的形状已由矩形变为 T 形，其计算应力图形如图 3-22 所示。根据平衡条件可得

$$\alpha_1 f_c (b'_f - b) h'_f + \alpha_1 f_c bx = f_y A_s \tag{3-40}$$

$$M \leqslant \alpha_1 f_c (b'_f - b) h'_f \left(h_0 - \frac{h'_f}{2} \right) + \alpha_1 f_c bx \left(h_0 - \frac{x}{2} \right) \tag{3-41}$$

（2）适用条件

$$x \leqslant \xi_b h_0 \tag{3-42}$$

$$A_s \geqslant \rho_{\min} bh \qquad\qquad (3\text{-}43)$$

其中，第二类 T 形截面梁的配筋率一般较大，故式(3-43)不必验算。

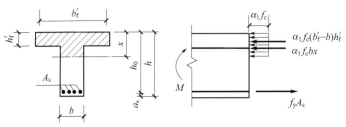

图 3-22　第二类 T 形截面的计算简图

3.7.3　基本计算公式的应用

3.7.3.1　截面设计

已知材料强度等级、截面尺寸及弯矩设计值 M，求受拉钢筋截面面积 A_s。

T 形梁截面设计步骤如图 3-23 所示。

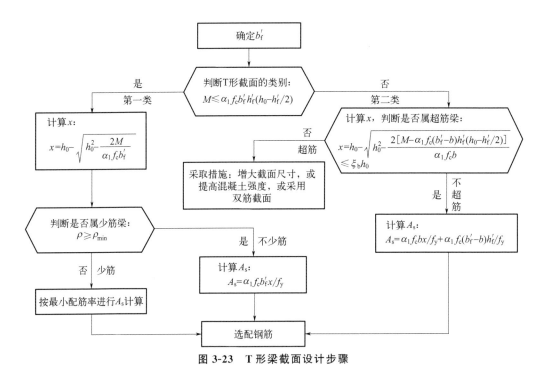

图 3-23　T 形梁截面设计步骤

3.7.3.2　截面承载力复核

已知材料的强度等级、截面尺寸及受拉钢筋截面面积 A_s，求截面是否安全。

T 形梁截面复核步骤如图 3-24 所示。

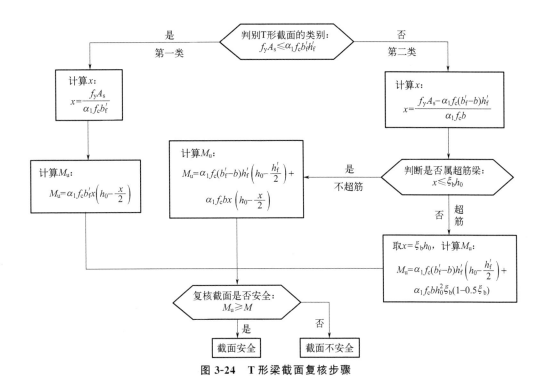

图 3-24　T 形梁截面复核步骤

【例题 3-5】　某 T 形截面独立梁，截面如图 3-25 所示，计算跨度 $l_0 = 6\text{m}$，采用 C30 级混凝土，HRB400 级钢筋，弯矩设计值 $M = 220\text{kN} \cdot \text{m}$，环境类别为一类，试确定纵向钢筋截面面积。

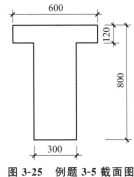

图 3-25　例题 3-5 截面图

解： 已知 $f_c = 14.3\text{N/mm}^2$，$f_y = f_y' = 360\text{N/mm}^2$，$f_t = 1.43\text{N/mm}^2$，$\alpha_1 = 1.0$，$\xi_b = 0.5176$。

假设纵向钢筋排两排，a_s 取 65mm，则 $h_0 = 800 - 65 = 735\text{mm}$。

(1) 确定 b_f'

按计算跨度 l_0 考虑：$b_f' = l_0/3 = 2\text{m}$；

按翼缘高度考虑：$b_f' = b = 300\text{mm}$；

实际翼缘宽度 600mm，故取 $b_f' = 300\text{mm}$。

(2) 判别 T 形截面的类型

$$\alpha_1 f_c b_f' h_f' \left(h_0 - \frac{h_f'}{2}\right) = 1.0 \times 14.3 \times 300 \times 120 \times \left(735 - \frac{120}{2}\right) = 347.49\text{kN} \cdot \text{m}$$

$$347.49 \text{kN} \cdot \text{m} > M = 220 \text{kN} \cdot \text{m}$$

故为第一类 T 形截面。

（3）计算 x

$$x = h_0 - \sqrt{h_0^2 - \frac{2M}{\alpha_1 f_c b_f}} = 735 - \sqrt{735^2 - \frac{2 \times 220 \times 10^6}{1.0 \times 14.3 \times 300}} = 73.44 \text{mm}$$

$$\leqslant \xi_b h_0 = 0.5176 \times 735 = 380.44 \text{mm}$$

（4）计算 A_s

$$A_s = \frac{\alpha_1 f_c b_f' x}{f_y} = \frac{1.0 \times 14.3 \times 300 \times 73.44}{360} = 875.16 \text{mm}^2$$

选配 6Φ14，实配钢筋截面面积 $A_s = 923 \text{mm}^2$。

【例题 3-6】 已知一 T 形截面梁（图 3-26）截面尺寸 $h = 700 \text{mm}$，$b = 250 \text{mm}$，$h_f' = 100 \text{mm}$，$b_f' = 600 \text{mm}$，截面配有受拉钢筋 8Φ22（$A_s = 3041 \text{mm}^2$），混凝土强度等级为 C30，梁截面的最大弯矩设计值 $M = 500 \text{kN} \cdot \text{m}$。设计使用年限为 50 年，环境类别为一类。试校验该梁是否安全。

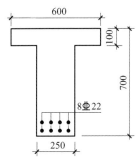

图 3-26 例题 3-6 配筋图

解： 已知 $f_c = 14.3 \text{N/mm}^2$，$f_y = f_y' = 360 \text{N/mm}^2$，$f_t = 1.43 \text{N/mm}^2$，$\alpha_1 = 1.0$，$\xi_b = 0.5176$。

假设纵向钢筋排两排，a_s 取 60mm，则 $h_0 = 700 - 60 = 640 \text{mm}$。

（1）判断 T 形截面的类型

$$f_y A_s = 360 \times 3041 = 1094760 \text{N} > \alpha_1 f_c b_f' h_f' = 1.0 \times 14.3 \times 600 \times 100 = 858000 \text{N}$$

属于第二类 T 形截面。

（2）计算 x

$$x = \frac{f_y A_s - \alpha_1 f_c (b_f' - b) h_f'}{\alpha_1 f_c b}$$

$$= \frac{360 \times 3041 - 1.0 \times 14.3 \times (600 - 250) \times 100}{1.0 \times 14.3 \times 250} = 166.2 \text{mm}$$

$$< \xi_b h_0 = 0.5176 \times 640 = 331.3 \text{mm}$$

（3）计算极限弯矩 M_u

$$M_u = \alpha_1 f_c (b_f' - b) h_f' \left(h_0 - \frac{h_f'}{2} \right) + \alpha_1 f_c b x \left(h_0 - \frac{x}{2} \right)$$

$$= 1.0 \times 14.3 \times (600 - 250) \times 100 \times \left(640 - \frac{100}{2} \right) + 1.0 \times 14.3 \times 250 \times 166.2 \times \left(640 - \frac{166.2}{2} \right)$$

$$= 626.185 \text{kN} \cdot \text{m} > M = 500 \text{kN} \cdot \text{m}$$

故，该梁安全。

3.8 受弯构件斜截面的受力特征及破坏形态

3.8.1 剪跨比

试验研究发现，无腹筋梁斜截面的破坏形式主要取决于剪跨比 λ 的大小。λ 是个无量纲的参数，是梁内同一截面所承受的弯矩与剪力两者的相对比值，即

$$\lambda = \frac{M}{Vh_0} \tag{3-44}$$

对于图 3-27 中承受两个对称集中荷载的梁，截面 C 和 D 的剪跨比为

$$\lambda = \frac{M_C}{V_C h_0} = \frac{a}{h_0} \tag{3-45}$$

式中　a——集中荷载作用点至临近支座的距离，即剪跨。

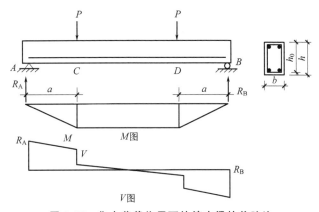

图 3-27　集中荷载作用下的简支梁的剪跨比

3.8.2 梁斜截面破坏的主要形态

3.8.2.1 无腹筋梁

试验研究表明，随着剪跨比 λ 的变化，无腹筋梁沿斜截面破坏的主要形态有以下三种：

① 斜拉破坏（$\lambda > 3$）。在荷载作用下，首先在梁的下边缘出现垂直的弯曲裂缝，然后其中一条弯曲裂缝迅速斜向（垂直于主拉应力方向）伸展到梁顶的集中荷载作用点处，形成临界斜裂缝，将梁沿斜向裂成两部分而破坏，这种破坏称为斜拉破坏，如图 3-28(a) 所示。有时在斜裂缝的下端还会沿纵筋轴向发生撕裂裂缝。

斜拉破坏与临界斜裂缝的形成几乎同时发生，其承载力相对最低，破坏性质类似于正截面中的少筋破坏为脆性破坏，在设计中应当避免发生斜拉破坏。

② 剪压破坏（1≤λ≤3）。在荷载作用下，首先在剪跨区出现数条短的弯剪裂缝。随着荷载的增加，在几条裂缝中将形成一条延伸最长、开展较宽的主要斜裂缝，即为其临界斜裂缝。此时的临界斜裂缝一般不贯通至梁顶，而在集中荷载作用点下面维持一定的受压区高度。荷载继续增大，临界斜裂缝上端剩余截面逐渐缩小，最终剩余的受压区混凝土在剪压荷载应力作用下被剪压破坏，如图3-28(b)所示。这种破坏仍为脆性破坏。其承载力较斜拉破坏高，较斜压破坏低。剪压破坏是最常见的斜截面破坏形态。

③ 斜压破坏（λ<1）。在加载后，首先是荷载作用点和支座之间出现一条斜裂缝，然后出现若干条大体相平行的斜裂缝，梁腹被分割成若干个倾斜的小柱体。随着荷载增大，梁腹发生类似混凝土棱柱体被压坏的情况。破坏时斜裂缝多而密，但没有主裂缝，故称为斜压破坏，如图3-28(c)所示。其相对的承载力是三种破坏形态中最大的。

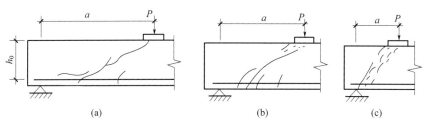

图3-28　斜截面的破坏形态

发生斜压破坏时，箍筋应力达不到相应的屈服强度，承载力主要取决于混凝土的抗压强度，破坏的性质类似于正截面中的超筋破坏，属于脆性破坏，在设计时也应设法避免。

除了以上三种主要破坏形态外，也有可能出现一些其他破坏形态，如集中荷载离支座极近时可能发生纯剪破坏，荷载作用点及支座处可能发生局部承压破坏，以及纵向钢筋的锚固破坏等。

3.8.2.2　有腹筋梁

腹筋虽然不能防止斜裂缝的出现，但却能限制斜裂缝的开展和延伸。因此，腹筋的数量对梁斜截面的破坏形态和受剪承载力有很大影响。

有腹筋梁斜截面剪切破坏形态与无腹筋梁一样，也可概括为三种主要的破坏形态：斜压破坏、剪压破坏和斜拉破坏。与无腹筋梁不同的是，它们的破坏形态还与梁的配箍率有关。钢筋混凝土梁的配箍率按下式计算：

$$\rho_{sv} = \frac{A_{sv}}{bs} = \frac{nA_{sv1}}{bs} \tag{3-46}$$

式中　ρ_{sv}——配箍率；

A_{sv}——配置在同一截面内箍筋各肢的截面面积之和；

n——同一截面内箍筋的肢数；

A_{sv1}——单肢箍筋的截面面积；

b——梁的截面宽度（或肋宽）；

s——沿梁长度方向箍筋的间距。

① 斜拉破坏。当配箍率太小或箍筋间距太大且剪跨比较大（λ>3）时，易发生斜拉破坏。其破坏性质与无腹筋破坏相似，斜裂缝一旦开裂，箍筋很快屈服，破坏时箍筋被拉断。

② 斜压破坏。当配置的箍筋太多或剪跨比很小（λ<1）时，发生斜压破坏。在箍筋尚未屈服时，斜裂缝间的混凝土会因主压应力过大而发生斜压破坏。此时梁的受剪承载力取决

于混凝土强度及截面尺寸。

③ 剪压破坏。当配箍适量且剪跨比适中（1≤λ≤3）时，发生剪压破坏。斜裂缝出现以后，原来由混凝土承受的拉力转由与斜裂缝相交的箍筋来承受，在箍筋尚未屈服时，由于箍筋限制了斜裂缝的扩展和延伸，荷载尚能有较大增长。当箍筋屈服后，由于箍筋应力基本不变而应变迅速增加，箍筋不再能有效地抑制斜裂缝的扩展和延伸，最后斜裂缝上端剪压区的混凝土在剪压复合应力作用下达到极限强度，发生剪压破坏。

斜压破坏和斜拉破坏都是不理想的。因为斜压破坏在破坏时箍筋强度未得到充分发挥，而斜拉破坏发生得十分突然，没有预警作用，因此在工程设计中应避免出现这两种破坏。剪压破坏在破坏时箍筋强度得到了充分发挥，且破坏时承载力较高。因此斜截面承载力计算式是根据剪压破坏模型建立的。

3.8.3　斜截面受剪承载力的主要影响因素

3.8.3.1　剪跨比

剪跨比是影响集中荷载作用下受弯构件承载力的主要因素，梁的剪跨比反映了截面上正应力和剪应力的相对关系，决定了该截面上任一点主应力的大小和方向，因而影响梁的破坏形态和受剪承载力的大小。

由图 3-29 可见，当剪跨比由小增大时，梁的破坏形态从混凝土抗压控制的斜压型，转为顶部受压区和斜裂缝骨料咬合控制的剪压型，再转为混凝土抗拉强度控制为主的斜拉型。随着剪跨比的增大，受剪承载力减小；当 λ＞3 以后，承载力趋于稳定。

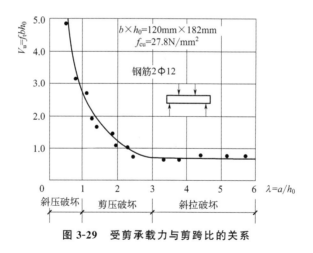

图 3-29　受剪承载力与剪跨比的关系

试验研究表明，对集中荷载作用下的无腹筋梁，剪跨比是影响其破坏形态和受剪承载力最主要的因素之一。对有腹筋梁，在低配箍时剪跨比的影响较大，在中等配箍时剪跨比的影响次之，在高配箍时剪跨比的影响则较小。

3.8.3.2　跨高比

均布荷载作用下，跨高比 l_0/h_0 对梁的受剪承载力影响较大，随着跨高比的增大，受剪承载力下降；但当跨高比 l_0/h_0＞10 以后，跨高比对受剪承载力的影响不显著。

3.8.3.3 混凝土强度

梁斜裂缝的出现以及最终破坏均与混凝土的强度有关,故混凝土强度对梁的受剪承载力的影响很大。在上述三种破坏形态中,斜拉破坏取决于混凝土的抗拉强度 f_t,剪压破坏取决于顶部混凝土的抗压强度 f_c 和腹部的骨料咬合作用(接近抗剪或抗拉),剪跨比较小的斜压破坏取决于混凝土的抗压强度 f_c,而斜压破坏是受剪承载力的上限。梁的受剪承载力随混凝土强度的提高而提高,两者大致呈线性关系。如图3-30所示。

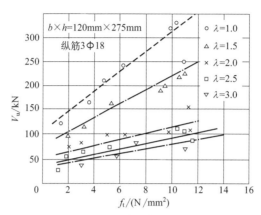

图3-30 混凝土强度对梁的受剪承载力的影响

3.8.3.4 纵筋的配筋率

纵向钢筋能抑制斜裂缝的开展,使斜裂缝顶部混凝土压区高度(面积)增大,间接地提高梁的受剪承载力,同时纵筋本身也通过销栓作用承受一定的剪力,故而纵筋配筋率对无腹筋梁的受剪承载力也有一定影响。纵筋配筋率越大,无腹筋梁的斜截面抗剪能力也越大,两者大体呈线性关系。但对有腹筋梁,其影响就相对不太大。

3.8.3.5 配箍率与箍筋的强度

影响有腹筋梁受剪承载力的因素,除了同无腹筋梁一样的剪跨比、混凝土强度、纵肋配筋率等以外,还与腹筋的数量和强度有关。剪切破坏属于脆性破坏,为了提高斜截面的延性,不宜采用高强度钢筋作箍筋。

3.8.3.6 截面的形状、尺寸及骨料的咬合力

试验表明,受压区翼缘的存在对提高斜截面承载力有一定的作用。因此T形截面梁与矩形截面梁相比,前者的斜截面承载力一般要高10%~30%。

3.9 受弯构件斜截面承载力的设计方法及构造要求

由于影响斜截面承载力的因素很多,且这些因素彼此存在相互制约的关系,要全面准确

地考虑这些因素，是一个比较复杂的问题，因此，对于无腹筋梁的破坏机理问题目前仍未圆满解决。《混凝土结构设计规范》所给出的计算式是考虑了影响斜截面承载力的主要因素，对大量的试验数据进行统计分析所得出的与试验结果较为符合的公式。

3.9.1　斜截面受剪承载力的计算位置

计算斜截面受剪承载力时，剪力设计值的计算截面应按下列规定采用：

① 支座边缘处的斜截面（图 3-31 中的截面 1—1）。

② 受拉区弯起钢筋弯起点处的斜截面［图 3-31(a) 中的截面 2—2、3—3］。

③ 箍筋截面面积或间距改变处的截面［图 3-31(b) 中的截面 4—4］。

④ 截面尺寸改变处的截面。

应注意的是：① 受拉边倾斜的受弯构件，尚应包括梁的高度开始变化处、集中荷载作用处和其他不利的截面；

② 箍筋的间距以及弯起钢筋前一排（对支座而言）的弯起点至后一排的弯终点的距离，应符合梁横向配筋的构造要求。

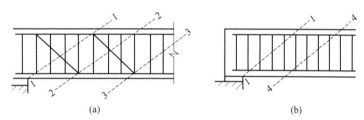

(a)　　　　　　　　　　　　　(b)

图 3-31　斜截面受剪承载力剪力设计值的计算截面

3.9.2　斜截面受剪承载力计算的基本公式

① 不配置箍筋和弯起钢筋的一般板类受弯构件，其斜截面受剪承载力应符合下列规定：

$$V \leqslant V_{c} = 0.7\beta_{h} f_{t} b h_{0} \tag{3-47}$$

$$\beta_{h} = \left(\frac{800}{h_{0}}\right)^{\frac{1}{4}} \tag{3-48}$$

式中　β_{h}——截面高度影响系数，当 $h_{0} < 800\text{mm}$ 时，取 800mm；当 $h_{0} > 2000\text{mm}$ 时，取 2000mm。

② 当仅配置箍筋时，矩形、T 形和 I 形截面受弯构件的斜截面受剪承载力应符合下列规定：

$$V \leqslant V_{u} = V_{cs} = \alpha_{cv} f_{t} b h_{0} + f_{yv} \frac{A_{sv}}{s} h_{0} \tag{3-49}$$

式中　V——构件斜截面上的最大剪力设计值，包括重要性系数 γ_{0}。

V_{cs}——构件斜截面上混凝土和箍筋的受剪承载力设计值。

α_{cv}——斜截面混凝土受剪承载力系数，对于一般受弯构件取 0.7；对集中荷载作用下（包括作用有多种荷载，其中集中荷载对支座截面或节点边缘所产生的剪力值占总剪力 75% 以上的情况）的独立梁，取 $\alpha_{cv} = 1.75/(\lambda+1)$（$\lambda = a/h_{0}$，当 $\lambda <$

1.5 时，取 1.5；当 $\lambda>3$ 时，取 3；a 取集中荷载作用点至支座截面或节点边缘的距离）。

    A_{sv}——配置在同一截面内箍筋各肢的全部截面面积。

    s——沿构件长度方向的箍筋间距。

    f_{yv}——箍筋的抗拉强度设计值，按普通钢筋强度设计值采用，且 $f_{yv}\leqslant360N/mm^2$。

    ③ 当配置箍筋和弯起钢筋时，矩形、T 形和 I 形截面受弯构件的斜截面受剪承载力应符合下列规定：

$$V\leqslant V_u=V_{cs}+V_{sb} \tag{3-50}$$

$$V_{sb}=0.8f_yA_{sb}\sin\alpha_s \tag{3-51}$$

式中　V——配置弯起钢筋处的剪力值；

    A_{sb}——同一平面内的弯起普通钢筋的截面面积；

    α_s——斜截面上弯起普通钢筋的切线与构件纵向轴线的夹角。

计算弯起钢筋时，截面剪力设计值可按下列规定取用：

    ① 计算第一排（对支座而言）弯起钢筋时，取支座边缘处的剪力值。

    ② 计算以后的每一排弯起钢筋时，取前一排（对支座而言）弯起钢筋弯起点处的剪力值。

3.9.3　计算式的适用条件

    ① 防止出现斜压破坏的条件——最小截面尺寸的限制。试验表明，当截面尺寸过小时，即使箍筋配置很多，也不能完全发挥作用。所以为了防止斜压破坏，必须限制截面最小尺寸。对矩形、T 形和 I 形截面受弯构件，其尺寸应符合下列要求：

当 $\dfrac{h_w}{b}\leqslant4$ 时

$$V\leqslant0.25\beta_cf_cbh_0 \tag{3-52}$$

当 $\dfrac{h_w}{b}\geqslant6$ 时

$$V\leqslant0.2\beta_cf_cbh_0 \tag{3-53}$$

当在两者之间时，按线性内插法确定。

式中　β_c——混凝土强度影响系数，按表 3-8 采用；

    b——矩形截面的宽度，T 形截面或 I 形截面的腹板宽度；

    h_w——截面的腹板高度，矩形截面取截面有效高度，T 形截面取为有效高度减去翼缘高度，I 形截面取为腹板净高。

对受拉边侧斜的构件，截面尺寸条件也可适当放宽；当有实践经验时，对 T 形或 I 形截面的简支构件，式(3-52)中的系数可改为 0.3。

其他符号含义同前所述。

表 3-8　混凝土强度影响系数 β_c 取值

混凝土强度等级	≤C50	C55	C60	C65	C70	C75	C80
β_c	1.000	0.967	0.933	0.900	0.867	0.833	0.800

    ② 防止出现斜拉破坏的条件——最小配箍率的限制。为了避免出现斜拉破坏，构件配

箍率应满足：

$$\rho_{sv} = \frac{nA_{sv1}}{bs} \geqslant \rho_{sv,min} = 0.24 \frac{f_t}{f_{yv}} \tag{3-54}$$

式中符号含义同前所述。

3.9.4 斜截面受剪承载力的计算步骤

受弯构件斜截面受剪承载力计算包括截面设计和截面复核两类问题。

3.9.4.1 截面设计

已知剪力设计值 V、截面尺寸和材料强度，要求确定箍筋和弯起钢筋的数量，其计算步骤如下：

① 验算截面尺寸。梁的截面尺寸以及纵向钢筋通常已由正截面承载力计算初步设定，在进行受剪承载力计算时，首先根据式（3-52）或式（3-53）复核梁截面尺寸，当不满足要求时，应加大截面尺寸或提高混凝土强度等级。

② 验算是否需要按计算配置腹筋。若满足 $V \leqslant \alpha_{cv} f_t bh_0$，仅需按构造要求确定箍筋的直径和间距；若不满足，则需按计算配置腹筋。

③ 确定腹筋数量。腹筋有两种配置方案：一是仅配箍筋；二是同时配置箍筋和弯起钢筋。前者是常用的方案，后者一般只用于剪力较大且纵向钢筋较多的情况。

a. 仅配箍筋时。

$$\frac{A_{sv}}{s} \geqslant \frac{V - \alpha_{cv} f_t bh_0}{f_{yv} h_0} \tag{3-55}$$

求出 A_{sv}/s 的值后，即可根据构造要求选定箍筋肢数 n 和直径 d，然后求出间距 s，或者根据构造要求选定 n、s，然后求出 d。箍筋间距 s 应满足最小配箍率的要求，同时还应满足梁内箍筋最大间距的构造要求（见表3-9）。

b. 同时配置箍筋和弯起钢筋。先根据已配纵向受力钢筋确定弯起钢筋的截面面积 A_{sb}，按式（3-51）计算出弯起钢筋的受剪承载力 V_{sb}，进而计算出所需箍筋的截面面积 A_{sv}。

表 3-9　梁中箍筋最大间距 s_{max}　　　　单位：mm

梁高 h	$V > 0.7 f_t bh_0$	$V \leqslant 0.7 f_t bh_0$
$150 < h \leqslant 300$	150	200
$300 < h \leqslant 500$	200	300
$500 < h \leqslant 800$	250	350
$h > 800$	300	400

3.9.4.2 截面复核

已知材料强度、截面尺寸、配箍率以及弯起钢筋的截面面积，要求复核斜截面所能承受的剪力 V。

① 按式（3-52）或式（3-53）复核截面限制条件。若不满足，则应加大截面尺寸或提高混凝土的强度等级。

② 按式（3-54）复核配箍率，并检验已配的箍筋直径和间距是否满足构造规定。

③ 将各已知数据代入式(3-49) 或式(3-50)，即可求得解答。

【例题 3-7】 某钢筋混凝土矩形截面简支梁承受荷载设计值如图 3-32 所示，截面尺寸 $b \times h = 250\text{mm} \times 600\text{mm}$，采用 C30 级混凝土，箍筋采用 HPB300 级钢筋，环境类别为一类，取 $a_s = 40\text{mm}$，试计算箍筋数量。

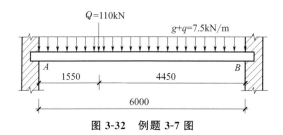

图 3-32 例题 3-7 图

解： 已知 $f_c = 14.3\text{N/mm}^2$，$f_{yv} = 270\text{N/mm}^2$，$f_t = 1.43\text{N/mm}^2$，$\alpha_1 = 1.0$，$h_0 = 600 - 40 = 560\text{mm}$。

(1) 计算支座边缘截面的剪力

$$V_{g+q} = \frac{1}{2}ql_n = \frac{1}{2} \times 7.5 \times 6 = 22.5\text{kN}$$

$$V_Q = \frac{4450}{6000}Q = \frac{4450}{6000} \times 110 = 81.58\text{kN}$$

$$V = V_{g+q} + V_Q = 22.5 + 81.58 = 104.08\text{kN}$$

(2) 验算截面尺寸

$$\frac{h_w}{b} = \frac{h_0}{b} = \frac{560}{250} = 2.24 < 4$$

$$0.25\beta_c f_c bh_0 = 0.25 \times 1.0 \times 14.3 \times 250 \times 560 = 500.5\text{kN} > V = 104.08\text{kN}$$

截面尺寸满足要求。

(3) 验算是否需要按计算配置箍筋

由于 $V_Q/V = 78.3\% > 75\%$，故应按以承受集中荷载为主的构件计算。

$$\lambda = \frac{a}{h_0} = \frac{2000}{560} = 3.57 > 3$$

取 $\lambda = 3$。

$$\alpha_{cv}f_t bh_0 = 0.438 \times 1.43 \times 250 \times 560 = 87.69\text{kN} < V = 104.08\text{kN}$$

需按计算配置箍筋。

(4) 计算箍筋数量

$$\frac{A_{sv}}{s} \geq \frac{V - \alpha_{cv}f_t bh_0}{f_{yv}h_0} = \frac{104080 - 87690}{270 \times 560} = 0.108$$

选用 Φ10 双肢箍，$n = 2$，$A_{sv1} = 78.5\text{mm}^2$。

$$s \leq \frac{nA_{sv1}}{0.108} = \frac{2 \times 78.5}{0.108} = \frac{157}{0.108} = 1453.7\text{mm}^2$$

查表 3-9，$s_{max} = 350\text{mm}$，故取 $s = 350\text{mm}$，即所配箍筋为 Φ10@350。

(5) 验算配筋率

$$\rho_{sv} = \frac{nA_{sv1}}{bs} = \frac{157}{250 \times 350} = 0.18\% \geq \rho_{sv,min} = 0.24\frac{f_t}{f_{yv}} = 0.13\%$$

故满足要求。

3.9.5 纵向钢筋的弯起和截断

在实际工程中，为经济起见，一部分纵筋有时要弯起，有时要截断，但这又有可能影响梁的承载力，特别是影响斜截面的受弯承载力。因此，需要掌握如何根据正截面和斜截面的受弯承载力来确定纵筋的弯起点和截断位置。在讨论纵向受力钢筋的弯起、截断和锚固之前，先来介绍抵抗弯矩图的概念。

所谓抵抗弯矩图，是指按实际配置的纵向钢筋计算的梁上各正截面所能承受弯矩的图。它反映了沿梁长正截面上材料的抗力，称为正截面受弯承载力图或材料的抵抗弯矩图。

图 3-33 为一承受均布荷载作用下简支梁的设计弯矩图（M 图）和抵抗弯矩图（M_R 图），其 M 图为曲线形，跨中最大弯矩为 M_{max}。该梁根据 M_{max} 计算配置的纵向钢筋为 4Φ22。

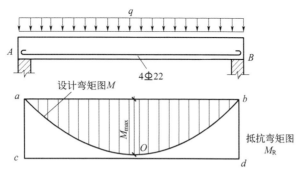

图 3-33　配通长直筋简支梁的抵抗弯矩图

若梁所配置的 4Φ22 纵向钢筋均直通伸入两端支座，则梁各截面因配筋直径相同，所以都具有大小为 M_R 的抵抗弯矩，因而，其抵抗弯矩图即为图中的矩形弯矩图。

3.9.5.1 纵向钢筋的弯起

由图 3-34 可知，如果将纵向受力钢筋的起弯点 C 从现有位置向支座方向移动，梁的抵抗弯矩图始终能够覆盖荷载弯矩图，结构安全。但是，如果将纵向受力钢筋的起弯点从现有位置向跨中方向移动达一定位置后，梁的抵抗弯矩图开始不能完全覆盖荷载弯矩图，结构转为不安全，将出现斜截面受弯承载力不够的破坏。

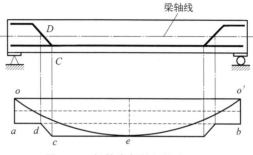

图 3-34　钢筋弯起的抵抗弯矩图

为了保证斜截面的抗弯能力，纵向受力钢筋要满足图 3-35 所示的构造要求，即在梁的受拉区中，弯起点应设置在按正截面抗弯承载力计算该钢筋的强度充分被利用的截面（称为充分利用点）以外，其距离 s_1 应大于或等于 $h_0/2$；同时，弯筋与梁纵轴线的交点应位于按计算不需要该钢筋的截面（称为不需要点）以外。充分利用点和不需要点的位置可根据纵筋根数和直径而画出的水平直线与设计弯矩图的交点来确定。

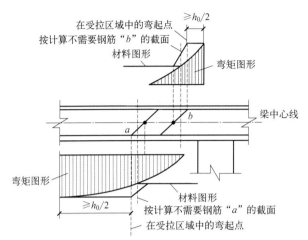

图 3-35　弯起钢筋弯起点与弯矩图形的关系

为什么 s_1 大于或等于 $h_0/2$ 后斜截面的抗弯承载力就足够呢？为了证明这一点，考察图 3-36(a) 的受力情况。

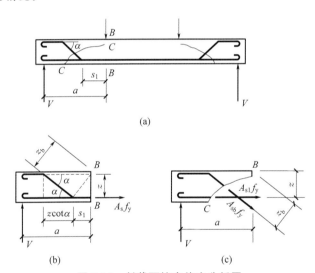

图 3-36　斜截面抗弯能力分析图

设纵向受拉钢筋的总面积为 A_s，伸入支座的纵向受拉钢筋面积为 A_{s1}，弯起钢筋的面积为 A_{sb}，则有

$$A_s = A_{s1} + A_{sb} \tag{3-56}$$

沿正截面 BB 取隔离体 ［图 3-36(b)］，将各力对受压区混凝土应力合力作用点取矩得

$$Va = f_y A_s z \tag{3-57}$$

沿斜截面 CC 取隔离体 ［图 3-36(c)］，将各力对受压区混凝土压应力合力作用点取矩得

$$Va = f_y A_{s1} z + f_y A_{sb} z_b \tag{3-58}$$

欲使斜截面的抗弯承载力大于正截面的抗弯承载力，便必须满足

$$f_y A_{s1} z + f_y A_{sb} z_b > f_y A_s z \tag{3-59}$$

即必须满足

$$z_b > z \tag{3-60}$$

什么情况下才能保证 $z_b > z$ 呢？由图 3-36(b) 可知

$$\frac{z_b}{\sin\alpha} = s_1 + z\cot\alpha \tag{3-61}$$

或

$$z_b = s_1\sin\alpha + z\cos\alpha \tag{3-62}$$

因此，要使 $z_b \geqslant z$，则要求

$$s_1\sin\alpha + z\cos\alpha \geqslant z \tag{3-63}$$

或

$$s_1 \geqslant (\csc\alpha - \cot\alpha)z \tag{3-64}$$

当 $z = 0.9h_0$ 和 $\alpha = 45°$ 时，要求 $s_1 \geqslant 0.37h_0$；

当 $z = 0.9h_0$ 和 $\alpha = 60°$ 时，要求 $s_1 \geqslant 0.52h_0$。

因此，当能保证 $s_1 \geqslant h_0/2$ 时，一般情况下便可以保证 $z_b \geqslant z$，即保证斜截面的抗弯承载力大于正截面的抗弯承载力，斜截面不会由于抗弯能力不足而破坏。

当纵向钢筋弯起不能满足正截面和斜截面抗弯要求，而按斜截面受剪承载力又必须设置弯筋时，可单独设置只承受剪力的弯筋，并做成"鸭筋"的形式，但不允许采用锚固性能较差的"浮筋"（见图 3-37）。

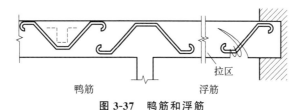

图 3-37　鸭筋和浮筋

3.9.5.2　纵向受力钢筋的截断位置

在混凝土梁中，根据内力分析所得的弯矩图沿梁纵长方向是变化的，因此，所配的纵向受力钢筋截面面积也应沿梁纵长方向有所变化。有时，这种变化采取弯起钢筋的形式，但在工程中应用得更多的是将纵向受力钢筋根据弯矩图的变化而在适当的位置切断，这就带来了延伸长度的问题。

任何一根纵向受力钢筋在结构中要发挥其承载受力的作用，应从其"充分利用该钢筋强度的截面"外伸一定的长度 l_{d1}，依靠这段长度与混凝土的黏结锚固作用维持钢筋有足够的抗力。同时，当一根钢筋由于弯矩图变化，将不考虑其抗力而切断时，从"按正截面承载力计算不需要该钢筋的截面"也须外伸一定的长度 l_{d2}，作为受力钢筋应有的构造措施。在结构设计中，由上述两个条件确定的较长外伸长度作为纵向受力钢筋的实际延伸长度 l_d，并作为其真正的切断点（图 3-38）。

钢筋混凝土连续梁、框架梁支座截面的负弯矩纵向钢筋不宜在受拉区截断。如必须截断时，其延伸长度 l_d 可按表 3-10 中 l_{d1} 和 l_{d2} 中取外伸长度较长者确定。其中，l_{d1} 是从"充分利用该钢筋强度的截面"延伸出的长度；而 l_{d2} 是从"按正截面承载力计算不需要该钢筋的截面"延伸出的长度。

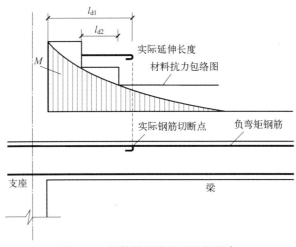

图 3-38　钢筋的延伸长度和切断点

表 3-10　负弯矩钢筋的延伸长度 l_d

截面条件	充分利用截面伸出 l_{d1}	计算不需要截面伸出 l_{d2}
$V \leqslant 0.7bh_0f_t$	$1.2l_a$	$20d$
$V > 0.7bh_0f_t$	$1.2l_a + h_0$	$20d$ 且 h_0
$V > 0.7bh_0f_t$ 且断点仍在负弯矩受拉区内	$1.2l_a + 1.7h_0$	$20d$ 且 $1.3h_0$

 习题 >>>

一、简答题

1. 正截面承载力计算的基本假定是什么？

2. 简述少筋梁、超筋梁和适筋梁的破坏特征。在设计中如何防止少筋梁和超筋梁？

3. 在什么情况下采用双筋截面梁？

4. 无腹筋梁斜截面破坏的主要形态有哪些？

5. 影响斜截面受剪承载力的主要因素有哪些？

6. 纵向钢筋的截断应符合哪些规定？

二、计算题

1. 已知梁的截面尺寸 $bh = 250\text{mm} \times 500\text{mm}$，承受弯矩设计值 $M = 110\text{kN/m}$，混凝土强度等级为 C30，采用 HRB400 级钢筋，结构安全等级为二级，环境类别为一类。求所需纵向钢筋的截面面积。

2. 已知矩形截面简支梁，梁的截面尺寸 $bh = 200\text{mm} \times 450\text{mm}$，梁的计算跨度 $l_0 = 5.20\text{m}$，承受均布线荷载：活荷载标准值 10kN/m，恒荷载标准值 9.5kN/m（不包括梁的自重），采用 C25 级混凝土和 HRB400 级钢筋，结构安全等级为二级，环境类别为一类。试求所需纵向钢筋的截面面积。

3. 如图 3-39 所示为钢筋混凝土雨篷。已知雨篷板根部厚度为 100mm，端部厚度为 60mm，计算跨度为 1.3m，各层做法如图所示。板除承受恒荷载外，尚在板的自由端作用 100kN/m 的施工活荷载。板采用 C25 级混凝土和 HPB300 级钢筋。结构安全等级为二级，环境类别为二 a 类。试计算雨篷的受力钢筋。

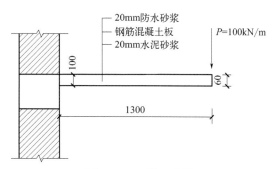

图 3-39　习题 3 附图

4. 已知梁的截面尺寸 $bh = 200\text{mm} \times 450\text{mm}$，混凝土强度等级为 C30，配置 HRB400 级钢筋 4Φ16（$A_s = 804\text{mm}^2$），若承受弯矩设计值 $M = 90\text{kN} \cdot \text{m}$，结构安全等级为一级，环境类别为一类。试验算此梁正截面承载力是否安全。

5. 现浇肋形楼盖次梁，承受弯矩设计值 $M = 85\text{kN} \cdot \text{m}$，计算跨度为 4800mm，截面尺寸如图 3-40 所示，混凝土强度等级为 C30，采用 HRB400 级钢筋。结构安全等级为二级，环境类别为一类。试确定次梁的纵向受力钢筋截面面积。

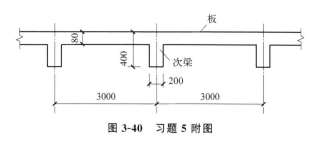

图 3-40　习题 5 附图

6. T 形截面梁，$b_f' = 550\text{mm}$，$h_f' = 100\text{mm}$，$b = 250\text{mm}$，$h = 750\text{mm}$，承受弯矩设计值 $M = 600\text{kN} \cdot \text{m}$。混凝土强度等级采用 C35，钢筋采用 HRB400 级，试求纵向钢筋截面面积。

7. 矩形截面简支梁 $bh = 200\text{mm} \times 550\text{mm}$，净跨 $l_n = 6600\text{mm}$，承受荷载设计值（包括梁的自重）$q = 50\text{kN/m}$，混凝土强度等级为 C25，经正截面承载力计算已配 4Φ20 纵筋（图 3-41），箍筋采用 HPB300 级钢筋。结构安全等级为一级，环境类别为一类。试确定箍筋数量。

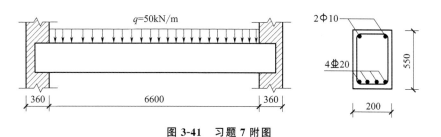

图 3-41　习题 7 附图

8. 矩形截面简支梁，截面尺寸 $bh = 250\text{mm} \times 600\text{mm}$，净跨 $l_n = 6600\text{mm}$，承受均布线荷载设计值 $q = 56\text{kN/m}$（图 3-42），混凝土采用 C30，经正截面承载力计算已配纵

向钢筋 4 Φ 20 + 2 Φ 22，箍筋采用 HPB300 级钢筋。结构安全等级为一级，环境类别为一类。试确定箍筋和弯起钢筋的数量。

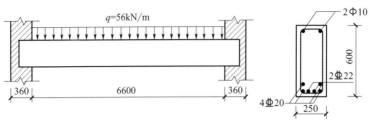

图 3-42　习题 8 附图

第4章

钢筋混凝土受压构件

引言

柱子孤零零地站在地上，四面无依无靠，上面负担着房顶或者楼板上的重量，下面很牢靠地在地底下生根。它是长长的、笔直的、而且上下一般粗的。它把上面房顶或者楼板的重量传送到下面的土地中。它在房屋建筑里起着骨干作用，所有它上面的重量，不管多大，都由它包下来，由它负责，很好地传达到地面。房屋里有了柱子，有它顶住上面的东西，我们就可以安心地在下面读书或工作，它是把方便让与别人，把困难留给自己啊！（摘自茅以升《为什么看不见柱子》1963年。）

这是文学家茅以升关于柱子的一篇散文，很好地描述了柱子的特点和作用，荷载的传递路线，这种文学描述是否精准呢？通过本章的学习，我们将会知道答案。

思考：人才是第一资源，"栋梁之才""顶梁柱"以及"国家的基石"等词汇，都是用建筑结构的主要构件来形容人才的，通过这些描述，联想荷载的传递路线，思考一下哪类人才更重要呢？

本章重点 >>>

受压构件的受力特点；轴心受压构件正截面承载力设计方法和构造要求；大、小偏心受压构件承载力计算的基本公式和适用条件。

4.1 概述

工业与民用建筑中，钢筋混凝土受压构件应用十分广泛。例如，多层框架结构柱［图4-1(a)］、单层工业厂房柱［图4-1(b)］和屋架受压腹杆［图4-1(c)］等，都属于受压构件。

钢筋混凝土受压构件，按其轴向压力作用点与截面形心的相互位置不同，可分为轴心受压构件和偏心受压构件。

当轴向压力作用点与构件正截面形心重合时，这种构件称为轴心受压构件［图4-2(a)］，在实际工程中，由于施工的误差造成截面尺寸和钢筋位置的不准确、混凝土本身的不均匀性

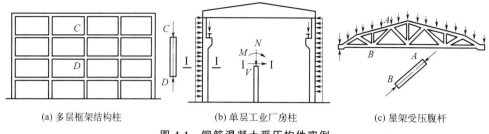

(a) 多层框架结构柱　　　　　(b) 单层工业厂房柱　　　　　(c) 屋架受压腹杆

图 4-1　钢筋混凝土受压构件实例

以及荷载实际作用位置的偏差等原因,很难使轴向压力与构件正截面形心完全重合。

所以,在工程中理想的轴心受压构件是不存在的。但是,为了简化计算,只要由于上述原因所引起的初始偏心距不大,就可将这种受压构件按轴心受压构件考虑。

当轴向压力的作用点不与构件正截面形心重合时,这种构件称为偏心受压构件。如果轴向压力作用点只对构件正截面的一个主轴存在偏心距,则这种构件称为单向偏心受压构件[图 4-2(b)];如果轴向压力作用点对构件正截面的两个主轴存在偏心距,则称为双向偏心受压构件[图 4-2(c)]。

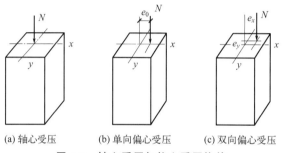

(a) 轴心受压　　　　　(b) 单向偏心受压　　　　　(c) 双向偏心受压

图 4-2　轴心受压与偏心受压构件

4.2　轴心受压构件正截面承载力计算

4.2.1　轴心受压构件构造要求

(1) 材料强度要求

为充分发挥混凝土材料的抗压性能,减小构件的截面尺寸,节约钢筋,宜采用强度等级较高的混凝土。一般采用 C25、C30、C35、C40 混凝土,必要时可以采用强度等级更高的混凝土。钢筋与混凝土共同受压时,由于受到混凝土最大压应变的限制,高强度的钢筋不能充分发挥其作用,因此不宜采用高强度钢筋作为受压钢筋,同时,也不得用冷拉钢筋作受压钢筋,一般采用 HRB400 级和 RRB400 级钢筋。箍筋一般采用 HPB300 级钢筋,也可采用 HRB400 级钢筋。

（2）截面形式及尺寸要求

轴心受压构件一般采用方形或矩形。只有在特殊情况下，才采用圆形或对称多边形。构件截面尺寸的选择不宜过小，方形和矩形截面的边长一般不小于 250mm，有抗震要求时不小于 300mm。为避免长细比过大而降低受压构件截面承载力，构件的长细比常取 $l_0/b \leqslant 30$ 或 $l_0/d \leqslant 26$。为了施工支模方便，截面边长尺寸在 800mm 以内时，以 50mm 为模数；当在 800mm 以上时，以 100mm 为模数。

（3）钢筋构造要求

① 纵向钢筋。纵筋是钢筋骨架的主要组成部分，为便于施工和保证骨架有足够的刚度，纵筋直径不宜小于 12mm，通常选用直径为 16~28mm。纵筋要沿截面四周均匀布置，圆柱中纵向钢筋不宜少于 8 根，不应少于 6 根。为提高受压构件的延性，轴心受压构件、偏心受压构件全部纵筋的最小配筋率，对于 HPB300 级为 0.60%，对于 HRB400 级、HRBF400 级钢筋为 0.55%，对于 HRB500 级、HRBF500 级钢筋为 0.50%，同时，一侧钢筋的配筋率不应小于 0.20%，且全部纵向钢筋的配筋率不宜超过 5%。纵筋间距一般不小于 50mm。当构件在水平位置浇筑时，纵筋净距不应小于 30mm 和 1.5 倍纵筋直径。

② 箍筋。箍筋采用热轧钢筋时，其直径不应小于纵向钢筋最大直径的 1/4，且不应小于 6mm。箍筋间距不应大于 400mm 及构件截面的短边尺寸，且不应大于纵向钢筋最小直径的 15 倍。柱及其他受压构件中的周边箍筋应做成封闭式，且不能有内折角；对圆柱中的箍筋，搭接长度不应小于《混凝土结构设计规范》中规定的锚固长度，且末端应做成 135°弯钩，弯钩末端平直段长度不应小于最小纵筋直径的 5 倍。

当柱中全部纵向钢筋配筋率超过 3% 时，箍筋直径不宜小于 8mm，间距不应大于纵向钢筋最小直径的 10 倍，且不应大于 200mm；箍筋的连接末端应做成 135°的弯钩，弯钩末端平直段长度大于纵向钢筋最小直径的 10 倍。

当柱中每边的纵向受力钢筋不多于 3 根或当柱短边尺寸 $b \leqslant 400mm$ 而纵筋不多于 4 根时，可采用单个箍筋，否则应设置复合箍筋（见图 4-3）。

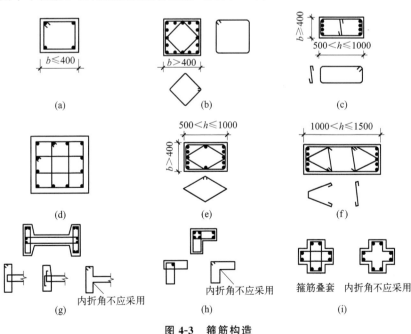

图 4-3　箍筋构造

在配有螺旋式或焊接环式箍筋的柱中，如在正截面受压承载力计算中考虑间接钢筋的作用时，箍筋间距不应大于 80mm 及 $d_{cor}/5$（d_{cor} 为按箍筋内表面确定的核心截面直径），且不宜小于 40mm。

在受压纵向钢筋搭接长度范围内，箍筋的间距不应大于 $10d$，且不应大于 200mm。当搭接的受压钢筋直径大于 25mm 时，应在搭接接头两个端面外 100mm 范围内各设置两根箍筋。

4.2.2　轴心受压构件的受力特点

轴心受压构件按长细比不同可分为短柱和长柱，《混凝土结构设计规范》规定短柱和长柱的界限：以 $l_0/b \leqslant 8$（b 为矩形截面短边尺寸）或 $l_0/i = 28$（i 为截面最小回转半径）时为短柱，否则为长柱。

试验结果表明，轴心受压短柱在纵向压力作用下，截面各处应变均匀分布，钢筋和混凝土之间的黏结力能够可靠地保证两者共同受力，共同变形，直至破坏。临破坏时，混凝土产生纵向裂缝，保护层开始剥落，最后混凝土被压碎，钢筋向外凸出，如图 4-4 所示。此时混凝土已达到轴心抗压强度，相应的峰值应变则可为 0.002 左右。若钢筋的屈服应变小于混凝土破坏时的压应变值，钢筋将首先达到抗压屈服强度，随后钢筋承担的压力将不再增加，继续增加的荷载将全部由混凝土截面承担，直到混凝土达到轴心抗压强度而被压碎。这类构件中，钢筋和混凝土的抗压强度都得到了充分利用。若钢筋强度较高，强度显然不能充分利用，因为其应力只能达到 $\sigma_s = E_s \times 0.002 = 2 \times 10^5 \times 0.002 = 400$（N/mm²），此时混凝土已开始被压碎。故而对于屈服强度大于 400N/mm² 的钢筋，在轴心受压构件设计中抗压强度设计值只能取 400N/mm²。

对细长的轴心受压长柱所进行的试验表明，构件在破坏前往往发生纵向弯曲，随着侧向挠度的增大，最后，一侧混凝土被压碎，另一侧往往因受拉出现水平裂缝，如图 4-5 所示。细长构件的承载能力与同样条件下的短柱相比较低。

图 4-4　轴心受压短柱的破坏形态

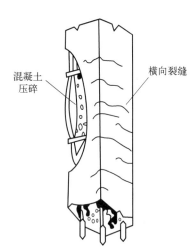

图 4-5　轴心受压长柱的破坏形态

除构件的长细比外，箍筋的构造方式也会影响轴心受压构件的受力特性及破坏特征，如箍筋的直径、间距和布置方式等。一般把钢筋混凝土柱按照箍筋的作用及配置方式的不同分为两种：配有纵向钢筋和普通箍筋的柱，简称为普通箍筋柱；配有纵向钢筋和螺旋式或焊接环式箍筋的柱，简称为螺旋箍筋柱，如图 4-6 所示。

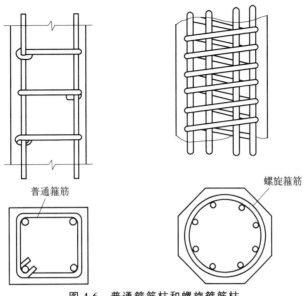

普通箍筋

螺旋箍筋

图 4-6　普通箍筋柱和螺旋箍筋柱

　　普通箍筋通常按照一定的间距，沿构件全长分布，其作用是形成骨架，防止纵向钢筋受压时的压屈，从而保证纵筋能与混凝土共同受力直到构件破坏。

　　螺旋箍筋柱在受压时，密布的箍筋类似一个套筒，将内部核心混凝土的侧向膨胀变形约束住，相当于给核心混凝土提供了侧向压力，从而使核心混凝土处于三向受压的受力状态，此时核心混凝土的抗压强度会大幅提高，整个柱的承载力也会大大提高。然而当螺旋箍筋柱的长细比较大时，柱在受压时会产生侧弯，凹边混凝土受压，凸边混凝土受拉，混凝土侧向膨胀减小，混凝土与螺旋箍筋之间没有相互挤压的作用，混凝土并非处于三向受压状态，柱的承载力与普通箍筋柱相同。因此，螺旋箍筋柱只适用于长细比较小时的情况。值得注意的是，螺旋箍筋并没有直接承担压力，所以螺旋式箍筋也称为间接钢筋。

4.2.3　轴心受压构件承载力计算

（1）普通箍筋柱承载力计算

　　在轴向力设计值 N 作用下，轴心受压构件正截面承载力可按下式计算（见图 4-7）：

$$N \leqslant 0.9\varphi(f_c A + f'_y A'_s) \tag{4-1}$$

式中　　φ——稳定系数，按表 4-1 取用；

　　　　N——轴向力设计值；

　　　　f'_y——钢筋抗压强度设计值，$f'_y \leqslant 400\text{N/mm}^2$；

　　　　f_c——混凝土轴心抗压强度设计值；

　　　　A'_s——纵向受压钢筋截面面积；

　　　　A——构件截面面积，当纵向钢筋配筋率大于 3%

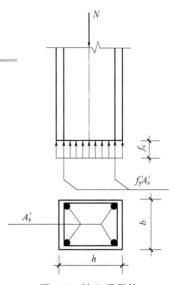

图 4-7　轴心受压柱

时，A 改用 $(A-A_s')$ 代替；

0.9——可靠度调整系数。

表 4-1　钢筋混凝土轴心受压构件的稳定系数 φ

l_0/b	$\leqslant 8$	10	12	14	16	18	20	22	24	26	28
l_0/d	$\leqslant 7$	8.5	10.5	12	14	15.5	17	19	21	22.5	24
l_0/i	$\leqslant 28$	35	42	48	55	62	69	76	83	90	97
φ	1.00	0.98	0.95	0.92	0.87	0.81	0.75	0.70	0.65	0.60	0.56
l_0/b	30	32	34	36	38	40	42	44	46	48	50
l_0/d	26	28	29.5	31	33	34.5	36.5	38	40	41.5	43
l_0/i	104	111	118	125	132	139	146	153	160	167	174
φ	0.52	0.48	0.44	0.40	0.36	0.32	0.29	0.26	0.23	0.21	0.19

注：l_0 为构件计算长度；b 为矩形截面短边尺寸；d 为圆形截面的直径；i 为截面的最小回转半径，$i=\sqrt{\dfrac{I}{A}}$。

① 截面设计。已知轴心压力设计值（N）、材料强度设计值（f_c、f_y'）、构件的计算长度（l_0），求构件截面面积（A 或 bh）及纵向受压钢筋面积（A_s'）。

由式(4-1)可知，仅有一个公式需求解三个未知量，无法确定，故必须增加或假设一些已知条件。一般可以先选定一个合适的配筋率 ρ'，通常可取 ρ' 为 $1.0\%\sim1.5\%$，再假定 $\varphi=0.1$，然后代入式(4-1)求解 A。根据 A 来选定实际的构件截面尺寸（bh）。由长细比 l_0/b 查表 4-1 确定 φ，再代入式(4-1)求实际的纵向钢筋截面面积。当然，需检查是否满足最小配筋率的要求。

② 截面复核。截面复核比较简单，只需将有关数据代入式(4-1)，若式(4-1)成立，则满足承载力要求。

（2）螺旋箍筋柱承载力计算

配置有螺旋箍筋柱的轴心受压构件正截面承载力可按下式计算：

$$N \leqslant 0.9(f_c A_{cor} + f_y' A_s' + 2\alpha f_{yv} A_{ss0}) \tag{4-2}$$

$$A_{ss0} = \frac{\pi d_{cor} A_{ss1}}{s} \tag{4-3}$$

式中　f_{yv}——间接钢筋的抗拉强度设计值。

A_{cor}——构件的核心截面面积，取间接钢筋内表面范围内的混凝土截面面积。

A_{ss0}——螺旋式或焊接环式间接钢筋的换算截面面积。

d_{cor}——构件的核心截面直径，取间接钢筋内表面之间的距离。

A_{ss1}——螺旋式或焊接环式单根间接钢筋的截面面积。

s——间接钢筋沿构件轴线方向的间距。

α——间接钢筋对混凝土约束的折减系数，当混凝土强度等级不超过 C50 时，取 1.0；当为 C80 时，取 0.85；中间值按内插法确定。

★【注意】（1）按式(4-2)算得的构件受压承载力设计值不应大于按式(4-1)算得的构件受压承载力设计值的 1.5 倍。

（2）当遇到下列任意一种情况时，不应计入间接钢筋的影响，而应按式(4-1)进行计算：

① 当 $l_0/d>12$ 时。

② 当按式(4-2)算得的受压承载力小于按式(4-1)算得的受压承载力时。

③ 当间接钢筋的换算截面面积 A_{ss0} 小于纵向钢筋的全部截面面积的 25% 时。

【例题 4-1】 某多层现浇框架结构房屋，底层中间柱按轴心受压构件计算，计算长度 $l_0 = 5.6\text{m}$。该柱安全等级为二级，承受轴向力设计值 $N = 2160\text{kN}$，混凝土强度等级为 C30，钢筋采用 HRB400 级。求该柱截面尺寸及纵筋面积。

解：（1）初步确定截面形式和尺寸。由于是轴心受压构件，故采用方形截面形式，并拟选截面尺寸 $b = h = 350\text{mm}$。

$$A = 350 \times 350 = 122500\text{mm}^2$$

（2）由 $l_0/b = 5600/350 = 16$，查表 4-1，得

$$\varphi = 0.87$$

（3）将 A 值代入公式(4-1)，得

$$A'_s = \frac{\dfrac{N}{0.9\varphi} - f_c A}{f'_y} = \frac{\dfrac{2160 \times 10^3}{0.9 \times 0.87} - 14.3 \times 122500}{360} = 2796.86\text{mm}^2$$

（4）验算最小配筋率

$$\rho' = \frac{A'_s}{350 \times 350} = \frac{2796.86}{350 \times 350} = 0.0228 = 2.228\% > \rho'_{\min}，满足要求。$$

（5）选配 4$\underline{\Phi}$20+4$\underline{\Phi}$22，实际配筋面积为 2776mm^2，满足要求。

4.3 偏心受压构件的受力特征及破坏形态

试验表明，偏心受压构件的最终破坏都是由于混凝土的压碎而造成的。但是，引起混凝土压碎的原因不同，其破坏特征也不相同，据此可将偏心受压构件的破坏分为大偏心受压破坏和小偏心受压破坏两类。

4.3.1 大偏心受压破坏（受拉破坏）

当构件的偏心距较大而受拉纵筋配置适量时，构件由于受拉纵筋首先达到屈服强度，此后变形及裂缝不断发展，截面受压区高度逐渐减小，最后受压区混凝土被压碎而导致构件破坏。这种破坏形态在破坏前有明显的征兆，属于塑性破坏，如图 4-8 所示。

4.3.2 小偏心受压破坏（受压破坏）

当荷载的偏心距较小，或者虽然偏心距较大但离纵向较远一侧的钢筋配置过多时，构件将发生小偏心受压破坏，如图 4-9 所示。

发生小偏心受压破坏的截面应力状态有两种类型。

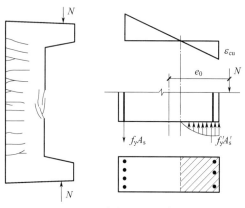

图 4-8　大偏心受压破坏

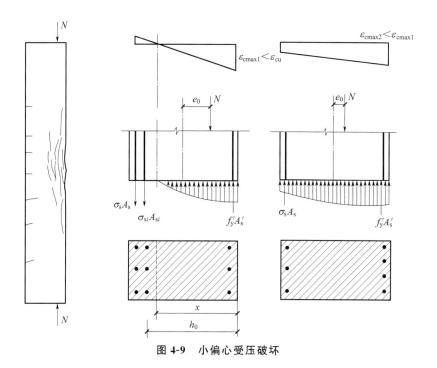

图 4-9　小偏心受压破坏

第一种是当偏心距很小时，构件全截面受压——距轴向压力较近一侧的混凝土压应力较大，另一侧的压应力较小，构件的破坏由受压较大一侧的混凝土压碎而引起，该侧的钢筋达到受压屈服强度，只要偏心距不是过小，另一侧的钢筋虽处于受压状态但不会屈服。

第二种是当偏心距较小或偏心距较大但受拉钢筋配置过多时，截面处于大部分受压而小部分受拉的状态。随着荷载的增加，受拉区虽有裂缝发生但开展较为缓慢；构件的破坏也是由于受压区混凝土的压碎而引起的，而且压碎区域较大；破坏时，受压区一侧的纵向钢筋一般能达到屈服强度，但受拉钢筋不会屈服。这种破坏与受弯构件的"超筋破坏"有相似之处。

上述两种小偏心受压破坏的共同特点是，破坏都是由于受压区混凝土压碎引起的，离纵向力较近一侧的钢筋受压屈服，而另一侧的钢筋无论是受压还是受拉，均达不到屈服强度，破坏无明显预兆。混凝土强度越高，破坏越突然。由于破坏是从受压区开始的，故这种破坏也称为"受压破坏"。

4.3.3　大、小偏心受压的判别

如上所述，大、小偏心受压破坏的根本区别就在于破坏时受拉钢筋是否能达到抗拉屈服强度，这与受弯构件的适筋破坏和超筋破坏的区别是相似的。为了简化计算，《混凝土结构设计规范》采用了与受弯构件正截面承载力相同的计算假定，对受压区混凝土的曲线应力图也同样采用等效矩形应力图来代替。据此，计算中可采用 ξ_b 作为判别截面是属于大偏心受压还是属于小偏心受压的标准，即当满足 $\xi \leqslant \xi_b$ 或 $x \leqslant x_b$ 时，截面属于大偏心受压破坏；当满足 $\xi > \xi_b$ 或 $x > x_b$ 时，截面属于小偏心受压破坏。

4.4　偏心受压构件承载力的计算

4.4.1　偏心受压构件的构造要求

前面介绍的有关配置普通箍筋的轴心受压构件的纵筋、箍筋以及最大、最小配筋率的构造要求同样适用于偏心受压构件。除此之外，偏心受压构件构造尚应符合以下要求：

① 截面形式及尺寸。为方便模板制作，偏心受压构件一般采用矩形截面，但使用过程中为了节约混凝土和减少自重，在较大尺寸混凝土偏心受压构件中，常采用I形截面。I形截面柱的翼缘厚度不宜小于 120mm，腹板厚度不宜小于 100mm。

为避免长细比过大而影响构件承载力，一般取 $l_0/b \leqslant 30$，$l_0/h \leqslant 25$。

② 纵向钢筋。偏心受压构件配筋率及配筋要求与受弯构件相同。在偏心受压柱中，垂直于弯矩作用平面的侧面上的纵向受力钢筋以及轴心受压柱中各边的纵向受力钢筋，其间距不宜大于 300mm。

偏心受压柱的截面高度不小于 600mm 时，在柱的侧面上应设置直径不小于 10mm 的纵向构造钢筋，并应相应设置复合箍筋或拉筋。

③ 箍筋。箍筋的直径与间距要求与轴心受压构件相同。

4.4.2　偏心受压构件正截面承载力计算

（1）纵向弯曲的影响

① 附加偏心距 e_a 及初始偏心距 e_i。工程中，由于设计荷载与实际荷载作用位置的偏差、施工造成的尺寸偏差、钢筋位置偏差等因素的影响，轴向力对截面重心产生的实际偏心距比理论偏心距 $e_0 = M/N$ 可能增大或减少，即产生附加偏心距 e_a。《混凝土结构设计规范》规定，e_a 取 20mm 和偏心方向截面最大尺寸的 1/30 两者中的较大者。

在计算正截面承载力时，必须考虑附加偏心距的不利影响，轴向力的初始偏心距 e_i 应按下式计算：

$$e_i = e_0 + e_a \tag{4-4}$$

② 纵向弯曲的影响。偏心受压构件在初始偏心距为 e_i 的轴向力作用下会产生纵向弯曲，其侧向挠度为 f，此时截面上弯矩由 $M = Ne_i$ 增加为 $M = Ne_i + Nf$。Ne_i 常称为一阶弯矩，Nf 是偏心受压构件上由纵向弯曲引起的二阶弯矩。f 随着柱子的长细比不同大小也不同，短柱（$l_0/h \leqslant 5$）f 很小，附加弯矩 Nf 可忽略不计；中长柱（$5 < l_0/h \leqslant 30$）Nf 不能忽略，而且破坏时，承载力比其他条件相同的短柱降低，长细比越大，降低越多；细长柱（$l_0/h > 30$）属失稳破坏，工程设计中尽量避免细长柱。因此，需要考虑纵向弯曲影响的是中长柱。

《混凝土结构设计规范》规定，弯矩作用平面内截面对称的偏心受压构件，当同一主轴方向的杆端弯矩比 M_1/M_2 不大于 0.9 且设计轴压比不大于 0.9 时，若构件的长细比满足式(4-5)的要求，可不考虑该方向构件自身挠曲产生的附加弯矩影响；当不满足式(4-5)时，附加弯矩的影响不可忽略，需按截面的两个主轴方向分别考虑构件自身挠曲产生的附加弯矩影响。

$$\frac{l_0}{i} \leqslant 34 - 12 \frac{M_1}{M_2} \tag{4-5}$$

式中　　M_1、M_2——已经考虑侧移影响的偏心受压构件两端截面按结构分析确定的对同一主轴的弯矩设计值，绝对值较大端为 M_2，绝对值较小端为 M_1，当构件按单曲率弯曲时，M_1/M_2 为正，否则为负；

　　　　　l_0——构件的计算长度，可近似取偏心受压构件相应主轴方向两支撑点之间的距离；

　　　　　i——偏心方向的截面回转半径。

③ 弯矩增大系数。无论是大偏心受压还是小偏心受压，弯矩的增加都将使受压承载力降低，故偏心受压构件考虑纵向弯曲影响的方法是：将构件两端截面按结构分析确定的对同一主轴的弯矩设计值 M_2 乘以不小于 1.0 的增大系数。

除排架结构柱外，其他偏心受压构件考虑轴向压力在挠曲杆件中产生的二阶效应后控制截面弯矩设计值 M，应按下式计算：

$$M = c_m \eta_{ns} M_2 \tag{4-6}$$

$$c_m = 0.7 + 0.3 \frac{M_1}{M_2} \tag{4-7}$$

$$\eta_{ns} = 1 + \frac{1}{1300 \left(\dfrac{M_2}{N} + e_a \right) / h_0} \left(\frac{l_0}{h} \right)^2 \zeta_c \tag{4-8}$$

$$\zeta_c = \frac{0.5 f_c A}{N} \tag{4-9}$$

式中　　η_{ns}——弯矩增大系数；

　　　　　N——与弯矩设计值相应的轴向压力设计值；

　　　　　e_a——附加偏心距；

　　　　　ζ_c——截面曲率修正系数，当计算值大于 1.0 时取 1.0；

　　　　　h——截面高度，对环形截面，取外直径，对圆形截面，取直径；

　　　　　h_0——截面有效高度；

　　　　　A——构件的截面面积。

其中，当 $c_m \eta_{ns} < 1.0$ 时，取 1.0；对剪力墙及核心筒墙类构件，可取 $c_m \eta_{ns} = 1.0$。

（2）计算方法

① 大、小偏心受压构件的初步判别。根据统计资料及常用材料强度的分析可知，在一般非对称配筋情况下，偏心距较大时（$e_i > 0.3h_0$），可按大偏心受压计算配筋；而偏心距较小时（$e_i < 0.3h_0$），可按小偏心受压构件计算配筋。初步判定后需在计算过程中进行检验，如不满足大、小偏心适用条件，则需要重新进行计算。

② 大偏心受压构件承载力的计算公式。为简化偏心受压构件正截面承载力计算，采用与受弯构件正截面计算相同的假定，即受压区混凝土的曲线形应力图形等效成矩形分布的应力图形。

a. 基本公式。根据图 4-10(a) 所示的隔离体的受力平衡条件可得

$$N = \alpha_1 f_c b x + f'_y A'_s - f_y A_s \tag{4-10}$$

$$Ne = \alpha_1 f_c b x \left(h_0 - \frac{x}{2} \right) + f'_y A'_s (h_0 - a'_s) \tag{4-11}$$

$$e = e_i + \frac{h}{2} - a_s \tag{4-12}$$

式中　N——轴向压力设计值；

　　　e——轴向压力作用点至纵向受拉钢筋合力点的距离；

　　　e_i——初始偏心距；

　　a_s、a'_s——纵向受拉钢筋、纵向受压钢筋合力作用点至截面近边缘的距离。

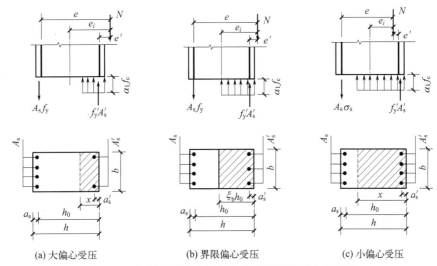

(a) 大偏心受压　　　　(b) 界限偏心受压　　　　(c) 小偏心受压

图 4-10　矩形截面偏心受压构件正截面承载力计算图

b. 适用条件。为保证大偏心受压构件破坏时受拉钢筋达到屈服，必须满足 $\xi \leqslant \xi_b$；为保证截面被破坏时受压钢筋也屈服，必须满足 $x \geqslant 2a'_s$。

③ 小偏心受压构件承载力计算公式

a. 基本式。根据图 4-10(c) 所示隔离体的受力平衡条件可得

$$N = \alpha_1 f_c b x + f'_y A'_s - \sigma_s A_s \tag{4-13}$$

$$Ne = \alpha_1 f_c b x \left(h_0 - \frac{x}{2} \right) + f'_y A'_s (h_0 - a'_s) \tag{4-14}$$

$$Ne' = \alpha_1 f_c b x \left(\frac{x}{2} - a'_s \right) - \sigma_s A_s (h_0 - a'_s) \tag{4-15}$$

$$\sigma_s = \frac{\xi - \beta_1}{\xi_b - \beta_1} f_y \tag{4-16}$$

式中 x——混凝土受压区高度，当 $x > h$ 时，取 $x = h$；

σ_s——钢筋 A_s 的应力值，可根据截面应变保持平面的假定计算，也可近似按式(4-16)取值；

β_1——等效应力图形特征值系数，取值方法同受弯构件，C50 及 C50 以下的混凝土取 $\beta_1 = 0.8$。

b. 适用条件。对小偏心受压构件必须满足 $\xi > \xi_b$。

④ 矩形截面对称配筋的计算。偏心受压柱截面纵向受力钢筋的配筋方式有两种，若截面两侧配筋不等（$A_s \neq A_s'$），称为非对称配筋；若截面两侧配筋相等（$A_s = A_s'$，$f_y = f_y'$，$a_s = a_s'$），称为对称配筋。对称配筋不仅设计简便、施工方便，而且适用于在不同荷载作用下，可能产生相反方向弯矩的构件（如风荷载作用下）。对称配筋是实际工程中偏心受压柱最常用的配筋形式。

在对称配筋情况下，将 $A_s = A_s'$，$f_y = f_y'$，$a_s = a_s'$ 代入式(4-10)，可得界限破坏时轴向压力设计值 N_b，即

$$N_b = \alpha_1 f_c b x_b = \alpha_1 f_c b \xi_b h_0 \tag{4-17}$$

据此，可以判断大、小偏心受压构件，即当 $x \leqslant x_b$ 或 $\xi \leqslant \xi_b$ 时，为大偏心受压构件；当 $x > x_b$ 或 $\xi > \xi_b$ 时，为小偏心受压构件。

a. 大偏心受压构件。式(4-10) 简化为

$$N = \alpha_1 f_c b h_0 \xi \tag{4-18}$$

当 $2a_s'/h_0 \leqslant \xi \leqslant \xi_b$ 时，式(4-11) 可简化为

$$A_s = A_s' = \frac{Ne - \alpha_1 f_c b h_0^2 \xi (1 - 0.5\xi)}{f_y'(h_0 - a_s')} \tag{4-19}$$

当 $\xi < 2a_s'/h_0$ 时，取 $\xi = 2a_s'/h_0$ （$x = 2a_s'$），对受压钢筋合力点取矩，则

$$A_s = A_s' = \frac{Ne'}{f_y(h_0 - a_s')} \tag{4-20}$$

其中

$$e' = e_i - \frac{h}{2} + a_s' \tag{4-21}$$

b. 小偏心受压构件。将 $A_s = A_s'$，$f_y = f_y'$，$a_s = a_s'$ 代入式(4-13)、式(4-14)、式(4-16)，联立可得 ξ 的三次方程，为避免求解三次方程，可简化计算得 ξ 的近似计算式为

$$\xi = \frac{N - \alpha_1 f_c b h_0 \xi_b}{\dfrac{Ne - 0.43\alpha_1 f_c b h_0^2}{(\beta_1 - \xi_b)(h_0 - a_s')} + \alpha_1 f_c b h_0} + \xi_b \tag{4-22}$$

将求得的 ξ 代入式(4-14) 得

$$A_s' = \frac{Ne - \alpha_1 f_c b h_0^2 \xi (1 - 0.5\xi)}{f_y'(h_0 - a_s')} \tag{4-23}$$

式中，e 由式(4-12) 确定。

无论大、小偏心受压，都要满足 $A_s = A_s' \geqslant \rho_{min} bh$ 的要求。

c. 垂直于弯矩作用平面的承载力验算。偏心受压柱除了按上述计算弯矩作用平面的受压承载力外，还应按轴心受压柱验算垂直于弯矩作用平面的受压承载力。此时，可不计入弯矩的作用，应按轴心受压承载力计算，此时长细比按 l_0/b 计算。

【例题 4-2】 已知矩形截面钢筋混凝土柱，构件环境类别为一类，设计使用年限为 50 年。截面尺寸：$b \times h = 300\text{mm} \times 500\text{mm}$，荷载产生的轴向压力设计值 $N = 850\text{kN}$，柱两端

弯矩设计值分别为 $M_1 = 153$kN·m，$M_2 = 252$kN·m。柱的计算长度 $l_0 = 4.8$m。该柱采用 HRB400 级钢筋（$f_y = f_y' = 360$kN/mm²），混凝土强度等级为 C30（$f_c = 14.3$N/mm²）。若采用非对称配筋，试求纵向钢筋截面面积。

解： 已知 $f_c = 14.3$N/mm²，$f_y = f_y' = 360$kN/mm²，$\xi_b = 0.518$，$\alpha_1 = 1.0$，$\beta_1 = 0.8$。取 $h_0 = 460$mm。

（1）求弯矩设计值 M（考虑二阶效应后）

$$\frac{M_1}{M_2} = \frac{153}{252} = 0.607$$

$$\frac{N}{f_c bh} = \frac{850000}{14.3 \times 300 \times 500} = 0.40$$

$$i = \sqrt{\frac{I}{A}} = \sqrt{\frac{1}{12}} h = \sqrt{\frac{1}{12}} \times 500 = 144.3\text{mm}$$

$$\frac{l_0}{i} = \frac{4800}{144.3} = 33.26 > 34 - 12\frac{M_1}{M_2} = 26.71$$

故应考虑附加弯矩的影响。

$$\zeta_c = \frac{0.5 f_c A}{N} = \frac{0.5 \times 14.3 \times 300 \times 500}{850000} = 1.26 > 1.0，取 \zeta_c = 1.0$$

$$c_m = 0.7 + 0.3\frac{M_1}{M_2} = 0.7 + 0.3 \times \frac{153}{252} = 0.882$$

$$e_a = \frac{h}{30} = \frac{500}{30} = 16.67\text{mm} < 20\text{mm，取 } e_a = 20\text{mm}$$

$$\eta_{ns} = 1 + \frac{1}{1300(M_2/N + e_a)/h_0}\left(\frac{l_0}{h}\right)^2 \zeta_c$$

$$= 1 + \frac{1}{1300 \times (252 \times 10^6/850 \times 10^3 + 20)/460} \times \left(\frac{4800}{500}\right)^2 \times 1.0 = 1.1$$

考虑纵向挠曲影响后的弯矩设计值为

$$M = c_m \eta_{ns} M_2$$

由于 $c_m \eta_{ns} = 0.97 < 1.0$，故取 1.0。则

$$M = 1.0 \times M_2 = 252\text{kN·m}$$

（2）判别大小偏心受压

$$e_0 = \frac{M}{N} = \frac{252 \times 10^6}{850 \times 10^3} = 296.5\text{mm}$$

$$e_i = e_0 + e_a = 296.5 + 20 = 316.5\text{mm}$$

$$e_i > 0.3 h_0 = 0.3 \times 460 = 138\text{mm}$$

按大偏心受压计算。

（3）求 A_s 和 A_s'

$$e = e_i + \frac{h}{2} - a_s = 316.5 + 250 - 40 = 526.5\text{mm}$$

$$A'_s = \frac{Ne - \alpha_1 f_c bh_0^2 \xi_b (1 - 0.5\xi_b)}{f'_y (h_0 - a_s)}$$

$$= \frac{850 \times 10^3 \times 526.5 - 1.0 \times 14.3 \times 300 \times 460^2 \times 0.518 \times (1 - 0.5 \times 0.518)}{360 \times (460 - 40)}$$

$$= 655.4 \text{mm}^2 > 0.2\% bh$$

$$A_s = \frac{\alpha_1 f_c bh_0 \xi_b + f'_y A'_s - N}{f_y}$$

$$= \frac{1.0 \times 14.3 \times 300 \times 460 \times 0.518 + 360 \times 655.4 - 850 \times 10^3}{360}$$

$$= 1133.79 \text{mm}^2$$

（4）选择钢筋

选择受压钢筋为 3Φ18；受拉钢筋为 4Φ20。则全部纵向钢筋的截面面积为 2019mm²，全部纵向钢筋的配筋率为

$$\rho = \frac{2019}{bh} = \frac{2019}{300 \times 500} = 1.35\% > 0.55\%$$

满足要求。

4.4.3 偏心受压构件斜截面承载力计算

在工程中，偏心受压构件除同时承受轴向力、弯矩作用外，还会受到剪力作用。当剪力较小时，可不考虑斜截面的强度问题，但当剪力较大时，还应计算其斜截面受剪承载力。试验表明，由于轴向压力 N 的存在，延缓了斜裂缝的出现和开展，增加了混凝土剪压高度，从而提高了受剪承载力。但当 N 超过 $0.3 f_c A$（A 为构件截面面积）后，承载力的提高不明显；当 N 超过 $0.5 f_c A$ 后，承载力呈下降趋势。

《混凝土结构设计规范》规定，对矩形、T形和I形截面的钢筋混凝土偏心受压构件，斜截面受剪承载力计算式为

$$V \leqslant \frac{1.75}{\lambda + 1} f_t bh_0 + f_{yv} \frac{A_{sv}}{s} h_0 + 0.07N \tag{4-24}$$

式中　λ——偏心受压构件计算截面的剪跨比，取 $M/(Vh_0)$（M 为计算截面上与剪力设计值 V 相应的弯矩设计值）；

　　　N——剪力设计值 V 相应的轴向压力设计值，当 $N > 0.3 f_c A$（A 为构件的截面面积）时，取 $0.3 f_c A$。

计算截面剪跨比 λ 应按下列规定选取：

① 对框架结构中的框架柱，当其反弯点在层高范围内时，可取为 $H_n/(2h_0)$（H_n 为柱净高）。当 $\lambda < 1$ 时，取 $\lambda = 1$；当 $\lambda > 3$ 时，取 $\lambda = 3$。

② 其他偏心受压构件，当承受均布荷载时，取 $\lambda = 1.5$；当承受集中荷载时（包括作用有多种荷载且集中荷载对支座截面或节点边缘所产生的剪力值占总剪力值的 75% 以上的情况），取 $\lambda = a/h_0$（a 为集中荷载至支座或节点边缘的距离），当 $\lambda < 1.5$ 时取 $\lambda = 1.5$，当 $\lambda > 3$ 时取 $\lambda = 3$。

当剪力设计值较小且符合下式的要求时：

建
筑
结
构

$$V \leqslant \frac{1.75}{\lambda + 1} f_t b h_0 + f_{yv} \frac{A_{sv}}{s} h_0 - 0.2N \qquad (4\text{-}25)$$

可不进行斜截面受剪承载力计算，而仅需根据受压构件配箍的构造要求配置箍筋。

 习题 >>>

一、简答题

1. 简述钢筋混凝土偏心受压构件的定义。

2. 钢筋混凝土偏心受压构件，其大、小偏心受压的根本区别是什么？

3. 在大偏心受压构件中，要求受压区高度 $x \geqslant 2a'_s$ 的目的是什么？

4. 大、小偏心受压破坏的破坏形态是怎样的？

5. 在截面设计时如何初步判别大、小偏心受压？

二、计算题

1. 已知轴心受压柱的截面为 $400\text{mm} \times 400\text{mm}$，计算长度 $l_0 = 6400\text{mm}$，混凝土强度等级为 C20，采用 HRB400 级钢筋，承受轴向力设计值 $N = 1500\text{kN}$（作用于柱顶），求纵向钢筋截面面积。

2. 已知现浇钢筋混凝土柱，截面尺寸为 $300\text{mm} \times 300\text{mm}$，计算高度 $l_0 = 4.80\text{m}$，混凝土强度等级为 C25，配有 HRB400 级钢筋 4 Φ 25。求所能承受的最大轴向力设计值。

3. 已知钢筋混凝土柱的截面尺寸：$bh = 300\text{mm} \times 400\text{mm}$，计算长度 $l_0 = 3.90\text{mm}$，$a_s = a'_s = 45\text{mm}$，混凝土强度等级为 C30，钢筋级别为 HRB400 级，承受弯矩设计值 $M = 120\text{kN} \cdot \text{m}$，轴向力设计值 $N = 480\text{kN}$，试确定对称配筋的钢筋面积。

4. 已知矩形柱截面尺寸 $bh = 400\text{mm} \times 500\text{mm}$，计算长度 $l_0 = 5.0\text{mm}$，$a_s = a'_s = 45\text{mm}$，混凝土强度等级为 C30，采用 HRB400 级钢筋，柱承受弯矩设计值 $M = 500\text{kN} \cdot \text{m}$，轴向力设计值 $N = 1600\text{kN}$。求对称配筋的钢筋面积。

第❹章 钢筋混凝土受压构件

第5章

钢筋混凝土受扭构件

引言

提起"扭"字，大家肯定会想到一些动词，例如：扭腰、扭毛巾、扭衣服等等，总之"扭"这一动作使事物产生了变形或位移。力学课程中，我们学习到基本构件的受力包括拉、压、弯、剪、扭，在钢筋混凝土结构中，是否有受扭的构件？

思考：受弯构件和受压构件，用纵筋承担弯矩作用下的拉力（或者压力），用箍筋或者弯起钢筋承担剪力，而受扭构件需要纵筋和箍筋共同作用才能发挥抗扭的作用，如何协调纵筋和箍筋的关系，它们又如何配合？

本章重点 >>>

纯扭构件的受力特征、破坏形态；矩形截面开裂扭矩的计算方法；纯扭构件与弯、剪、扭构件在承载力计算原理上的区别和联系。

5.1 概述

在钢筋混凝土结构中，处于纯扭矩状态的结构很少，大多数结构都处于弯矩、剪力和扭矩或压力、弯矩、剪力和扭矩共同作用下的复合受力状态。例如雨篷梁、曲梁、吊车梁、螺旋楼梯、框架边梁及框架结构角柱、有吊车厂房柱等，均属于弯、剪、扭或压、弯、剪、扭共同作用下的结构，如图5-1所示。

钢筋混凝土结构在扭矩作用下，根据扭矩形成的原因，可以产生两种类型的扭转：一是平衡扭转，二是协调扭转或称为附加扭转。

若结构的扭转是由荷载产生的，其扭矩可根据平衡条件求得，与构件的抗扭刚度无关，这种扭转称为平衡扭转。例如图5-1(a)所示的雨篷梁，在雨篷板荷载的作用下，雨篷梁中产生扭矩。由于雨篷梁、板是静定结构不会发生塑性变形引起内力重分布，因此雨篷梁承受的扭矩内力数值不会发生变化，在设计中必须依靠雨篷梁的受扭承载力来平衡和抵抗全部的扭矩。

另一类是超静定结构中由于变形的协调使截面产生的扭转，称为协调扭转或附加扭

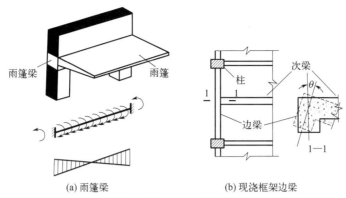

(a) 雨篷梁   (b) 现浇框架边梁

图 5-1　复合受力状态下受扭构件的工程实例

转。例如图 5-1(b) 所示的框架边梁,由于框架边梁具有一定的截面扭转刚度,它将约束楼面梁的弯曲转动,使楼面梁在与框架边梁相交的支座处产生负弯矩,楼面梁支座处负弯矩作为扭矩荷载使框架边梁产生扭矩。由于框架边梁及楼面梁为超静定结构,边梁及楼面梁混凝土开裂后,其截面扭转刚度将发生显著变化,边梁及楼面梁将产生塑性变形和内力重分布,楼面梁支座处负弯矩值减小,而其跨内弯矩值增大,框架边梁扭矩也随扭矩荷载减小而减小。

本章介绍的受扭承载力计算公式主要是针对平衡扭转而言的。

5.2　受扭构件的受力特征及破坏形态

5.2.1　纯扭构件的受力特征

为研究纯扭构件的受力特征,以矩形截面的素混凝土纯扭构件作为分析对象。根据材料力学中弹性扭转理论,在扭矩作用下,矩形截面外边缘的剪应力最大,越往内剪应力越小,且最大剪应力在截面长边的中点处,这一特殊位置的应力状态如图 5-2(a) 所示。此处的最大主压应力大小与最大主拉应力相等,方向垂直。当最大主拉应力大于混凝土的抗拉强度时,混凝土开裂,裂缝沿构件表面的主拉应力迹线呈 45°螺旋形发展。对于素混凝土构件,一旦开裂就会导致构件破坏,破坏面呈一空间扭曲面,如图 5-2(b) 所示。

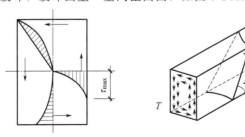

(a) 扭矩作用下矩形截面上剪应力分布   (b) 受扭破坏面

图 5-2　扭矩作用下矩形截面上剪应力分布及受扭破坏面

素混凝土的抗扭能力很差，故需要配置钢筋提高承载力。实际工程中常采用沿构件截面周边均匀布置受扭纵筋和受扭箍筋来提高构件受扭承载力，这两种受扭钢筋相互垂直，可以提供斜向的合力来抵抗主拉应力。

5.2.2 开裂扭矩

按弹性理论，当主拉应力 $\sigma_{tp} = \tau_{max} = f_t$ 时，构件开裂，即

$$\tau_{max} = \frac{T_{cr,e}}{W_{te}} = f_t \tag{5-1}$$

式中 $T_{cr,e}$——弹性开裂扭矩；

W_{te}——截面抗扭弹性抵抗矩。

按塑性理论，对理想弹塑性材料，截面上某一点应力达到材料极限强度时并不立即破坏，而是保持极限应力继续变形，扭矩仍可继续增加，直到截面上各点应力均达到极限强度，才达到极限承载力。此时截面上的剪应力分布分为四个区，如图 5-3 所示。分别计算各区合力及其对截面形心的力偶之和，可求得塑性极限开裂扭矩为

$$T_{cr,p} = f_t \frac{b^2}{6}(3h - b) = f_t W_t \tag{5-2}$$

式中 $T_{cr,p}$——塑性开裂扭矩；

W_t——截面抗扭塑性抵抗矩。

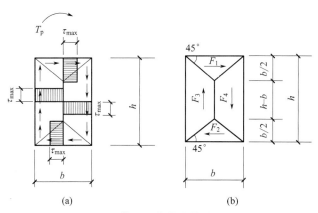

图 5-3 矩形截面塑性状态的剪应力分布

由于混凝土材料既非完全弹性，也不是理想弹塑性，而是介于两者之间的弹塑性材料，达到开裂极限状态时截面的应力分布介于完全弹性和理想弹塑性之间，因此开裂扭矩也是介于 $T_{cr,e}$ 和 $T_{cr,p}$ 之间。

为简便实用，可按塑性应力分布计算，并引入修正降低系数以考虑应力非完全塑性分布的影响。根据试验结果，修正系数为 $0.87 \sim 0.97$。为了安全，取 0.7。于是，开裂扭矩的计算式为

$$T_{cr} = 0.7 f_t W_t \tag{5-3}$$

对矩形截面，截面抗扭塑性抵抗矩按下式计算：

$$W_t = \frac{b^2}{6}(3h - b) \tag{5-4}$$

5.2.3 纯扭构件的破坏形态

钢筋混凝土构件根据不同的配筋情况可以分为以下四种不同的破坏形态：

① 少筋破坏。配筋过少，构件破坏形态与素混凝土构件相似，配筋不足以承担混凝土开裂后释放的拉应力，一旦开裂，将导致扭转角迅速增大，呈受拉脆性破坏特征，破坏过程急速而突然，受扭承载力取决于混凝土的抗拉强度。

② 适筋破坏。受扭纵筋和受扭箍筋均配置适量，在外扭矩作用下，构件外表面的混凝土先发生开裂，然后纵筋和箍筋发生屈服，最后受压面混凝土被压碎。这种破坏属于延性破坏且有征兆。设计时必须设计成适筋构件。

③ 超筋破坏。当纵筋和箍筋配筋率都过高，会发生纵筋和箍筋都没有达到屈服强度，而混凝土先行压坏的现象。在这种构件上虽然会出现扭转斜裂缝，但直到构件破坏时这些裂缝的宽度仍然不大。这种破坏也属于脆性破坏，所以超筋构件也不能在工程中应用。

④ 部分超筋破坏。由于受扭钢筋由受扭箍筋和受扭纵筋两部分组成，当两者配筋量相差过大时，会出现一个未到屈服、另一个达到屈服的部分超筋破坏情况。这种破坏也具有一定的延性，但比适筋破坏的延性小。为防止出现这种破坏，《混凝土结构设计规范》对抗扭纵筋和抗扭箍筋的配筋强度比值 ζ 的适合范围做出了限定。

ζ 的取值按下式计算：

$$\zeta = \frac{f_y A_{stl} s}{f_{yv} A_{st1} u_{cor}} \tag{5-5}$$

式中　ζ——受扭的纵向钢筋与箍筋的配筋强度比值；

A_{stl}——受扭计算中取对称布置的全部纵向非预应力钢筋的截面面积；

A_{st1}——受扭计算中沿截面周边配置的箍筋单肢截面面积；

u_{cor}——截面核心部分的周长，$u_{cor} = 2(b_{cor} + h_{cor})$（$b_{cor}$、$h_{cor}$ 为箍筋内表面范围内截面核心部分的短边、长边尺寸）；

f_{yv}——箍筋抗拉强度设计值；

s——箍筋间距。

为保证纵筋与箍筋基本上都能达到屈服，《混凝土结构设计规范》规定，$0.6 \leqslant \zeta \leqslant 1.7$，设计中通常取 $1.0 \sim 1.3$。

5.3 受扭构件承载力的计算方法及构造要求

5.3.1 纯扭构件承载力的计算方法

（1）基本公式

纯扭构件承载力按下式计算：

$$T \leqslant T_u = 0.35 f_t W_t + 1.2 \sqrt{\zeta} \frac{f_{yv} A_{st1} A_{cor}}{s} \tag{5-6}$$

式中 ζ——配筋强度比，按式(5-5)计算；

    T——扭矩设计值；

    W_t——截面抗扭塑性抵抗矩，矩形截面按式(5-4)计算；

    A_{cor}——截面核心部分的面积，$A_{cor}=b_{cor}h_{cor}$。

(2) 公式的适用范围

为避免产生超筋和少筋破坏，在设计中应满足下列条件：

① 为避免配筋过多产生超筋脆性破坏，截面应满足下式要求：

$$T \leqslant 0.2\beta_c f_c W_t \tag{5-7}$$

式中 β_c——混凝土强度系数，当混凝土强度等级不超过 C50 时，取 $\beta_c=1$；当混凝土强度等级为 C80 时，取 $\beta_c=0.8$；其间按线性内插法取用。

② 为防止少筋脆性破坏，纯扭构件的配筋率应满足下式要求：

$$\rho_{st} = \frac{2A_{st1}}{bs} \geqslant \rho_{st,min} = 0.28\frac{f_t}{f_{yv}} \tag{5-8}$$

③ 纯扭构件的受扭纵向受力钢筋的配筋率应满足下式要求：

$$\rho_{tl} = \frac{A_{stl}}{bh} \geqslant \rho_{tl,min} = 0.85\frac{f_t}{f_y} \tag{5-9}$$

5.3.2 在弯、扭作用下的承载力计算

在弯矩和扭矩的共同作用下，各项承载力是相互关联的，其相互影响十分复杂。为了简化，《混凝土结构设计规范》建议采用叠加法计算，即将受弯所需纵筋与纯扭所需纵筋和箍筋分别计算后叠加。

5.3.3 在剪、扭作用下的承载力计算

对于剪、扭共同作用，《混凝土结构设计规范》建议采用混凝土部分承载力相关、箍筋部分承载力叠加的方法。

① 矩形截面一般剪扭构件的承载力应按下式计算：

受剪承载力

$$V \leqslant V_u = 0.7(1.5-\beta_t)f_t bh_0 + f_{yv}\frac{nA_{sv1}}{s}h_0 \tag{5-10}$$

$$\beta_t = \frac{1.5}{1+0.5\dfrac{VW_t}{Tbh_0}} \tag{5-11}$$

受扭承载力

$$T \leqslant T_u = 0.35\beta_t f_t W_t + 1.2\sqrt{\zeta}f_{yv}\frac{A_{st1}A_{cor}}{s} \tag{5-12}$$

式中 β_t——一般剪扭构件混凝土受扭承载力降低系数，当 $\beta_t<0.5$ 时，取 $\beta_t=0.5$；当 $\beta_t>1$ 时，取 $\beta_t=1$。

② 矩形截面集中荷载作用下独立剪扭构件的承载力应按下式计算：

受剪承载力

$$V \leqslant V_u = \frac{1.75}{\lambda+1}(1.5-\beta_t)f_t b h_0 + f_{yv}\frac{nA_{sv1}}{s}h_0 \tag{5-13}$$

$$\beta_t = \frac{1.5}{1+0.2(\lambda+1)\dfrac{VW_t}{Tbh_0}} \tag{5-14}$$

式中　λ——计算截面的剪跨比；

　　　β_t——集中荷载作用下剪扭构件混凝土受扭承载力降低系数，当 $\beta_t < 0.5$ 时，取 $\beta_t = 0.5$；当 $\beta_t > 1$ 时，取 $\beta_t = 1$。

受扭承载力仍按式(5-12)计算，但式中 β_t 应按式(5-14)计算。

试验表明，若构件中同时有剪力和扭矩的作用，剪力的存在，会降低构件的抗扭承载力；同样，由于扭矩的存在，也会引起构件抗剪承载力的降低。这便是剪力和扭矩的相关性。

5.3.4　在轴向力、扭矩作用下的承载力计算

① 轴向压力和扭矩共同作用。由于轴向压力能使混凝土较好地参与工作，同时又改善了混凝土的咬合作用和纵向钢筋的销栓作用，从而提高了构件的抗扭承载力。《混凝土结构设计规范》规定，在轴向压力和扭矩共同作用下的矩形截面钢筋混凝土构件，其受扭承载力按下式计算：

$$T \leqslant \left(0.35f_t + 0.07\frac{N}{A}\right)W_t + 1.2\sqrt{\zeta}f_{yv}\frac{A_{st1}A_{cor}}{s} \tag{5-15}$$

式中　N——与扭矩设计值 T 相应的轴向压力设计值，当 $N > 0.3f_c A$ 时，取 $0.3f_c A$。

② 轴向拉力与扭矩共同作用。由于轴向拉力使纵筋产生附加拉应力，纵筋的受扭作用受到削弱，从而受扭承载力有所降低。《混凝土结构设计规范》规定，在轴向拉力和扭矩共同作用下的矩形截面钢筋混凝土构件，其受扭承载力按下式计算：

$$T \leqslant \left(0.35f_t - 0.2\frac{N}{A}\right)W_t + 1.2\sqrt{\zeta}f_{yv}\frac{A_{st1}A_{cor}}{s} \tag{5-16}$$

式中　N——与扭矩设计值 T 相应的轴向拉力设计值，当 $N > 1.75f_t A$ 时，取 $1.75f_t A$。

5.3.5　在弯、剪、扭共同作用下的承载力计算

当弯、剪、扭构件满足以下要求时，可按下述办法进行简化计算：

① 若剪力满足 $V \leqslant 0.35f_t b h_0$ 或 $V \leqslant 0.875f_t b h_0/(\lambda+1)$（集中荷载作用为主时），则可以忽略剪力的作用，将弯、剪、扭构件简化为弯、扭构件。

② 若扭矩满足 $T \leqslant 0.175f_t W_t$，则可以忽略扭矩的作用，仅需要计算正截面受弯承载力和斜截面受剪承载力即可。

③ 若满足 $\dfrac{V}{bh_0} + \dfrac{T}{W_t} \leqslant 0.7f_t$，则可以按照弯、剪、扭构件的相关构造要求进行纵筋和箍筋的配置。

若剪力和扭矩不满足简化计算的要求，则需按弯、剪、扭构件计算。《混凝土结构设计

规范》规定，构件在弯矩、剪力和扭矩的共同作用下的承载力可按下述方法进行计算：

① 按受弯构件计算在弯矩作用下所需纵向钢筋的截面面积。

② 按剪、扭构件计算承受剪力所需要的箍筋截面面积，以及计算承受扭矩所需的纵向钢筋截面面积和箍筋截面面积。

③ 叠加上述计算所得的纵向钢筋和箍筋截面面积，即得最后所需的纵向钢筋和箍筋截面面积，如图5-4所示。

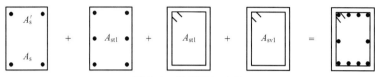

图 5-4　钢筋叠加方法

5.3.6　压、弯、剪、扭构件承载力计算

在轴向压力、弯矩、剪力和扭矩共同作用下的钢筋混凝土矩形截面框架柱，其受剪扭承载力按下式计算：

① 受剪承载力

$$V \leqslant (1.5 - \beta_t)\left(\frac{1.75}{\lambda + 1}f_t bh_0 + 0.07N\right) + f_{yv}\frac{A_{sv}}{s}h_0 \tag{5-17}$$

② 受扭承载力

$$T \leqslant \beta_t\left(0.35f_t + 0.07\frac{N}{A}\right)W_t + 1.2\sqrt{\zeta}f_{yv}\frac{A_{st1}A_{cor}}{s} \tag{5-18}$$

符号同前。

压、弯、剪、扭构件的纵向钢筋应分别按偏心受压构件正截面承载力和剪扭构件的受扭承载力计算确定，并应配置在相应的位置上。箍筋应分别按剪扭构件的受剪承载力和受扭承载力计算确定，并配置在相应的位置上。

5.3.7　受扭构件计算公式的适用条件及构造要求

（1）截面限制条件

对弯、剪、扭构件，为避免配筋过多发生超筋破坏，构件截面应首先满足下列要求：

当 $\frac{h_w}{b} \leqslant 4$ 时：

$$\frac{V}{bh_0} + \frac{T}{0.8W_t} \leqslant 0.25\beta_c f_c \tag{5-19}$$

当 $\frac{h_w}{b} \geqslant 6$ 时：

$$\frac{V}{bh_0} + \frac{T}{0.8W_t} \leqslant 0.2\beta_c f_c \tag{5-20}$$

建
筑
结
构

当 $4 < \dfrac{h_w}{b} < 6$ 时：按线性内插法确定。

（2）构造配筋

① 构造配筋界限。钢筋混凝土构件承受的剪力及扭矩相当于结构混凝土即将开裂时的剪力及扭矩值的界限状态，称为构造配筋界限。从理论上来说，结构处于界限状态时，由于混凝土尚未开裂，不需要设置受剪及受扭钢筋；但在设计时为了安全可靠，以防止混凝土偶然开裂而丧失承载力，按构造要求还应设置符合最小配筋率要求的钢筋截面面积，《混凝土结构设计规范》规定对剪扭构件构造配筋的界限如下式：

$$\frac{V}{bh_0} + \frac{T}{W_t} \leqslant 0.7 f_t \tag{5-21}$$

② 最小配筋率。对弯、剪、扭构件，为避免发生少筋破坏，箍筋的配筋率应满足下列要求：

$$\rho_{sv} \geqslant \rho_{sv,min} = 0.28 \frac{f_t}{f_{yv}} \tag{5-22}$$

纵筋的配筋率应满足下列要求：

$$\rho_{tl} = \frac{A_{stl}}{bh} \geqslant \rho_{tl,min} = 0.6 \sqrt{\frac{T}{Vb}} \frac{f_t}{f_y} \tag{5-23}$$

在采用式（5-23）时，当 $T/(Vb) = 2$ 时，取 2。

结构设计时纵筋最小配筋率应取受弯及受扭纵筋最小配筋率叠加值。

（3）钢筋的构造要求

① 受扭纵向钢筋。沿截面周边布置的受扭纵向钢筋的间距不应大于 200mm 和梁截面短边长度；除应在梁截面四角设置受扭纵向钢筋外，其余受扭纵向钢筋宜沿截面周边均匀对称布置。当梁支座边作用有较大扭矩时，受扭纵向钢筋应按受拉钢筋锚固在支座内。

在弯、剪、扭构件中，配置在截面弯曲受拉边的纵向受力钢筋，其截面面积不应小于按受弯构件受拉钢筋最小配筋率规定的钢筋截面面积与按受扭纵向钢筋最小配筋率计算并分配到弯曲受拉边的钢筋截面面积之和。

② 受扭箍筋。在弯、剪、扭构件中，箍筋间距应符合梁中箍筋最大间距的规定，其中受扭所需的箍筋应做成封闭式，且应沿截面周边布置；当采用复合箍筋时，位于截面内部的箍筋不应计入受扭所需的箍筋面积。

受扭所需箍筋的末端应做成 135° 弯钩，弯钩端头平直段长度不应小于 10d（d 为箍筋直径），如图 5-5 所示。

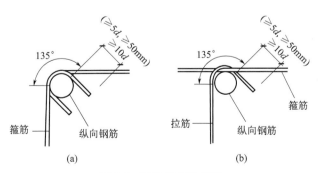

图 5-5 受扭箍筋的构造

习题 >>>

1. 纯扭构件有哪些破坏形态？
2. 钢筋混凝土构件在弯、扭作用下的承载力应如何计算？
3. 受扭分为哪几种类型？分别是什么？
4. 什么是平衡扭转？什么是协调扭转？各有什么特点？
5. 对弯、剪、扭构件，为避免配筋过多发生超筋破坏，构件截面应满足哪些要求？
6. 受扭构件的配筋有哪些构造要求？
7. 简述剪力和扭矩的相关性。

建筑结构

第6章

钢筋混凝土受拉构件

引言

梁和板主要承受弯矩和剪力，柱子主要承受压力，在钢筋混凝土构件中，有没有以承受拉力为主的构件呢？

思考：结合结构力学的知识和下面的图片，读者可以思考一下工程中有哪些受拉构件。

本章重点 >>>

受拉构件的受力特点；轴心受拉构件正截面承载力设计方法和构造要求；大、小偏心受拉构件承载力计算的基本公式和适用条件。

6.1 概述

承受轴向拉力的构件，称为受拉构件。当轴向拉力作用线与构件截面形心轴线重合时为轴心受拉构件；当纵向拉力作用线偏离构件截面形心轴线时，或构件上既作用有拉力又作用有弯矩时，则称为偏心受拉构件，与偏心受压构件相似。偏心受拉也存在单向偏心和双向偏心受拉的情况，这里只讨论单向偏心受拉的情况。有些构件，如钢筋混凝土桁架中的拉杆、有内压力的圆管管壁、圆形水池的环形池壁等，可以按轴心受拉构件计算；经常遇到的矩形简仓、斗仓、涵洞及水池，其仓壁、洞壁或池壁也同时受到轴向拉力及弯矩的作用，故属于偏心受拉构件，见图6-1。

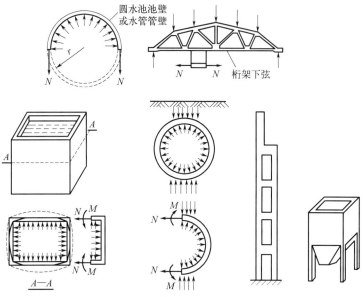

图 6-1　常见的受拉构件

用钢筋混凝土构件承受拉力，从充分利用材料强度的角度来看并不合理，因为混凝土的抗拉强度很低，承受拉力时不能充分发挥其强度；从减轻构件开裂的角度来看也不合适，因为混凝土在较小的拉力作用下就会开裂，构件中的裂缝宽度将随着拉力的增加而不断加大。因此，不少承受较大拉力的构件被做成钢构件而不是钢筋混凝土构件。但在钢筋混凝土结构中局部有受拉构件时，如将受拉构件做成钢构件，不仅会给施工带来不便，也会因处理钢筋混凝土和钢构件之间的连接构造而给设计带来不便，在此情况下也常将受拉构件设计为钢筋混凝土构件。此时，拉力由构件中的纵向钢筋承担，外围混凝土能对钢筋起到有效的保护作用，因此与纯钢构件相比，可以免去经常性的维护，而且构件的刚度也较纯钢构件略大。但要采取措施把构件的裂缝宽度控制在允许的范围内。

6.2　轴心受拉构件正截面承载力计算

6.2.1　轴心受拉构件的受力特点

钢筋混凝土轴心受拉构件，开裂前混凝土与钢筋共同承担拉力；开裂后，开裂截面混凝土退出工作，全部拉力由钢筋承担。当钢筋应力达到其抗拉强度，截面达到受拉承载力极限状态。

由此可知，轴心受拉构件的承载力只与纵向受拉钢筋有关，承载力大小取决于钢筋的屈服强度和钢筋截面面积的大小。

6.2.2 轴心受拉构件承载力计算

根据承载力极限状态设计法的基本原则及力的平衡条件，轴心受拉构件正截面承载力计算式为：

$$N \leqslant N_u = f_y A_s + f_{py} A_p \qquad (6\text{-}1)$$

式中　N——轴向拉力设计值；

　　　N_u——轴心受拉构件正截面承载力设计值；

　　　f_y——钢筋抗拉强度设计值，当 $f_y > 300\text{N/mm}^2$ 时，按 300N/mm^2 取值；

　　　f_{py}——预应力钢筋的抗拉强度设计值；

　　　A_s——截面上全部纵向受拉钢筋的截面面积；

　　　A_p——截面上预应力钢筋的全部截面面积。

【例题 6-1】 已知某钢筋混凝土屋架下弦，截面尺寸 $b \times h = 200\text{mm} \times 150\text{mm}$，其所受的轴心拉力设计值为 240kN，混凝土强度等级为 C30，钢筋为 HRB400 级。求截面配筋。

解： 已知 $f_y = 360\text{N/mm}^2 > 300\text{N/mm}^2$，取 $f_y = 300\text{N/mm}^2$，

$$A_s = \frac{N}{f_y} = \frac{240 \times 10^3}{300} = 800\text{mm}^2$$

故选用 $4 \oplus 16$，$A_s = 804\text{mm}^2$。

应注意，轴心受拉构件的钢筋用量并不总是由强度要求决定的，在许多情况下，裂缝宽度验算对纵筋用量起决定作用。

6.2.3 轴心受拉构件构造要求

（1）纵向受力钢筋

① 轴心受拉构件的受力钢筋不得采用绑扎搭接；搭接而不加焊的受拉钢筋接头仅仅允许在圆形池壁或管中使用，其接头位置应错开，搭接长度应满足规范要求。

② 为避免配筋过少引起的脆性破坏，按构件截面面积计算的全部受力钢筋的直径不宜小于 12mm，构件一侧受拉钢筋的最小配筋率不应小于 0.2% 和 $45f_t/f_y$ 的较大值，也不宜大于 5%。

③ 受力钢筋沿截面周边均匀对称布置，净间距不应小于 50mm，且不宜大于 300mm。

（2）箍筋

在轴心受拉构件中，与纵向钢筋垂直放置的箍筋主要是与纵向钢筋形成骨架，固定纵向钢筋在截面中的位置，从受力角度而言并无要求。

轴心受拉构件中箍筋的直径一般为 6～8mm，其间距应小于 400mm、构件截面的较短边尺寸和 15d（d 为纵筋的最小直径）。

6.3 偏心受拉构件承载力的计算方法

6.3.1 偏心受拉构件的受力特征

根据偏心拉力的作用位置，偏心受拉构件可分为大偏心受拉和小偏心受拉两种，如图 6-2 所示。当轴向拉力作用在 A_s 和 A_s' 之间（A_s 为距离轴向拉力较近一侧纵筋，A_s' 为距离轴向拉力较远一侧纵筋）时，属于小偏心受拉；当轴向拉力作用于 A_s 和 A_s' 之外时，属于大偏心受拉。

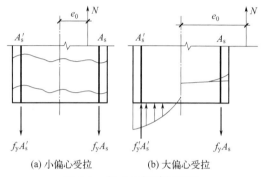

(a) 小偏心受拉   (b) 大偏心受拉

图 6-2 偏心受拉破坏形态

① 小偏心受拉破坏（$0 < e_0 \leqslant h/2 - a_s$）。小偏心受拉破坏过程中全截面承受拉力作用，破坏前，裂缝贯穿整个截面，混凝土全部退出工作，拉力由两侧纵筋承担。当两侧纵筋达到屈服时，截面达到破坏状态。

② 大偏心受拉破坏（$e_0 > h/2 - a_s$）。试验研究表明，大偏心受拉构件的破坏形态与大偏心受压构件相似。由于轴向拉力 N 的偏心距较大，则构件离轴向拉力较近的一侧受拉，另一侧则受压。随着荷载的增加，破坏时构件应力较大一侧的混凝土首先开裂，但裂缝并不贯穿全截面，随后受压区混凝土被压碎。

6.3.2 偏心受拉构件正截面承载力计算

（1）大偏心受拉构件正截面承载力计算

① 基本公式。矩形截面大偏心受拉构件按下式计算（计算简图见图 6-3）。

$$N \leqslant N_u = f_y A_s - f_y' A_s' - \alpha_1 f_c bx \tag{6-2}$$

$$Ne \leqslant N_u e = \alpha_1 f_c bx \left(h_0 - \frac{x}{2} \right) + f_y' A_s' (h_0 - a_s') \tag{6-3}$$

$$e = e_0 - \frac{h}{2} + a_s \tag{6-4}$$

将 $x = \xi h_0$ 代入式(6-2)、式(6-3)，可写成如下形式：

$$N \leqslant N_{\mathrm{u}} = f_{\mathrm{y}} A_{\mathrm{s}} - f'_{\mathrm{y}} A'_{\mathrm{s}} - \alpha_1 f_{\mathrm{c}} b h_0 \xi \tag{6-5}$$

$$Ne \leqslant N_{\mathrm{u}} e = \alpha_1 f_{\mathrm{c}} b h_0^2 \xi (1 - 0.5\xi) + f'_{\mathrm{y}} A'_{\mathrm{s}} (h_0 - a'_{\mathrm{s}}) \tag{6-6}$$

② 适用条件。

a. 为了防止发生超筋破坏，应满足下式要求：

$$x \leqslant \xi_{\mathrm{b}} h_0 \tag{6-7}$$

或

$$\xi \leqslant \xi_{\mathrm{b}} \tag{6-8}$$

b. 为了保证受压钢筋能够达到抗压强度（屈服），应满足下式要求：

$$x \geqslant 2a'_{\mathrm{s}} \tag{6-9}$$

或

$$\xi \geqslant \frac{2a'_{\mathrm{s}}}{h_0} \tag{6-10}$$

若 $x < 2a'_{\mathrm{s}}$，仍按 $x = 2a'_{\mathrm{s}}$ 计算，即

$$Ne' \leqslant N_{\mathrm{u}} e' = f_{\mathrm{y}} A_{\mathrm{s}} (h_0 - a'_{\mathrm{s}}) \tag{6-11}$$

$$e' = e_0 + \frac{h}{2} - a'_{\mathrm{s}} \tag{6-12}$$

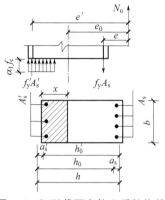

**图 6-3　矩形截面大偏心受拉构件
正截面受拉承载力计算简图**

当采用对称布置钢筋时，将 $A_{\mathrm{s}} = A'_{\mathrm{s}}$，$f_{\mathrm{y}} = f'_{\mathrm{y}}$，$a_{\mathrm{s}} = a'_{\mathrm{s}}$ 代入式(6-2)可知，x 为负值，即 $x < 2a'_{\mathrm{s}}$，取 $x = 2a'_{\mathrm{s}}$，则

$$A'_{\mathrm{s}} = A_{\mathrm{s}} = \frac{Ne'}{f_{\mathrm{y}}(h_0 - a'_{\mathrm{s}})} \tag{6-13}$$

（2）小偏心受拉构件正截面承载力计算

矩形截面小偏心受拉构件正截面受拉承载力按下式计算（计算简图见图 6-4）：

$$N \leqslant f_{\mathrm{y}} A_{\mathrm{s}} + f'_{\mathrm{y}} A'_{\mathrm{s}} \tag{6-14}$$

$$Ne \leqslant N_{\mathrm{u}} e = f_{\mathrm{y}} A'_{\mathrm{s}} (h_0 - a'_{\mathrm{s}}) \tag{6-15}$$

$$Ne' = N_{\mathrm{u}} e' = f_{\mathrm{y}} A_{\mathrm{s}} (h'_0 - a_{\mathrm{s}}) \tag{6-16}$$

$$e = \frac{h}{2} - a_{\mathrm{s}} - e_0 \tag{6-17}$$

$$e' = \frac{h}{2} - a'_{\mathrm{s}} + e_0 \tag{6-18}$$

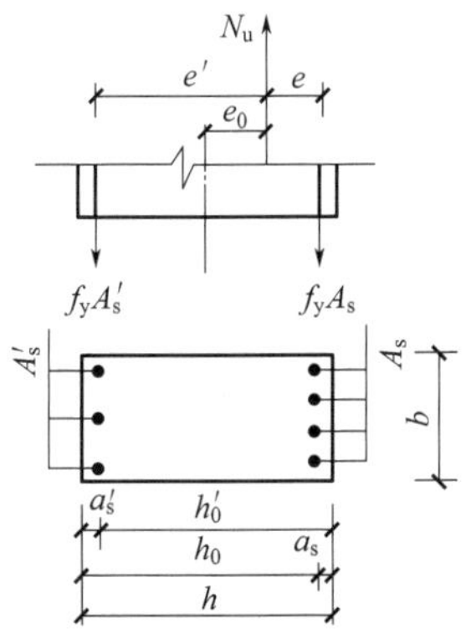

**图 6-4　矩形截面小偏心受拉构件
正截面受拉承载力计算简图**

当钢筋抗拉强度值 $f_{\mathrm{y}} > 300 \mathrm{N/mm}^2$ 时，仍按 $300 \mathrm{N/mm}^2$ 采用。

当采用对称配筋时，离轴向拉力较远一侧的纵筋 A'_{s} 的应力达不到屈服强度，此时可按下式计算：

$$A_{\mathrm{s}} = A'_{\mathrm{s}} = \frac{Ne'}{f_{\mathrm{y}}(h_0 - a'_{\mathrm{s}})} \tag{6-19}$$

6.3.3　偏心受拉构件斜截面承载力计算

与偏心受压构件相同，偏心受拉构件截面中也有剪力作用。对于弯矩较大的偏心受拉构

件，相应的剪力也较大，故需要进行斜截面抗剪承载力计算。试验表明，轴向拉力的存在，将使构件的抗剪承载力降低，降低的幅度随拉力增加而增大。

偏心受拉构件斜截面承载力可按下式计算：

$$V \leqslant \frac{1.75}{\lambda+1} f_t bh_0 + f_{yv} \frac{A_{sv}}{s} h_0 - 0.2N \tag{6-20}$$

式中　N——与剪力设计值 V 相应的轴向拉力设计值；

　　　λ——计算截面剪跨比，取值同偏心受压构件。

当式（6-20）右边的计算值小于 $f_{yv} \dfrac{A_{sv}}{s} h_0$ 时，应取 $f_{yv} \dfrac{A_{sv}}{s} h_0$，且 $f_{yv} \dfrac{A_{sv}}{s} h_0$ 值不得小于 $0.36 f_t bh_0$。

【例题 6-2】 某矩形水池，池壁厚为 250mm，混凝土强度等级为 C30（$\alpha_1 = 1.0$，$f_c = 14.3\text{N/mm}^2$），纵筋为 HPB300 级（$f_y = f_y' = 270\text{N/mm}^2$，$\xi_b = 0.576$），由内力计算得池壁某垂直截面中的弯矩设计值为 $M = 25\text{kN·m}$（池壁内侧受拉），轴向拉力设计值 $N = 22.4\text{kN}$。试确定垂直截面中沿池壁内侧和外侧所需钢筋 A_s 及 A_s' 的数量。

解： 设 $a_s = a_s' = 35\text{mm}$，则 $h_0 = 250 - 35 = 215\text{mm}$。

（1）判断大、小偏心受拉

$$e_0 = \frac{M}{N} = \frac{25000}{22.4} = 1116\text{mm} > \frac{h}{2} - a_s = \frac{250}{2} - 35 = 90\text{mm}$$

属于大偏心受拉构件。

（2）求 A_s'

$$e = e_0 - \frac{h}{2} + a_s = 1116 - \frac{250}{2} + 35 = 1026\text{mm}$$

A_s 及 A_s' 均未知，为充分发挥混凝土的作用，令 $x = \xi_b h_0 = 0.576 \times 215 = 123.84\text{mm}$，由式（6-6）求受压钢筋

$$A_s' = \frac{Ne - \alpha_1 f_c bh_0^2 \xi_b (1 - 0.5\xi_b)}{f_y'(h_0 - a_s')}$$

$$= \frac{22.4 \times 10^3 \times 1026 - 14.3 \times 10^3 \times 215^2 \times 0.576 \times (1 - 0.5 \times 0.576)}{270 \times (215 - 35)} < 0$$

说明不需要配置受压钢筋，故按最小配筋率确定 A_s'

$$A_s' = A_{s,\min}' = 0.002bh = 0.002 \times 1000 \times 250 = 500\text{mm}^2$$

选用 Φ8@100（$A_s' = 503\text{mm}^2/\text{m}$）。

（3）求 A_s

$$Ne = 22400 \times 1026 = 22.98\text{kN·m} < 2a_s'(h_0 - a_s')\alpha_1 f_c b$$

$$= 2 \times 35 \times (215 - 35) \times 1.0 \times 14.3 \times 1000 = 180.2\text{kN·m}$$

因为 $x < 2a_s'$，取 $x = 2a_s'$，则

$$e' = e_0 + \frac{h}{2} - a_s = 1116 + \frac{250}{2} - 35 = 1206\text{mm}$$

$$A_s = \frac{Ne'}{f_y(h_0 - a_s')} = \frac{22400 \times 1206}{270 \times (215 - 35)} = 555.85\text{mm}^2$$

建
筑
结
构

为方便施工，受拉钢筋同样选择Φ8@100。

 习题 >>>

1. 简述轴心受拉构件的定义。

2. 偏心受拉构件是如何定义的？

3. 大偏心受拉和小偏心受拉的受力特征有何区别？它们的分界条件是什么？

4. 轴心受拉构件有哪些构造要求？

5. 在轴心受拉构件中，箍筋的作用有哪些？

6. 已知偏心受拉构件矩形截面尺寸 $b \times h = 300\text{mm} \times 450\text{mm}$，$a_s = a'_s = 40\text{mm}$，采用C30级混凝土，用HRB400级钢筋进行配筋，轴向拉力设计值 $N = 700\text{kN}$，弯矩设计值 $M = 75\text{kN} \cdot \text{m}$。试求钢筋截面面积 A_s 和 A'_s。

第 7 章

预应力混凝土的基本概念

引言

如下图桶箍，使木板预受压，在使用中受水的张力，受拉；搬书上架，双手对书施加预压力，书就不会掉下来。

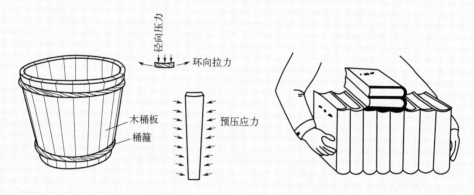

抗裂性能差，不能利用高强度的材料，是普通钢筋混凝土构件的最大缺点，若对钢筋混凝土结构也预加应力，能否起到改善强度的作用？预应力混凝土经过多年的发展，理论和设计方法有了显著的改进。南京长江大桥是长江上第一座由我国自行设计和建造的双层式铁路、公路两用桥梁，是南京标志性建筑，在中国桥梁史乃至世界桥梁史上都具有重要意义，是 20 世纪 60 年代中国经济建设的重要成就、中国桥梁建设的重要里程碑，具有极大的经济意义、政治意义，有"争气桥"之称。其中，南京长江大桥铁路引桥采用 31.7m 预应力钢筋混凝土简支梁。

思考： 党的二十大报告提到：教育、科技、人才是全面建设社会主义现代化国家的基础性、战略性支撑。必须坚持科技是第一生产力、人才是第一资源、创新是第一动力，深入实施科教兴国战略、人才强国战略、创新驱动发展战略，开辟发展新领域新赛道，不断塑造发展新动能新优势。预应力是钢筋混凝土结构发展过程的最大创新之一，增大了钢筋混凝土结构的应用范围，你还知道建筑结构有哪些方面的创新吗？

本章重点 >>>

预应力混凝土的基本原理；预应力混凝土的受力特性；预应力损失的计算方法；预应力混凝土构件的基本构造要求。

7.1 概述

抗裂性能差，不能利用高强度的材料，是普通钢筋混凝土构件的最大缺点。由于混凝土的极限拉应力很小，在使用荷载作用下受拉区混凝土就已开裂，使构件的刚度降低，变形增大。裂缝的存在使构件不适用于高湿度及侵蚀性环境。为了满足对变形和裂缝控制的较高要求，可以加大构件截面尺寸和用钢量，但这不经济，自重太大时，构件所能承受的自重以外的有效荷载减小，因而特别不适用于大跨度、重荷载的结构。另外，提高混凝土强度等级和钢筋强度对改善构件的抗裂和变形性能效果也不大，这是因为采用高强度等级的混凝土，其抗拉强度提高很少；对于使用时允许裂缝宽度为 $0.2\sim0.3mm$ 的构件，受拉钢筋应力只能达到 $150\sim250MPa$ 左右，这与各种热轧钢筋的正常工作应力相近，即在普通钢筋混凝土结构中采用高强度的钢筋是不能充分发挥其作用的。

预应力混凝土是改善构件抗裂性能的有效途径。在混凝土构件承受外荷载之前，对其受拉区预先施加压应力，就成为预应力混凝土结构。美国混凝土协会（ACI）对预应力混凝土下的定义是：预应力混凝土是根据需要人为地引入内应力，用以全部或部分抵消外荷载应力的一种加筋混凝土。这种预压应力可以部分或全部抵消外荷载产生的拉应力，因而可推迟甚至避免裂缝的出现。

图 7-1(a) 所示简支梁，承受外荷载之前，先在梁的受拉区施加一对偏心预压力 N_p，从而在梁截面混凝土中产生预压应力，如图 7-1(b) 所示；而后，按荷载标准值 p_k 计算时，梁跨中截面应力如图 7-1(c) 所示。将图 7-1(b)、(c) 叠加得梁跨中截面应力分布，如图 7-1(d) 所示。显然，通过人为控制预压力 N_p 的大小，可使梁截面受拉边缘混凝土产生压应力、零应力或很小的拉应力，以满足不同的裂缝控制要求，从而改变了普通钢筋混凝土构件原有的裂缝状态，成为预应力混凝土构件。

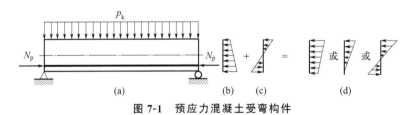

图 7-1 预应力混凝土受弯构件

7.2 预应力混凝土的基本知识

7.2.1 预应力混凝土的分类

根据制作、设计和施工的特点，预应力混凝土可以有不同的分类。

（1）先张法与后张法预应力混凝土结构

① 先张法。先张法通常先在台座上张拉预应力筋，然后浇筑混凝土，待混凝土达到规定强度后截断钢筋。这时，处于张拉状态的钢筋被截断后将会产生回缩，由于钢筋与混凝土的黏结，混凝土会阻止钢筋回缩而使其本身受到预压应力作用。因此，先张法是靠预应力筋与混凝土的黏结力保持并加载预应力的，其工序如图7-2所示。

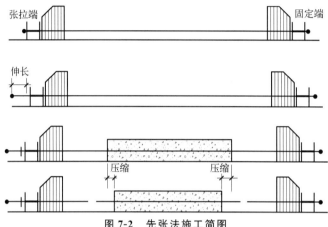

图7-2　先张法施工简图

② 后张法。后张法通常先浇筑混凝土构件并预留孔道，待混凝土达到规定强度后在预留孔道中穿入钢筋，然后直接在构件上对钢筋进行张拉，最后将其用锚具固定在混凝土构件两端上，阻止钢筋回缩，从而对构件施加预应力。钢筋锚固后，应对孔道进行灌浆。因此，后张法构件的预应力是通过构件端部的锚具挤压混凝土而获得的，其工序如图7-3所示。

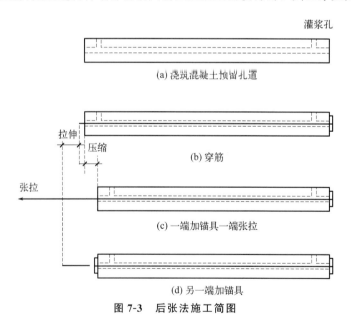

图7-3　后张法施工简图

（2）全预应力和部分预应力混凝土结构

全预应力混凝土结构是在使用荷载作用下，构件截面混凝土不出现拉应力，即全截面受

建
筑
结
构

压预应力混凝土结构。部分预应力混凝土结构是在使用荷载作用下，构件截面混凝土允许出现拉应力或开裂，即只有部分截面受压的预应力混凝土结构。部分预应力混凝土结构又分为A、B两类，A类指在使用荷载作用下，构件预压区混凝土正截面的拉应力不超过规定容许值的预应力混凝土结构；B类则指在使用荷载作用下，构件预压区混凝土正截面的拉应力允许超过规定的限值，但当裂缝出现时，其宽度不超过容许值的预应力混凝土结构。可见，以上是按构件中预应力大小的程度划分的。

（3）有黏结预应力与无黏结预应力混凝土结构

有黏结预应力混凝土结构，是指预应力筋全长均与混凝土黏结、握裹在一起的预应力混凝土结构。先张预应力结构及预留孔道穿筋压浆的后张预应力结构均属此类。

无黏结预应力混凝土结构，指预应力筋伸缩、滑动自由，不与周围混凝土黏结的预应力混凝土结构。这种结构的预应力筋表面涂有防锈材料，外套防老化的塑料管，防止与混凝土黏结。无黏结预应力混凝土结构通常与后张预应力工艺相结合。

7.2.2　预应力混凝土的材料

对于预应力混凝土材料来说，预应力筋需要在张拉时承受较高的拉应力，在使用过程中所受拉应力会进一步增大；同时混凝土也将承受较大的预压应力。因此，预应力混凝土构件必须采用较高强度等级的钢筋和混凝土。

（1）钢筋

预应力混凝土结构中的钢筋包括预应力筋和非预应力钢筋。非预应力钢筋的选用与钢筋混凝土结构中的普通钢筋相同。预应力筋宜采用预应力钢丝、钢绞线和预应力螺纹钢筋。此外，预应力钢筋还应具有一定的塑性、良好的可焊性以及用于先张法构件时与混凝土有足够的黏结力。

（2）混凝土

预应力混凝土结构中，混凝土强度等级越高，能够承受的预压应力也越高；同时，采用高强度等级的混凝土与高强度钢筋相配合，可以获得较经济的构件截面尺寸；另外，高强度等级的混凝土与钢筋的黏结力也高，这一点对依靠黏结传递预应力的先张法构件尤为重要。因此，预应力混凝土结构的混凝土强度等级不宜低于C40，也不应低于C30。

7.2.3　预应力混凝土的特点

预应力混凝土与普通钢筋混凝土相比，有如下特点：

（1）提高了构件的抗裂能力

因为承受外荷载之前预应力混凝土构件的受拉区已有预压应力存在，所以在外荷载作用下，只有当混凝土的预压应力被全部抵消转而受拉且拉应变超过混凝土的极限拉应变时，构件才会开裂。

（2）增大了构件的刚度

因为预应力混凝土构件正常使用时，在荷载效应标准组合下可能不开裂或只有很小的裂缝，混凝土基本上处于弹性阶段工作，因而构件的刚度比普通钢筋混凝土构件有所增大。

（3）充分利用高强度材料

如前所述，普通钢筋混凝土构件不能充分利用高强度材料。而预应力混凝土构件中，预应力钢筋先被预拉，而后在外荷载作用下钢筋拉应力进一步增大，因而始终处于高拉应力状态，即能够有效利用高强度钢筋；而且钢筋的强度高，可以减小所需要的钢筋截面面积。与此同时，应该尽可能采用高强度等级的混凝土，以便与高强度钢筋相配合，获得较经济的构件截面尺寸。

（4）扩大了构件的应用范围

由于预应力混凝土改善了构件的抗裂性能，因而可用于有防水、抗渗透及抗腐蚀要求的环境；采用高强度材料，结构轻巧、刚度大、变形小，可用于大跨度、重荷载及承受反复荷载的结构。

如上所述，预应力混凝土构件有很多优点，但它也存在一定的局限性，因而并不能完全代替普通钢筋混凝土构件。预应力混凝土具有施工工序多、对施工技术要求高且需要张拉设备、锚具及劳动力费用高等特点，因此特别适用于普通钢筋混凝土构件力不能及的情形（如大跨度及重荷载结构）；而普通钢筋混凝土结构由于施工较方便，造价较低等特点，应用于允许带裂缝工作的一般工程结构仍具有强大的生命力。

7.3 预应力混凝土构件设计的一般规定

7.3.1 张拉控制应力

张拉控制应力是指张拉预应力筋时，张拉设备的测力仪表所指示的总张拉力除以预应力筋截面面积得出的拉应力值，以 σ_{con} 表示。对于如钢制锥形锚具等一些因锚具构造影响而存在（锚圈口）摩阻力的锚具，σ_{con} 指经过锚具、扣除此摩阻力后的（锚下）应力值。

σ_{con} 是施工时张拉预应力筋的依据，其取值应适当。当构件截面尺寸及配筋量一定时，σ_{con} 越大，在构件受拉区建立的混凝土预压应力也越大，则构件使用时的抗裂度也越高。但是，若 σ_{con} 过大，则会产生如下问题：①个别钢筋可能被拉断；②施工阶段可能会引起构件某些部位受到拉力（称为预拉区）甚至开裂，还可能使后张法构件端部混凝土产生局部受压破坏；③使开裂荷载与破坏荷载相近，一旦开裂，将很快破坏，即可能产生无预兆的脆性破坏。另外，σ_{con} 过大，还会增大预应力筋的松弛损失。综上所述，对 σ_{con} 应规定上限值，同时，为了保证构件必要的有效预应力，σ_{con} 也不能过小，即 σ_{con} 也应有下限值。

根据国内外设计与施工经验以及近年来的科研成果，《混凝土结构设计规范》规定预应力筋的张拉控制应力值 σ_{con} 应符合下列规定：

消除应力钢丝、钢绞线

$$\sigma_{con} \leqslant 0.75 f_{ptk} \qquad (7\text{-}1)$$

中强度预应力钢丝

$$\sigma_{con} \leqslant 0.70 f_{ptk} \qquad (7\text{-}2)$$

预应力螺纹钢筋

$$\sigma_{con} \leqslant 0.85 f_{pyk} \qquad (7\text{-}3)$$

式中　f_{ptk}——预应力筋极限强度标准值；

　　　f_{pyk}——预应力螺纹钢筋屈服强度标准值。

消除应力钢丝、钢绞线、中强度预应力钢丝的张拉控制应力值不应小于 $0.4 f_{ptk}$；预应力螺纹钢筋的张拉控制应力值不宜小于 $0.5 f_{pyk}$。

当符合下列情况之一时，上述张拉控制应力限值可提高 $0.05 f_{ptk}$ 或 $0.05 f_{pyk}$：

① 要求提高构件在施工阶段的抗裂性能而在使用阶段受压区（即预拉区）内设置的预应力筋；

② 要求部分抵消由于应力松弛、摩擦、钢筋分批张拉以及预应力筋与张拉台座之间的温差等因素产生的预应力损失。

7.3.2　预应力损失

将预应力筋张拉到控制应力 σ_{con} 后，由于种种原因，其拉应力值将逐渐下降到一定程度，即存在预应力损失。经损失后预应力筋的应力才会在混凝土中建立相应的有效预应力。因此，只有正确认识和计算预应力筋的预应力损失值，才能比较准确地估计混凝土中的预应力水平。在预应力混凝土结构发展初期，由于没有高强度钢材和对预应力损失的认识不足而使建立预应力的预想遭到失败。下面分项介绍引起预应力损失的原因以及减少预应力损失的措施。

（1）张拉端锚具变形和预应力筋内缩引起的预应力损失 σ_{l1}

无论是先张法临时固定预应力筋，还是后张法张拉完毕锚固预应力筋，在张拉端由于锚具的压缩变形，锚具与垫板之间、垫板与构件之间的所有缝隙被挤紧，或由于钢筋、钢丝、钢绞线在锚具内的滑移，使得被拉紧的预应力筋松动缩短从而引起预应力损失。

为了减小锚具变形和预应力筋内缩引起的预应力损失 σ_{l1}，应尽量少用垫板。

（2）预应力筋与孔道壁之间的摩擦引起的预应力损失 σ_{l2}

后张法预应力筋的预留孔道有直线形和曲线形。由于孔道的制作偏差、孔道壁粗糙等原因，张拉预应力筋时，钢筋将与孔壁发生接触摩擦。距离张拉端越远，摩擦阻力的累积值越大，从而使构件每一截面上预应力筋的拉应力值逐渐减小，这种预应力值差额称为摩擦损失，记为 σ_{l2}。

为了减小摩擦损失 σ_{l2}，对于较长的构件可采用一端张拉另一端补拉，或两端张拉，也可采用超张拉。超张拉程序为 $0 \rightarrow 1.1\sigma_{con} \rightarrow 0.85\sigma_{con} \rightarrow \sigma_{con}$。

（3）混凝土加热养护时，预应力筋与承受拉力的设备之间的温差引起的预应力损失 σ_{l3}

制作先张法构件时，为了缩短生产周期，常采用蒸汽养护促使混凝土快硬。当新浇筑的混凝土尚未结硬时，加热升温，预应力筋伸长，但两端的台座因与大地相连，温度基本上不升高，台座间距离保持不变。即由于预应力筋与台座间形成温差，使预应力筋内部紧张程度降低，预应力下降。降温时，混凝土已结硬并与预应力筋结成整体，钢筋应力不能恢复原值，于是就产生了预应力损失 σ_{l3}。

通常采用两阶段升温养护来减小温差损失。先升温 20～25℃，待混凝土强度达到 7.5～10N/mm² 后，混凝土与预应力钢筋之间已具有足够的黏结力而结成整体；当再次升温时，二者可共同变形，不再引起预应力损失。因此，计算时取 $\Delta t = 20～25$℃（Δt 为混凝土加热养护时，受张拉的预应力钢筋与承受拉力的设备之间的温差）。当在钢模上生产预应力构件时，钢模和预应力钢筋同时被加热，无温差，则该项损失为零。

（4）预应力筋的应力松弛引起的预应力损失 σ_{l4}

应力松弛是指钢筋受力后，在长度不变的条件下，钢筋应力随时间增长而降低的现象。其本质是钢筋沿应力方向的徐变受到约束而产生松弛，导致应力下降。先张法当预应力筋固定于台座上或后张法当预应力筋锚固于构件上时，都可看作钢筋长度基本不变，因而将发生预应力筋的应力松弛损失。

根据应力松弛的上述性质，可以采用超张拉的方法减小松弛损失。超张拉时可采取以下两种张拉程序：第一种为 $0 \rightarrow 1.03\sigma_{con}$；第二种为 $0 \rightarrow 1.05\sigma_{con} \rightarrow \sigma_{con}$。其原理是：高应力（超张拉）下短时间内发生的损失在低应力下需要较长时间；持荷 2min 可使相当一部分松弛损失发生在钢筋锚固之前，则锚固后损失减小。

（5）混凝土的收缩和徐变引起的预应力损失 σ_{l5}

混凝土在空气中结硬时体积收缩，而在预压力作用下，混凝土沿压力方向又发生徐变。收缩、徐变都导致预应力混凝土构件的长度缩短，预应力筋也随之回缩，产生预应力损失 σ_{l5}。由于收缩和徐变均使预应力筋回缩，二者难以分开，所以通常合在一起考虑。混凝土收缩徐变引起的预应力损失很大，在曲线配筋的构件中，约占总损失的 30%，在直线配筋构件中可达 60%。

能减小混凝土收缩徐变的措施，相应地都将减少 σ_{l5}。

（6）环向预应力钢筋挤压混凝土引起的预应力损失 σ_{l6}

水池、油罐、压力管道等环形构件采用后张法配置环状或螺旋式预应力钢筋时，直接在混凝土上进行张拉。预应力钢筋将对环形构件的外壁产生环向压力，使构件直径减小，从而引起预应力损失。

（7）预应力损失的分阶段组合

以上分项介绍了各种预应力损失。不同的预应力施加方法，产生的预应力损失也不相同。一般地，先张法构件的预应力损失有 σ_{l1}、σ_{l3}、σ_{l4}、σ_{l5}；而后张法构件有 σ_{l1}、σ_{l2}、σ_{l4}、σ_{l5}（当为环形构件时还有 σ_{l6}）。

预应力筋的有效预应力 σ_{pe} 定义为：张拉控制应力 σ_{con} 扣除相应应力损失 σ_l 并考虑混凝土弹性压缩引起的预应力筋应力降低后，在预应力筋内存在的预拉应力。因为各项预应力损失是先后发生的，则有效预应力值亦随不同受力阶段而变。将预应力损失按各受力阶段进行组合，可计算出不同阶段预应力筋的有效预拉应力值，进而计算出在混凝土中建立的有效预应力 σ_{pe}。

在实际计算中，以"预压"为界，把预应力损失分为两批。所谓"预压"，对先张法，是指放松预应力筋（简称放张），开始给混凝土施加预应力的时刻；对后张法，因为是在混凝土构件上张拉预应力筋，混凝土从张拉钢筋开始就受到预压，故这里的"预压"特指张拉预应力筋至 σ_{con} 并加以锚固的时刻。预应力混凝土构件在各阶段的预应力损失值宜按表 7-1 的规定进行组合。

表 7-1　各阶段预应力损失值的组合

预应力损失值的组合	先张法构件	后张法构件
混凝土预压前（第一批）的损失	$\sigma_{l1}+\sigma_{l2}+\sigma_{l3}+\sigma_{l4}$	$\sigma_{l1}+\sigma_{l2}$
混凝土预压后（第二批）的损失	σ_{l5}	$\sigma_{l4}+\sigma_{l5}+\sigma_{l6}$

7.4　预应力混凝土构件的基本构造要求

预应力混凝土构件的构造要求，除应满足钢筋混凝土结构的有关规定外，还应根据预应力张拉工艺、锚固措施及预应力钢筋种类的不同，满足有关的构造要求。

7.4.1　截面形式和尺寸

预应力轴心受拉构件通常采用正方形或矩形截面。预应力受弯构件可采用 T 形、I 形及箱形等截面。

为了便于布置预应力钢筋以及使预压区在施工阶段有足够的抗压能力，可设计成上、下翼缘不对称的 I 形截面，其下部受拉翼缘的宽度可比上翼缘小些，但高度比上翼缘大。

截面形式沿构件纵轴也可以变化，如跨中为 I 形，近支座处为了承受较大的剪力并能有足够位置布置锚具，在两端往往做成矩形。

由于预应力构件的抗裂度和刚度较大，其截面尺寸可比钢筋混凝土构件小些。对预应力混凝土受弯构件，其截面高度 h 一般可取 $l/20 \sim l/14$，最小可为 $l/35$（l 为跨度），大致可取为钢筋混凝土梁高的 70% 左右。翼缘宽度一般可取 $h/3 \sim h/2$，翼缘厚度可取 $h/10 \sim h/6$，腹板宽度尽可能小些，可取 $h/15 \sim h/8$。

7.4.2　预应力纵向钢筋及端部附加竖向钢筋的布置

（1）预应力钢筋

① 布置形式。预应力纵向钢筋的布置形式有直线布置、曲线布置和折线布置。

直线布置主要用于跨度和荷载较小的情况，如预应力混凝土板就是采用这种布置形式，如图7-4(a) 所示。直线布置的主要优点是施工简单，既可用于先张法构件，又可用于后张法构件。当荷载和跨度较大时，可布置成曲线形，如图7-4(b) 所示，或折线形，如图7-4(c) 所示。施工时一般用后张法，如预应力混凝土屋面梁、吊车梁等构件。为了承受支座附近区段的主拉应力及防止由于施加预应力而在预拉区产生裂缝和在构件端部产生沿截面中部的纵向水平裂缝，在靠近支座部位，宜将一部分预应力钢筋弯起，弯起的预应力钢筋宜沿构件端部均匀布置。

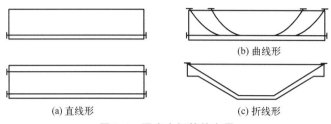

(b) 曲线形

(a) 直线形　　　　(c) 折线形

图 7-4　预应力钢筋的布置

② 先张法预应力筋布置。先张法预应力钢筋之间的净间距应根据浇筑混凝土、施加预应力及钢筋锚固要求确定。预应力钢筋之间的净间距不应小于其公称直径的 2.5 倍和混凝土粗骨料最大粒径的 1.25 倍，且应符合下列规定：对预应力钢丝不应小于 15mm；对三股钢绞线不应小于 20mm；对七股钢绞线不应小于 25mm。当混凝土振捣密实性具有可靠保证时，净间距可放宽为最大粗骨料粒径的 1.0 倍。当先张法预应力钢丝按单根方式配筋有困难时，可采用相同直径钢丝并筋的配筋方式，当采用并筋方式时，预应力筋的净距不宜小于其等效直径的 2.5 倍，并满足前述要求。并筋的等效直径，双并筋时取单筋直径的 1.4 倍，三筋时取单筋直径的 1.7 倍。

③ 后张法预应力筋及预留孔道布置。对预制构件孔道之间的水平净间距不宜小于 50mm，且不宜小于粗骨料粒径的 1.25 倍；孔道至构件边缘的净距不宜小于 30mm，且不宜小于孔道直径的 50%。

④ 现浇混凝土梁中预留孔道布置。现浇混凝土梁中预留孔道在竖直方向的净间距不应小于孔道外径，水平方向的净间距不应小于 1.5 倍孔道外径，且不应小于粗骨料粒径的 1.25 倍；从孔道外壁至构件边缘的净间距，梁底不宜小于 50mm，梁侧不宜小于 40mm，裂缝控制等级为三级的梁，梁底、梁侧分别不宜小于 60mm 和 50mm。预留孔道的内径宜比预应力筋外径及需穿过孔道的连接器外径大 6～15mm，且孔道的截面积宜为穿入预应力筋截面面积的 3～4 倍。

在构件两端及跨中应设灌浆孔或排气孔，孔距不宜大于 12m。凡制作时需预先起拱的构件，预留孔道宜随构件同时起拱。

⑤ 混凝土保护层。预应力筋保护层厚度要求同钢筋混凝土构件。

(2) 构件端部加强措施

构件端部尺寸，应考虑锚具的布置、张拉设备的尺寸和局部受压的要求，必要时应适当加大。在预应力钢筋锚具下及张拉设备的支承处，应设置预埋钢垫板及构造横向钢筋网片或螺旋式钢筋等局部加强措施。

对外露金属锚具应采取可靠的防腐及防水措施。

对后张法预应力混凝土构件，预应力钢丝束、钢绞线束的曲率半径不宜小于 4m。

对折线配筋的构件，在预应力钢筋弯折处的曲率半径可适当减小。

在局部受压间接钢筋配置区以外，在构件端部长度 l 不小于 $3e$（e 为截面重心线上部或下部预应力钢筋的合力点至邻近边缘的距离），但不大于 $1.2h$（h 为构件端部截面高度），高度为 $2e$ 的附加配筋区范围内，应均匀配置附加箍筋或网片，其体积配筋率不小于 0.5%，如图 7-5 所示。

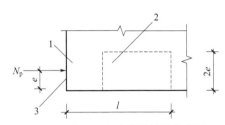

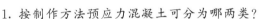
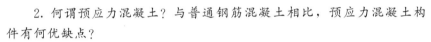

图 7-5　防止沿孔道劈裂的配筋范围
1—局部受压间接配筋配置区；2—附加配筋区；3—构件截面

✏️ **习题　>>>**

1. 按制作方法预应力混凝土可分为哪两类？

2. 何谓预应力混凝土？与普通钢筋混凝土相比，预应力混凝土构件有何优缺点？

3. 先张法和后张法的区别在哪里？

4. 什么是张拉控制应力？

5. 预应力损失有哪几种？各种预应力产生的原因是什么？

6. 先张法、后张法各有哪几种预应力损失？哪些属于第一批，哪些属于第二批？

第 8 章

钢筋混凝土结构的适用性和耐久性

引言

　　物品一般都有使用年限，用久了会出现各式各样的问题。就拿一辆汽车来说，到了时间需要进行保养、年审等。若遇到事故，小则修理，大则报废。那么，修理和报废的依据是什么呢？保养和年审该什么时间进行呢？这些问题，大家并不算陌生。而钢筋混凝土结构也需要考虑长期使用的过程中出现的类似问题，即：适用性和耐久性等问题。

　　为了满足结构的使用功能和耐久性要求，混凝土结构和构件除应按承载力极限状态进行设计外，尚应进行正常使用极限状态下裂缝和变形的验算。

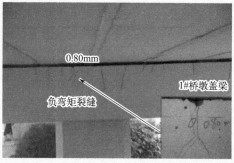

　　思考：钢筋混凝土构件裂缝宽度和挠度如何验算。

本章重点 >>>

　　钢筋混凝土构件产生裂缝的原因；裂缝控制等级的划分；最大裂缝宽度、挠度的计算方法；裂缝宽度和挠度验算的要求。

8.1 概述

　　混凝土结构和构件除应按承载力极限状态进行设计外，尚应进行正常使用极限状态的验算，以满足结构的使用功能和耐久性要求。对于一般常见的工程结构，正常使用极限状态验算主要包括裂缝控制验算和变形验算以及保证结构耐久性的设计和构造措施等方面。

混凝土结构的使用功能不同，对裂缝和变形控制的要求也不同。有的结构如储液池、核反应堆等，要求在使用中不能出现裂缝，但混凝土材料的抗拉能力很弱，其抗拉强度大致为其抗压强度的1/10，构件在较小的拉力下就可能开裂，所以钢筋混凝土构件带裂缝工作是一种普遍现象。然而过大的裂缝宽度不仅会影响结构的外观，使人们在心理上产生不安全感，而且还有可能导致钢筋锈蚀，降低结构的安全性和耐久性。因此，有必要对钢筋混凝土构件的裂缝宽度做出限制，以满足耐久性和适应性的要求。

混凝土结构或构件还应控制其在正常使用情况下的变形，因为过大的变形会造成房屋内粉刷层剥落、填充墙开裂及屋面积水等后果；在精密仪器车间中，过大的楼面变形还可能影响产品的质量。因此，从使用功能角度来说，挠度不应过大。

应该指出，由于正常使用极限状态的控制标准远不如承载能力极限状态的控制标准那样严格，且超过正常使用极限状态所带来的后果也远不如超过承载能力极限状态那样严重，因此，在进行正常使用极限状态的验算中，对其可靠性的保证率可适当放宽。荷载效应考虑标准组合或准永久组合，材料指标也采用标准值而不是设计值。

正常使用极限状态又可分为可逆正常使用极限状态和不可逆正常使用极限状态两种情况，可逆正常使用极限状态是指当产生超越正常使用极限状态的作用卸除后，该作用产生的超越状态可以恢复的正常使用极限状态；不可逆正常使用极限状态是指当产生超越正常使用极限状态的作用卸除后，该作用产生的超越状态不可恢复的正常使用极限状态。例如，当楼面梁在短暂的较大荷载作用下产生了超过限值的裂缝或变形，但短暂的较大荷载卸除后裂缝能够闭合或变形能够恢复，则属于可逆正常使用极限状态；如短暂的较大荷载卸除后裂缝不能闭合或变形不能恢复，则属于不可逆正常使用极限状态。显然，对于可逆正常使用极限状态，验算时的荷载效应取值可以低一些，通常采用准永久组合；而对于不可逆正常使用极限状态，验算时的荷载效应取值应该高一些，通常采用标准组合。

8.2 钢筋混凝土构件裂缝宽度验算

8.2.1 产生裂缝的原因

钢筋混凝土构件产生裂缝的原因很多，可分为以下两类：

① 荷载作用引起的裂缝。钢筋混凝土构件处于轴心受拉、偏心受拉、偏心受弯和偏心受压等受力状态时，当其受拉边的应变值超过混凝土的极限拉应变值，将引起构件开裂从而产生裂缝。

② 变形因素引起的裂缝。结构的不均匀沉降、材料收缩、温度变化、混凝土碳化以及在混凝土浇筑时的凝结及硬化等都会引起裂缝。

8.2.2 裂缝控制等级划分

钢筋混凝土结构构件正截面的受力裂缝控制等级分为三级，等级划分及要求应符合表 8-1 的规定。

表 8-1 裂缝控制等级划分、要求及计算方法

等级划分	要求	计算方法
一级	严格要求不出现裂缝的构件	按荷载标准组合计算时，构件受拉边缘混凝土不应产生拉应力
二级	一般要求不出现裂缝的构件	按荷载标准组合计算时，构件受拉边缘混凝土拉应力不应大于混凝土抗拉强度标准值
三级	允许出现裂缝的构件	对钢筋混凝土构件，按荷载准永久组合并考虑长期作用影响计算时，构件的最大裂缝宽度不应超过表 8-2 规定的最大裂缝宽度限值；对预应力混凝土构件，按荷载标准组合并考虑长期作用的影响计算时，构件的最大裂缝宽度不应超过表 8-2 规定的最大裂缝宽度限值；对二 a 类环境的预应力混凝土构件，尚应按荷载准永久组合计算，且构件受拉边缘混凝土的拉应力不应大于混凝土的抗拉强度标准值

表 8-2 结构构件的裂缝控制等级及最大裂缝宽度限值　　　　单位：mm

环境类别	钢筋混凝土结构		预应力混凝土结构	
	裂缝控制等级	最大裂缝宽度限值 ω_{lim}	裂缝控制等级	最大裂缝宽度限值 ω_{lim}
一	三级	0.30(0.40)	三级	0.20
二 a				0.10
二 b		0.20	二级	—
三 a、三 b			一级	—

8.2.3 最大裂缝宽度的计算

由于混凝土材料的不均匀性，在荷载作用下裂缝的出现是随机的，裂缝宽度也具有较大的离散性，因此，验算是否超过允许值，应以最大裂缝宽度为准。《混凝土结构设计规范》规定，对矩形、T 形、倒 T 形和 I 形截面的受拉、受弯和大偏心受压构件，按荷载效应的标准组合并考虑长期作用的影响，其最大裂缝宽度可按下式计算：

$$\omega_{max} = \alpha_{cr}\psi\frac{\sigma_s}{E_s}\left(1.9c_s + 0.08\frac{d_{eq}}{\rho_{te}}\right) \tag{8-1}$$

$$\psi = 1.1 - 0.65\frac{f_{tk}}{\rho_{te}\sigma_s} \tag{8-2}$$

$$d_{eq} = \frac{\sum n_i d_i^2}{\sum n_i \nu_i d_i} \tag{8-3}$$

$$\rho_{te} = \frac{A_s + A_p}{A_{te}} \tag{8-4}$$

建
筑
结
构

式中 α_{cr}——构件受力特征系数，见表8-3。

　　　　ψ——裂缝间纵向受拉钢筋应变不均匀系数，当 $\psi < 0.2$ 时，取 $\psi = 0.2$；当 $\psi > 1.0$ 时，取 $\psi = 1.0$；对直接承受重复荷载的构件，取 $\psi = 1.0$。

　　　　σ_s——按荷载准永久组合计算的钢筋混凝土构件纵向受拉钢筋的应力或按标准组合计算的预应力混凝土构件纵向受拉钢筋等效应力；对于钢筋混凝土构件受拉区纵向普通钢筋的应力，轴心受拉构件 $\sigma_s = \dfrac{N_q}{A_s}$，受弯构件 $\sigma_s = \dfrac{M_q}{0.87h_0 A_s}$（$N_q$、$M_q$ 分别为按荷载效应准永久组合计算的轴力和弯矩值）。

　　　　E_s——钢筋的弹性模量，见2.2.2.2表2-8。

　　　　c_s——最外层纵向受拉钢筋外边缘至受拉区底边的距离，mm，当 $c_s < 20\,\mathrm{mm}$ 时，取 $c_s = 20\,\mathrm{mm}$；当 $c_s > 65\,\mathrm{mm}$ 时，取 $c_s = 65\,\mathrm{mm}$。

　　　　ρ_{te}——按有效受拉混凝土截面面积计算的纵向受拉钢筋配筋率，对无黏结后张构件，仅取纵向受拉普通钢筋计算配筋率；在最大裂缝宽度计算中，当 $\rho_{te} < 0.01$ 时，取 $\rho_{te} = 0.01$。

　　　　A_{te}——有效受拉混凝土截面面积，对轴心受拉构件，取构件截面面积，对受弯、偏心受压和偏心受拉构件，取 $A_{te} = 0.5bh + (b_f - b)h_f$（$b_f$、$h_f$ 分别为受拉翼缘的宽度和高度）。

　　　　A_s——受拉区纵向普通钢筋截面面积。

　　　　A_p——受拉区纵向预应力筋截面面积。

　　　　d_{eq}——受拉区纵向钢筋的等效直径，mm，对无黏结后张构件，仅为受拉区纵向受拉普通钢筋的等效直径。

　　　　d_i——受拉区第 i 种纵向钢筋的公称直径，mm，对于有黏结预应力钢绞线束的直径，取为 $\sqrt{n_1}\,d_{pl}$（d_{pl} 为单根钢绞线的公称直径，n_1 为单束钢绞线的根数）。

　　　　n_i——受拉区第 i 种纵向钢筋的根数，对于有黏结预应力钢绞线，取为钢绞线束数。

　　　　ν_i——受拉区第 i 种纵向钢筋的相对黏结特性系数，见表8-4。

表8-3　构件受力特征系数 α_{cr}

类型	α_{cr}	
	钢筋混凝土构件	预应力混凝土构件
受弯、偏心受压	1.9	1.5
偏心受拉	2.4	—
轴心受拉	2.7	2.2

表8-4　钢筋的相对黏结特性系数 ν_i

钢筋类别	钢筋		先张法预应力筋			后张法预应力筋		
	光圆钢筋	带肋钢筋	带肋钢筋	螺旋肋钢丝	钢绞线	带肋钢筋	钢绞线	光圆钢丝
ν_i	0.7	1.0	1.0	0.8	0.6	0.8	0.5	0.4

注：对环氧树脂涂层带肋钢筋，其相对黏结特性系数应按表中系数的80%取用。

8.2.4　裂缝宽度的验算

　　钢筋混凝土和预应力混凝土构件，应按下列规定进行受拉边缘应力或正截面裂缝宽度验算：

① 一级裂缝控制等级构件，在荷载标准组合下，受拉边缘应力应符合下列规定：

$$\sigma_{ck} - \sigma_{pc} \leqslant 0 \tag{8-5}$$

② 二级裂缝控制等级构件，在荷载标准组合下，受拉边缘应力应符合下列规定：

$$\sigma_{ck} - \sigma_{pc} \leqslant f_{tk} \tag{8-6}$$

③ 三级裂缝控制等级构件，钢筋混凝土构件的最大裂缝宽度可按荷载准永久组合并考虑长期作用影响的效应计算，预应力混凝土构件的最大裂缝宽度可按荷载标准组合并考虑长期作用影响的效应计算。最大裂缝宽度应符合下列规定：

$$\omega_{max} \leqslant \omega_{lim} \tag{8-7}$$

对环境类别为二 a 类的预应力混凝土构件，在荷载准永久组合下，受拉边缘应力尚应符合下列规定：

$$\sigma_{cq} - \sigma_{pc} \leqslant f_{tk} \tag{8-8}$$

式中　σ_{ck}、σ_{cq}——荷载标准组合、准永久组合下抗裂验算边缘的混凝土法向应力；

σ_{pc}——扣除全部预应力损失后在抗裂验算边缘混凝土的预压应力；

f_{tk}——混凝土轴心抗拉强度标准值；

ω_{max}——按荷载标准组合或准永久组合并考虑长期作用影响计算的最大裂缝宽度，按式（8-1）计算；

ω_{lim}——最大裂缝宽度限值，按表 8-2 采用。

【例 8-1】　已知某矩形截面简支梁截面尺寸 $b \times h = 300\text{mm} \times 500\text{mm}$，混凝土强度等级采用 C25，纵向受拉钢筋采用 4⊕16 的 HRB400 级钢筋，箍筋采用Φ8@200，混凝土保护层厚度 $c = 30\text{mm}$，按荷载准永久组合计算的跨中弯矩值 $M_q = 60\text{kN} \cdot \text{m}$。环境类别为一类。试验算最大裂缝宽度是否满足要求。

【解】　查表 2-1，$f_{tk} = 2.01\text{N/mm}^2$；查附表 3，$A_s = 804\text{mm}^2$；查表 2-8，$E_s = 2.00 \times 10^5 \text{N/mm}^2$；查表 8-3，$\alpha_{cr} = 1.9$；查表 8-4，$\nu_i = 1.0$；查表 8-2，$[\omega_{max}] = 0.30\text{mm}$。

$$h_0 = h - (c + d_2 + d_3/2) = 500 - (30 + 8 + 16/2) = 454(\text{mm})$$

$$c_s = 30 + 8 = 38(\text{mm})$$

$$\rho_{te} = \frac{A_s}{0.5bh} = \frac{804}{0.5 \times 300 \times 500} = 0.01072$$

$$\sigma_s = \frac{M_q}{0.87h_0 A_s} = \frac{60 \times 10^6}{0.87 \times 454 \times 804} = 188.94(\text{N/mm}^2)$$

$$\psi = 1.1 - 0.65\frac{f_{tk}}{\rho_{te}\sigma_{sq}} = 1.1 - 0.65 \times \frac{2.01}{0.01072 \times 188.94} = 0.455$$

$$\omega_{max} = \alpha_{cr}\psi\frac{\sigma_s}{E_s}\left(1.9c_s + 0.08\frac{d}{\nu_i \rho_{te}}\right)$$

$$= 1.9 \times 0.455 \times \frac{188.94}{2.00 \times 10^5} \times \left(1.9 \times 38 + 0.08 \times \frac{16}{1.0 \times 0.01072}\right)$$

$$= 0.16\text{mm} < [\omega_{max}] = 0.30\text{mm}$$

故满足要求。

8.3 受弯构件的挠度验算

8.3.1 挠度的计算

（1）挠度

由结构力学可知，均质弹性材料梁的跨中挠度可按照下式计算：

$$f = \alpha \frac{M l_0^2}{EI} \tag{8-9}$$

式中　α——与荷载形式、支承条件有关的挠度系数，如简支梁承受均布荷载，$\alpha = 5/48$；

　　　l_0——梁的计算跨度；

　　　EI——梁的截面弯曲刚度。

由此可知，当梁的材料、截面和跨度一定时，挠度与弯矩之间呈线性关系。

对于混凝土受弯构件，上述力学的基本概念仍然适用，即梁的跨中挠度可按下式计算：

$$f = \alpha \frac{M_k l_0^2}{B} \tag{8-10}$$

式中　B——受弯构件的弯曲刚度；

　　　M_k——按荷载的标准组合计算的弯矩。

由此可见，钢筋混凝土受弯构件的变形计算问题实际上是如何确定构件的抗弯刚度的问题。

诸多试验表明，当构件在持续荷载的作用下，其变形（挠度）将随时间的增长而不断增长。其变化规律是：先快后慢，一般要持续变化数年之后才比较稳定。产生这种现象的主要原因是截面受压区混凝土的徐变、受压区裂缝之间钢筋的应力松弛以及受拉钢筋和混凝土之间的滑移徐变使裂缝之间的受拉混凝土不断退出工作，从而引起受拉钢筋在裂缝之间的应变不断增长。这种现象也可以理解为构件的抗弯刚度将随时间而不断缓慢降低。

在变形验算中，除了要考虑荷载的短期效应组合以外，还要考虑长期效应组合的影响，前者采用短期刚度 B_s，后者采用长期刚度 B。

（2）短期刚度

按裂缝控制等级要求的荷载组合作用下，钢筋混凝土受弯构件和预应力混凝土受弯构件的短期刚度可按下列公式计算：

① 钢筋混凝土受弯构件。

$$B_s = \frac{E_s A_s h_0^2}{1.15\psi + 0.2 + \dfrac{6\alpha_E \rho}{1 + 3.5\gamma_f}} \tag{8-11}$$

② 预应力混凝土受弯构件。

a. 要求不出现裂缝的构件：

$$B_s = 0.85 E_c I_0 \tag{8-12}$$

b. 允许出现裂缝的构件：

$$B_s = \frac{0.85 E_c I_0}{\kappa_{cr} + (1 - \kappa_{cr})\omega} \tag{8-13}$$

$$\kappa_{cr} = \frac{M_{cr}}{M_k} \tag{8-14}$$

$$\omega = \left(1.0 + \frac{0.21}{\alpha_E \rho}\right)(1 + 0.45\gamma_f) - 0.7 \tag{8-15}$$

$$M_{cr} = (\sigma_{pc} + \gamma f_{tk}) W_0 \tag{8-16}$$

$$\gamma_f = \frac{(b_f - b) h_f}{b h_0} \tag{8-17}$$

$$\gamma = \left(0.7 + \frac{120}{h}\right)\gamma_m \tag{8-18}$$

式中　α_E——钢筋弹性模量与混凝土弹性模量的比值，$\alpha_E = E_s / E_c$。

ρ——纵向受拉钢筋配筋率，对钢筋混凝土受弯构件，取 $\rho = \dfrac{A_s}{b h_0}$；对预应力混凝土受弯构件，取 $\rho = \dfrac{\alpha_1 A_p + A_s}{b h_0}$；对灌浆的后张预应力筋，取 $\alpha_1 = 1.0$；对无黏结后张预应力筋，取 $\alpha_1 = 0.3$。

I_0——换算截面惯性矩。

γ_f——受拉翼缘截面面积与腹板有效截面面积的比值。

b_f、h_f——受拉区翼缘的宽度、高度。

κ_{cr}——预应力混凝土受弯构件正截面的开裂弯矩 M_{cr} 与弯矩 M_k 的比值，当 $\kappa_{cr} > 1.0$ 时，取 $\kappa_{cr} = 1.0$。

σ_{pc}——扣除全部预应力损失后，由预加力在抗裂验算边缘产生的混凝土预压应力。

γ——混凝土构件的截面抵抗矩塑性影响系数，其数值可按式(8-18) 计算；

γ_m——混凝土构件的截面抵抗矩塑性影响系数基本值，可按正截面应变保持平面的假定，并取受拉区混凝土应力图形为梯形、受拉边缘混凝土极限拉应变为 $2 f_{tk} / E_c$ 确定；对常用的截面形状，γ_m 值可按表 8-5 取用。

h——截面高度，mm，当 $h < 400$mm 时，取 $h = 400$mm；当 $h > 1600$mm 时，取 $h = 1600$mm；对圆形、环形截面，取 $h = 2r$（r 为圆形截面半径或环形截面的外环半径）。

表 8-5　截面抵抗矩塑性影响系数基本值 γ_m

项次	1	2	3		4		5
截面形状	矩形截面	翼缘位于受压区的 T 形截面	对称 I 形截面或箱形截面		翼缘位于受拉区的倒 T 形截面		圆形和环形截面
			$b_f/b \leqslant 2$、h_f/h 为任意值	$b_f/b > 2$、$h_f/h < 0.2$	$b_f/b \leqslant 2$、h_f/h 为任意值	$b_f/b > 2$、$h_f/h < 0.2$	
γ_m	1.55	1.50	1.45	1.35	1.50	1.40	$1.6 - 0.24 r_1/r$

注：1. 对 $b_f' > b_f$ 的 I 形截面，可按项次 2 与 3 之间的数值采用；对 $b_f' < b_f$ 的 I 形截面，可按项次 3 与 4 之间的数值采用。

2. 对于箱形截面，b 是指各肋宽度的总和。

3. r_1 为环形截面的内环半径，对圆形截面取 $r_1 = 0$。

对于预压时预拉区出现裂缝的构件，B_s 应降低 10%。

（3）长期刚度

矩形、T形、倒T形和I形截面受弯构件考虑荷载长期作用影响的长期刚度可按下列规定计算：

① 采用荷载标准组合时：

$$B = \frac{M_k}{M_q(\theta - 1) + M_k} B_s \qquad (8\text{-}19)$$

② 采用荷载准永久组合时：

$$B = \frac{B_s}{\theta} \qquad (8\text{-}20)$$

式中　M_k——按荷载标准组合计算的弯矩，取计算区段内的最大弯矩值。

M_q——按荷载准永久组合计算的弯矩，取计算区段内的最大弯矩值。

B_s——按荷载准永久组合计算的钢筋混凝土受弯构件或按荷载标准组合计算的预应力混凝土受弯构件的短期刚度。

θ——考虑荷载长期作用对挠度增大的影响系数，按下列规定取用：对于钢筋混凝土受弯构件，当 $\rho' = 0$ 时，取 $\theta = 2.0$；当 $\rho' = \rho$ 时，取 $\theta = 1.6$；当 ρ' 为中间数值时，θ 按线性内插法取用（$\rho' = \dfrac{A'_s}{bh_0}$，$\rho = \dfrac{A_s}{bh_0}$）。对于翼缘位于受拉区的倒T形截面，$\theta$ 应增加 20%。对于预应力混凝土受弯构件，取 $\theta = 2.0$。

在等截面构件中，可假定各同号弯矩区段内的刚度相等，并取用该区段内最大弯矩处的刚度（此处刚度最小），此即为"最小刚度原则"。当计算跨度内的支座截面刚度不大于跨中截面刚度的 2 倍或不小于跨中截面刚度的 1/2 时，该跨也可按等刚度构件进行计算，其构件刚度可取跨中最大弯矩截面的刚度。

8.3.2　挠度的验算

受弯构件的挠度应按荷载效应标准组合并考虑荷载长期作用影响进行验算。最大挠度应满足：

$$f \leqslant f_{\lim} \qquad (8\text{-}21)$$

式中　f——根据"最小刚度原则"采用长期刚度 B 计算的挠度；

$f_{\lim}$——《混凝土结构设计规范》规定的允许挠度值，如表 8-6 所示。

表 8-6　受弯构件的挠度限值 $f_{\lim}$

构件类型		$f_{\lim}$
吊车梁	手动吊车	$l_0/500$
	电动吊车	$l_0/600$
屋盖、楼盖及楼梯构件	当 $l_0 < 7\text{m}$ 时	$l_0/200(l_0/250)$
	当 $7\text{m} \leqslant l_0 \leqslant 9\text{m}$ 时	$l_0/250(l_0/300)$
	当 $l_0 > 9m$ 时	$l_0/300(l_0/400)$

注：1. 表中 l_0 为构件的计算跨度；计算悬臂构件的挠度限值时，其计算跨度 l_0 按实际悬臂长度的 2 倍取用。

2. 表中括号内的数值适用于使用上对挠度有较高要求的构件。

3. 如果构件制作时预先起拱，且使用上也允许，则在验算挠度时，可将计算所得的挠度值减去起拱值；对预应力混凝土构件，还可减去预加力所产生的反拱值。

4. 构件制作时的起拱值和预加力所产生的反拱值，不宜超过构件在相应荷载组合作用下的计算挠度值。

当挠度验算不满足要求时，最有效的减小构件挠度的方法是增加截面高度，或采用预应力混凝土构件。此外，也可增大受拉钢筋用量或采用双筋截面梁等。

8.4 耐久性设计

混凝土结构的耐久性是指在正常维护的条件下，在预定的使用时期内，在指定的工作环境中保证结构满足既定的功能要求。所谓正常维护，是指不因耐久性问题而需花过高的维修费用。预计设计使用时间，也称设计使用寿命，例如保证使用 50 年、100 年等，这可根据建筑物的重要程度或业主需要而定。指定的工作环境，是指建筑物所在地区的环境及工业生产形成的环境等。耐久性设计涉及面广，影响因素多，主要考虑以下几个方面：①环境分类，针对不同环境，采取不同的措施；②耐久性等级或结构寿命分类等；③耐久性计算对设计寿命或既存结构的寿命做出预计；④保证耐久性的构造措施和施工要求等。

8.4.1 结构工作环境分类

混凝土结构耐久性与结构工作的环境有密切关系。同一结构在强腐蚀环境中要比在一般大气环境中使用寿命短。工作环境分类可使设计者针对不同环境采用相应的对策。如对在恶劣环境中工作的混凝土一味增大混凝土保护层是很不经济的，效果也不好，还不如采取防护涂层覆面，并规定定期重涂的年限。目前一些国家和地区的耐久性设计均对工作环境进行分类。

结构工作环境分为五大类，见表 8-7。

表 8-7　混凝土结构的工作环境类别

环境类别	条件
一	室内干燥环境； 无侵蚀性静水浸没环境
二 a	室内潮湿环境； 非严寒和非寒冷地区的露天环境； 非严寒和非寒冷地区与侵蚀性的水或土壤直接接触的环境； 严寒和寒冷地区的冰冻线以下与无侵蚀性的水或土壤直接接触的环境
二 b	干湿交替环境； 水位频繁变动的环境； 严寒和寒冷地区的露天环境； 严寒和寒冷地区的冰冻线以上与无侵蚀性的水或土壤直接接触的环境
三 a	严寒和寒冷地区冬季水位变动区环境； 受除冰盐影响的环境； 海风环境
三 b	盐渍土环境； 受除冰盐作用环境； 海岸环境

环境类别	条件
四	海水环境
五	受人为或自然的侵蚀性物质影响的环境

8.4.2 对混凝土的基本要求

影响结构耐久性的另一个重要因素是混凝土的质量。控制水灰比、减小渗透性、提高混凝土的强度等级、增加混凝土的密实性以及控制混凝土中氯离子和碱的含量等，对于提高混凝土的耐久性起着非常重要的作用。

建筑工程耐久性对混凝土质量的主要要求是：

① 一类、二类和三类环境中，设计使用年限为 50 年的结构混凝土应符合表 8-8 的规定。

表 8-8 结构混凝土材料的耐久性基本要求

环境等级	最大水胶比	最低强度等级	最大氯离子含量/%	最大碱含量/(kg/m³)
一	0.60	C20	0.30	不限制
二 a	0.55	C25	0.20	3.0
二 b	0.50(0.55)	C30(C25)	0.15	
三 a	0.45(0.50)	C35(C30)	0.15	
三 b	0.40	C40	0.10	

注：处于严寒和寒冷地区二 b、三 a 类环境中的混凝土应使用引气剂，并可采用括号内的参数。

② 一类环境中，设计使用年限为 100 年的结构混凝土应符合下列规定：

a. 钢筋混凝土结构的最低混凝土强度等级为 C30；预应力混凝土结构的最低混凝土强度等级为 C40。

b. 混凝土中的最大氯离子含量为 0.06%。

c. 宜使用非碱活性骨料；当使用碱活性骨料时，混凝土中的最大碱含量为 3.0kg/m³。

d. 混凝土保护层厚度应在规定下增加 40%；当采取有效的表面防护措施时，混凝土保护层厚度可适当减少。

e. 在使用过程中，应定期维护。

③ 二类和三类环境中，设计使用年限为 100 年的混凝土结构，应采取专门有效措施。

④ 严寒及寒冷地区的潮湿环境中，结构混凝土应满足抗冻要求，混凝土抗冻等级应符合有关标准的要求。

⑤ 有抗渗要求的混凝土结构，混凝土的抗渗等级应符合有关标准的要求。

⑥ 三类环境中的结构构件，其受力钢筋宜采用环氧树脂涂层带肋钢筋；对预应力钢筋、锚具及连接器，应采取专门防护措施。

⑦ 四类和五类环境中的混凝土结构，其耐久性要求应符合有关标准的规定。

⑧ 对临时性混凝土结构，可不考虑混凝土的耐久性要求。

一、简答题

1. 钢筋混凝土构件产生裂缝的原因是什么？

2. 什么是短期刚度、长期刚度？

二、计算题

1. 某屋架下弦按轴心受拉构件设计，截面尺寸 $b \times h = 200mm \times 150mm$，采用 C40 混凝土，配置 4Φ16 的 HRB400 级钢筋，混凝土保护层厚度 $c = 30mm$，按荷载效应标准组合计算的轴向拉力 $N_q = 142kN$，环境类别为二 a 类。试验算最大裂缝宽度。

2. 某简支梁，截面尺寸 $b \times h = 250mm \times 700mm$，采用 C30 混凝土，配置 4Φ25 的 HRB400 级纵向受拉钢筋，混凝土保护层厚度 $c = 30mm$，按荷载效应标准组合计算的弯矩值 $M_q = 185kN$，$a_s = 40mm$，环境类别为一类。试验算最大裂缝宽度。

第 9 章

▶ 钢筋混凝土梁板结构 ◀

引言

　　前几章我们主要学习了钢筋混凝土基本构件的设计，包括梁、板和柱等基本构件。基本构件组合成整体结构，整体结构转化成力学模型去设计，是接下来两章我们主要学习的内容。

　　钢筋混凝土梁板结构是土木工程中常用的结构。它广泛应用于工业与民用建筑的楼盖、屋盖、筏板基础、阳台、雨篷、楼梯等，还可应用于蓄液池的底板、顶板、挡土墙及桥梁的桥面结构。钢筋混凝土屋盖、楼盖是建筑结构的重要组成部分，占建筑物总造价相当大的比例。混合结构中，建筑的主要钢筋用量在楼盖、屋盖中。因此，梁板结构的结构形式选择和布置的合理性以及结构计算和构造的正确性，对建筑物的安全使用和经济性有重要的意义。

　　思考： 梁板结构不仅仅指楼盖、屋盖、楼梯、筏板基础等房屋建筑的受力体系，凡是由梁和板组成的无论是水平方向的还是竖向的，都可以称作梁板结构，观察桥梁工程或者公路工程，有哪些梁板结构的形式？

本章重点 >>>

　　连续梁、板截面设计特点及配筋构造要求；现浇整体式双向板肋形楼盖静力工作特点及简化方法。

梁板结构是土木与建筑工程中应用最广泛的一种结构形式。图 9-1 所示为现浇钢筋混凝土肋形楼盖,是典型的梁板结构。楼盖主要用于承受楼面竖向荷载。除楼盖外,其他采用梁板结构的体系还很多,如图 9-2 所示的地下室底板结构,与楼盖不同的是地下室底板的荷载主要为向上的土反力。图 9-3 所示带扶壁的挡土墙也是梁板结构,扶壁为变截面梁,荷载为作用于板面的土侧压力。此外桥梁的桥面结构也经常采用梁板结构。

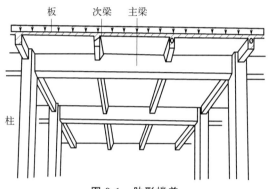

图 9-1 肋形楼盖

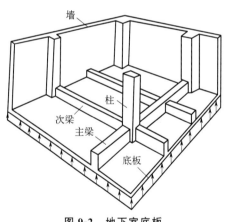

图 9-2 地下室底板

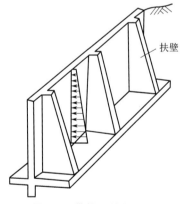

图 9-3 带扶壁的挡土墙

上述各种类型的梁板结构在设计方法上基本相同,下面以楼盖作为典型案例来说明梁板结构的设计方法。

在建筑结构中,混凝土楼盖的造价约占土建总造价的 $20\%\sim30\%$;在钢筋混凝土高层建筑中,混凝土楼盖的自重约占总自重的 $50\%\sim60\%$,在混合结构房屋中,楼盖(屋盖)的造价约占房屋总造价的 $30\%\sim40\%$,其中钢材大部分用在楼盖中。因此,合理地选择楼盖结构的形式和正确地进行设计,将在较大程度上影响整个建筑物的技术经济指标。

对楼盖结构的设计要求是:在竖向荷载作用下,满足承载力和竖向刚度的要求;在楼盖自身水平面内要有足够的水平刚度和整体性；与竖向构件有可靠的连接，以保证竖向力和水平力的传递。

9.2 现浇整体式楼盖结构的分类

现浇整体式楼盖具有刚度大、整体刚度好、抗震抗冲击性能好、结构布置灵活和适应性强的优点。对于楼面荷载较大，平面形状复杂的建筑物，对于防渗、防漏或抗震要求较高的建筑物，或在构件运输和吊装上有困难的场合，宜采用整体式楼盖。

整体式楼盖的缺点是模板用量较多，现场工作量大，施工周期长。

现浇整体式楼盖按梁板的布置可分为以下几类。

① 肋梁楼盖。由钢筋混凝土板、平面相交的次梁和主梁组成的楼盖称之为肋梁楼盖。肋梁楼盖的特点是用钢量较低，楼板上留洞方便，但支模较复杂。肋梁楼盖是现浇楼盖中使用最普遍的一种梁板结构体系。肋梁楼盖又分为单向板肋梁楼盖和双向板肋梁楼盖。

② 无梁楼盖（板柱结构）（图 9-4）。由钢筋混凝土板承重，不设梁，板直接支承于柱或墙上，其传力途径是荷载由板传至柱或墙。无梁楼盖的结构高度小，净空大，支模简单，但板较厚，用钢量较大，不经济。常用于仓库、商店等柱网布置接近方形的建筑。当柱网较小时（6m 以内），柱顶可不设柱帽，柱网较大（6m 以上）且荷载较大时，柱顶设柱帽以提高板的抗冲切能力。

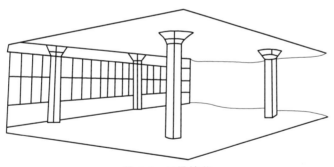

图 9-4 无梁楼盖

③ 井字楼盖。由两个方向相互交叉又不分主次的井字状梁及其上的板所组成的楼盖称为井字楼盖，它是双向肋梁楼盖的特例。由于是两个方向受力，梁的高度比肋梁楼盖小，故宜用于跨度较大且柱网呈方形的结构。梁有正交正放（如图 9-5 所示）、正交斜放及斜交几种形式，跨越空间大，形体美观，用钢量及造价高，适用于方形或接近方形的中小礼堂、餐厅以及公共建筑的门厅等。

④ 密肋楼盖。次梁（肋）间距很密的肋梁楼盖，如图 9-6 所示。由于肋的间距小，板厚很小，梁高也较肋梁楼盖小，结构自重较轻，密肋楼盖由于肋间的空气隔层或填充物的存在，其隔热隔音效果良好。

现浇楼盖还有其他形式，具体实际工程中究竟采用何种楼盖形式，应根据房屋的性质、用途、平面尺寸、荷载大小、采光等因素进行综合考虑。

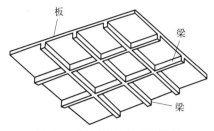

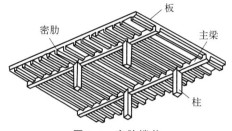

图 9-5 梁正交正放井字楼盖   图 9-6 密肋楼盖

9.3 钢筋混凝土单向板肋梁楼盖的设计方法

肋梁楼盖的设计步骤为：结构平面布置；确定板厚和主次梁的截面尺寸；确定板和主、次梁的计算简图；荷载及内力计算；截面承载力计算及变形、裂缝验算；绘制施工图。

9.3.1 单向板和双向板的概念

在荷载作用下，可近似地认为全部荷载通过短向受弯作用传到长边支座上，设计中仅需考虑板在短向受弯，对于长向受弯只做局部构造处理，这就是"单向板"。在设计中必须考虑长向和短向受弯的板叫作"双向板"。单向板与双向板之间没有一个明显的界限，《混凝土结构设计规范》按下列原则进行分类：

① 两对边支承的板和单边嵌固的悬臂板，应按单向板计算。

② 四边支承的板（或邻边支承或三边支承），应按下列规定计算：

a. 当长边与短边长度之比大于或等于 3 时，可按沿短边方向受力的单向板计算。

b. 当长边与短边长度之比小于或等于 2 时，应按双向板计算。

c. 当长边与短边长度之比介于 2 和 3 之间时，宜按双向板计算；当按沿短边方向受力的单向板计算时，应沿长边方向布置足够数量的构造钢筋。

9.3.2 楼盖结构布置

单向板肋梁楼盖的荷载传递途径为：板→次梁→主梁→柱或墙→基础→地基。次梁的间距即为板的跨度，主梁的间距为次梁的跨度。工程上常用跨度为：板 1.8～2.7m、次梁 4～6m、主梁 6～9m。

单向板肋梁楼盖的布置方案通常有以下三种。

① 主梁横向布置，次梁纵向布置。如图 9-7（a）所示。其优点是主梁和柱可形成横向框架，房屋的整体性较好。此外，由于外纵墙处仅设次梁，故窗户高度可开得大些，对采光有利。

② 主梁纵向布置，次梁横向布置。如图 9-7（b）所示。其优点是减小了主梁的截面高

度，增加室内净高。缺点是结构横向刚度较小。

③ 只布置次梁，不设置主梁。如图 9-7（c）所示。它仅适用于有中间走道的砌体墙承重的混合结构房屋。

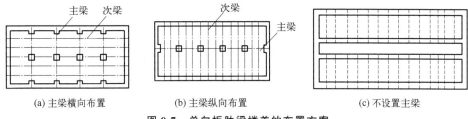

(a) 主梁横向布置   (b) 主梁纵向布置   (c) 不设置主梁

图 9-7　单向板肋梁楼盖的布置方案

9.3.3　按弹性理论计算连续梁内力

楼盖结构构件（梁、板）的内力计算方法有两种：一种是假定钢筋混凝土梁板为均质弹性体，按结构力学的方法计算，简称为按弹性理论的计算方法；另一种是考虑钢筋混凝土塑性性质，按塑性理论的计算方法，对连续梁、板通常称为考虑塑性内力重分布的计算方法。下面先介绍弹性理论方法。

9.3.3.1　计算模型及简化假定

（1）计算模型

在现浇单向板肋梁楼盖中，板、次梁和主梁的计算模型一般为连续板或连续梁。其中，板一般可视为以次梁和边墙（或梁）为铰支承的多跨连续板；次梁一般可视为以主梁和边墙（或梁）为铰支承的多跨连续梁；对于支承在混凝土柱上的主梁，其计算模型应根据梁柱线刚度比而定。当主梁与柱的线刚度比大于或等于 3 时，主梁可视为以柱和边墙（或梁）为铰支承的多跨连续梁，否则应按梁、柱刚接的框架模型（框架梁）计算主梁。

（2）简化假定

① 支座可以自由转动，但没有竖向位移。

② 在确定板传给次梁的荷载以及次梁传给主梁的荷载时，分别忽略板、次梁的连续性，按简支构件计算竖向反力。

③ 对于跨数多于 5 跨的等跨度或跨度相差不超过 10％、等刚度、等荷载的连续梁（板），可以近似地按 5 跨计算。从图 9-8 中可知，实际结构 1、2、3 跨的内力按 5 跨连续梁（板）计算简图采用，其余中间各跨（第 4 跨）内力均按 5 跨连续梁（板）的第 3 跨采用；当连续梁、板跨数小于或等 5 跨时，应按实际跨数计算。

9.3.3.2　计算单元

结构内力分析时，为减少计算工作量，一般不是对整个结构进行分析，而是从实际结构中选取有代表性的一部分作为计算的对象，称为计算单元。

对于单向板，可取 1m 宽度的板带作为其计算单元，在此范围内，如图 9-9 中用阴影线

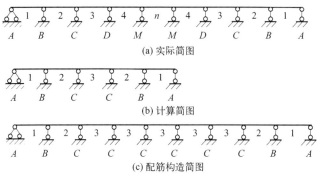

(a) 实际简图

(b) 计算简图

(c) 配筋构造简图

图 9-8 连续梁（板）的计算简图

表示的楼面均布荷载便是该板带承受的荷载，这一负荷范围称为从属面积，即计算构件负荷的楼面面积。

楼盖中部主、次梁截面形状都是两侧带翼缘（板）的 T 形截面，楼盖周边处的主、次梁则是一侧带翼缘的。每侧翼缘板的计算宽度取为相邻梁中心距的一半。次梁承受板传来的均布线荷载，主梁承受次梁传来的集中荷载，由上述假定②可知，一根次梁的负荷范围以及次梁传给主梁的集中荷载范围如图 9-9 所示。

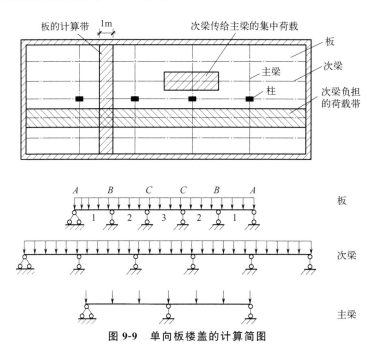

图 9-9 单向板楼盖的计算简图

由于主梁的自重所占比例不大，为了计算方便，可将其换算成集中荷载加到次梁传来的集中荷载内。所以从承受荷载的角度看，板和次梁主要承受均布线荷载，主梁主要承受集中荷载。

9.3.3.3 活荷载的最不利组合

（1）活荷载的不利布置

活荷载时有时无，为方便设计，规定活荷载是以一个整跨为单位来变动的，因此，在设计连续梁、板时，应研究活荷载如何布置将使梁、板内的某一截面内力绝对值最大，这种布置称为活荷载的最不利布置。图 9-10 为 5 跨连续梁在不同跨间布置荷载时梁的弯矩图和剪力图，从图中可以看出内力变化规律。例如，当活荷载作用在某跨时，该跨跨中为正弯矩，邻跨跨中为负弯矩，然后正负弯矩相间。分析其变化规律和不同组合后的效果，可以得出连续梁各截面活荷载最不利布置的原则：

①求跨中最大正弯矩时，应该在该跨布置可变荷载，然后向左、右两侧隔跨布置（本跨、隔跨）。

②求支座最大负弯矩，在该支座左、右两跨布置可变荷载，然后隔跨布置（邻跨、隔跨）。

③求跨中最大负弯矩，该跨不布置可变荷载，而在它左、右两跨布置可变荷载，然后隔跨布置（邻跨、隔跨）。

④求支座最大剪力时，在该支座左、右两跨布置可变荷载，然后隔跨布置（邻跨、隔跨）。

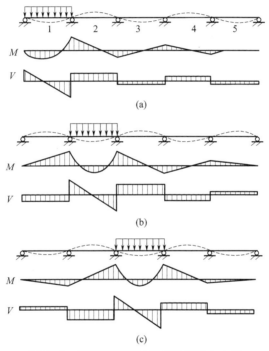

图 9-10 荷载布置不同时连续梁的内力图

（2）内力包络图

在恒荷载的内力图上叠加按最不利活荷载布置得出的各截面的最不利内力所得到的外包线即内力包络图。

图 9-11 为受均布荷载的 5 跨连续梁的弯矩包络图和剪力包络图。其外包线代表各截面可能出现的最不利内力的上限和下限，即内力包络图。

9.3.3.4 荷载折算

当板与次梁、次梁与主梁整浇在一起时，其支座与计算简图中的理想铰支座有较大差别，尤其是活荷载隔跨布置时，支座将约束构件的转动，使被支承的构件（板或次梁）的支

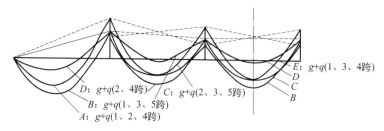

$E: g+q(1、3、4跨)$
$D: g+q(2、4跨)$ $C: g+q(2、3、5跨)$
$B: g+q(1、3、5跨)$
$A: g+q(1、2、4跨)$

(a) 弯矩包络图

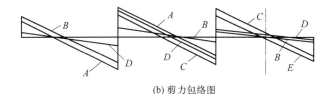

(b) 剪力包络图

图 9-11 均布荷载作用下 5 跨连续梁的内力包络图

座弯矩增加,跨中弯矩降低。为了修正这一影响,通常采用增大恒荷载、相应减小活荷载的方式来处理,即采用折算荷载计算内力。

对于连续板:折算恒荷载 $g'=g+q/2$,折算活荷载 $q'=q/2$。

对于次连续梁:折算恒荷载 $g'=g+q/4$,折算活荷载 $q'=3/4q$。

式中,g、q 分别为实际的恒荷载、活荷载。

当板或梁搁置在砌体或钢结构上时,荷载不作调整。

9.3.3.5 内力计算及调整

明确活荷载的不利布置后,即可按结构力学中所述的方法求出弯矩和剪力。为了减轻计算工作量,已将等跨连续梁、板在各种不同布置荷载作用下的内力系数制成了计算表格,见附表 5。设计时可直接从附表 5 中查得内力系数后,按下式计算各截面的弯矩和剪力值,作为截面设计的依据:

在均布及三角形荷载作用下

$$M=k_1gl_0^2+k_2ql_0^2 \tag{9-1}$$

$$V=k_3gl_0+k_4ql_0 \tag{9-2}$$

在集中荷载作用下

$$M=k_5Gl_0+k_6Ql_0 \tag{9-3}$$

$$V=k_7G+k_8Q \tag{9-4}$$

式中　　　g、q——单位长度上的均布恒荷载设计值、均布活荷载设计值;

G、Q——集中恒荷载设计值、集中活荷载设计值;

l——计算跨度;

k_1、k_2、k_5、k_6——附表 5 相应栏中的弯矩系数;

k_3、k_4、k_7、k_8——附表 5 相应栏中的剪力系数。

由于计算跨度取支承中心间的距离,忽略了支座的宽度,所计算的支座截面负弯矩和剪力值都是支座中心处的,而支座边缘才是设计中的控制截面,所以取弯矩设计值:

$$M=M_c-V_cb/2=M_c-V_0b/2 \tag{9-5}$$

剪力设计值:

均布荷载

$$V=V_c-(g+q)b/2 \qquad (9-6)$$

集中荷载

$$V=V_c \qquad (9-7)$$

式中　M、V——支座边缘处的弯矩、剪力设计值；

　　　M_c、V_c——支座中心处的弯矩、剪力设计值；

　　　　　V_0——按简支梁计算的支座中心处的剪力设计值，取绝对值；

　　　　　　b——支座宽度。

9.3.4　考虑塑性内力重分布的计算方法

按弹性理论计算时，结构构件的刚度始终不变，内力与荷载成正比。而钢筋混凝土受弯构件在荷载作用下会产生裂缝，且材料也非均质弹性材料，因而结构构件各截面的刚度相对值会发生变化，而超静定结构构件的内力是与构件刚度有关的，刚度的变化意味着截面内力分布会发生不同于弹性理论的分布，这就是内力重分布的概念。

9.3.4.1　钢筋混凝土受弯构件塑性铰的概念

在结构构件中因材料屈服形成的既有一定的承载力又能相对转动的截面或区段称为塑性铰。但这个铰并非真正意义上的无摩擦铰，它具有不变的抵抗弯矩的能力。

与力学中的理想铰相比，塑性铰具有下列特点：理想铰不能承受弯矩，而塑性铰则能承受基本不变的弯矩；理想铰集中于一点，而塑性铰则有一定的长度区段；理想铰可以沿任意方向转动，而塑性铰只能沿弯矩作用的方向，绕不断上升的中和轴发生单向转动。

静定结构的某一截面一旦形成塑性铰，结构即成为几何可变体系而丧失承载能力。但超静定结构则不同，当连续梁的某一支座截面形成塑性铰后，并不意味着结构承载能力丧失，而仅仅是减少了一次超静定次数，结构可以继续承载，直至整个结构形成几何可变体系，结构才丧失承载能力。

超静定结构出现塑性铰后，结构的受力状态与按弹性理论的计算有很大不同，即结构发生显著的塑性内力重分布，结构的实际承载能力要高于按弹性理论计算的承载能力。

9.3.4.2　连续梁塑性内力重分布的实用计算方法

对单向板肋梁楼盖中的连续板及连续次梁，当考虑塑性内力重分布而分析结构内力时，采用弯矩调幅法。即在按弹性方法计算所得的弯矩包络图的基础上，对首先出现的塑性铰截面的弯矩值进行调幅；将调幅后的弯矩值加于相应的塑性铰截面，再用一般力学方法分析对结构其他部分内力的影响；经过综合分析研究选取连续梁中各截面的内力值，然后进行配筋计算。按调幅法计算连续梁的内力，是在考虑了折减荷载和活载不利布置后的弹性内力包络图的基础上进行调幅，从而得到内力包络图和控制截面的弯矩和剪力。

（1）按塑性计算法计算的基本原则

采用塑性理论计算连续板和梁时，为了保证塑性铰在预期的部位形成，同时，又要防止裂缝过宽及挠度过大影响正常使用，故要求在使用时遵守下列原则：

① 钢筋宜选用 HRB400 级、HRBF400 级、HRB500 级、HRBF500 级钢筋。

② 调幅范围一般不超过 25%，当 $q/g \leqslant 1/3$ 或采用冷拉钢筋时，调幅不得超过 15%

（q、g 分别为均布活荷载和均布恒荷载）。

③ 弯矩调整后的梁端截面相对受压区高度不应超过 0.35，且不宜小于 0.10，即 $0.10h_0 \leqslant x \leqslant 0.35h_0$。

④ 每跨调整后的两个支座弯矩的平均值加上跨中弯矩的绝对值之和应不小于相应的简支梁跨中弯矩，即

$$M_0 \leqslant (M_B + M_C)/2 + M_1 \tag{9-8}$$

式中　M_B、M_C、M_1——支座 B、C 和跨中截面塑性铰上的弯矩；

　　　　M_0——在全部荷载（$g+q$）作用下简支梁的跨中弯矩。

此外，任意计算截面的弯矩不宜小于简支弯矩的 1/3。

由于采用塑性计算法设计的构件在使用阶段的裂缝和变形均较大，所以对于直接承受动力荷载的构件、负温下工作的结构、裂缝控制等级为一级和二级的结构，均不采用塑性理论计算方法。

一般工业与民用建筑的整体式肋形楼盖中的板和次梁，通常采用塑性计算法计算。而主梁属于重要构件，一般仍采用弹性方法计算。

（2）等跨连续梁板按塑性理论的设计

按调幅法计算连续梁、连续单向板内力的实用方法应用简便，只要查用弯矩系数或剪力系数，即可计算控制截面的最大内力。

① 均布荷载等跨连续梁、板各跨跨内截面和支座截面的弯矩值：

$$M = \alpha_M (g+q) l_0^2 \tag{9-9}$$

式中　α_M——连续梁、板的弯矩计算系数，按表 9-1 取值；

　　　　g、q——作用在梁、板上的均布恒荷载和活荷载设计值；

　　　　l_0——计算跨度，按塑性内力重分布计算时梁、板的计算跨度如表 9-2 所示。

表 9-1　均布荷载连续梁、板的弯矩系数 α_M

支承情况		截面位置				
		端支座	边跨跨内	离边端第二支座	中间支座	中间跨跨中
搁置在墙上		0	1/11	两跨连续−1/10 三跨以上连续 −1/11	−1/14	1/16
与梁整体连接	板	−1/16	1/14			
	梁	−1/24				
梁与柱整体连接		−1/16				

注：1. 表中系数适用于活荷载与恒荷载比值 $q/g > 0.3$ 的等跨连续梁和连续单向板。

2. 连续梁或连续单向板的各跨跨度不等，但相邻两跨跨度比值小于 1.1 时，仍可采用表中弯矩系数值，计算支座弯矩时应采取两跨跨度的较大值，计算跨内弯矩时采取本跨跨度。

表 9-2　按塑性内力重分布计算时梁、板的计算跨度 l_0

支承条件	计算跨度 l_0
两端搁置	$l_0 = l_n + a \geqslant l_n + h$（板）
	$l_0 = l_n + a \geqslant 1.05l_n$（梁）
一端搁置、一端与支承构件整浇	$l_0 = l_n + a/2 \geqslant l_n + h/2$（板）
	$l_0 = l_n + a/2 \geqslant 1.025l_n$（梁）
两端与支承构件整浇	$l_0 = l_n$（板和梁）

注：h 为板厚；a 为板、梁端支承长度；l_n 为板、梁的净距。

② 均布荷载等跨连续梁剪力值：

$$V = \alpha_V (g + q) l_n \tag{9-10}$$

式中　α_V——连续梁的剪力计算系数，按表 9-3 取值；

　　g、q——作用在梁、板上的均布恒荷载和活荷载设计值；

　　l_n——净跨度。

表 9-3　均布荷载连续梁的剪力系数 α_V

支座情况	截面位置				
	边端支座内侧	离边端第二支座		中间支座	
		外侧	内侧	外侧	内侧
搁置在墙上	0.45	0.60	0.55	0.55	0.55
与梁或柱整体连接	0.50	0.55			

③ 间距相同、大小相等的集中荷载作用下，等跨连续梁各跨跨内截面和支座截面的弯矩值：

$$M = \eta \alpha_M (G + Q) l_0 \tag{9-11}$$

式中　η——集中荷载修正系数，按表 9-4 采用；

　　G、Q——一个集中恒荷载和一个集中活荷载设计值。

表 9-4　集中荷载修正系数 η

荷载情况	截面				
	边支座	边跨跨中	离边端第二支座	中间跨跨中	中间支座
在跨中点处作用集中荷载	1.5	2.2	1.5	2.7	1.6
在跨中三分点处作用集中荷载	2.7	3.0	2.7	3.0	2.9

④ 间距相同、大小相等的集中荷载作用下，等跨连续梁剪力值：

$$V = \alpha_V n (G + Q) \tag{9-12}$$

式中　n——跨内集中荷载的个数。

9.3.5　截面配筋的计算特点与构造要求

9.3.5.1　板

（1）板的计算特点

① 单向板的计算步骤：沿板的长边方向切取 1m 宽板带作为计算单元→荷载计算→按塑性计算法计算内力→配筋计算→确定构造钢筋。

② 板一般能满足斜截面受剪承载力要求，设计时可不进行受剪承载力验算。

③ 当板的周边与梁整体连接时，在竖向荷载作用下，周边梁将对它产生水平推力。该

推力可减少板中各计算截面的弯矩。因此，对四周与梁整体连接的单向板（现浇连续板的内区格就属于这种情况），其中间跨的跨中截面及中间支座截面的计算弯矩可减小 20%，其他截面则不予降低（如板的角区格、边跨的跨中截面及第一支座截面的计算弯矩则不折减）。

（2）板的构造

① 板中受力钢筋。受力钢筋一般采用 HPB300 级和 HRB400 级钢筋，直径通常采用 6～12mm，当板厚较大时，钢筋直径可用 14～18mm。对于支座负钢筋，为便于施工架立，宜采用较大直径。

为了便于浇筑混凝土，保证钢筋周围混凝土的密实性，板内钢筋间距不宜太小。为使板能正常承受外荷载，间距也不宜过大。钢筋的间距一般为 70～200mm；当板厚 $h \leqslant 150mm$ 时，不宜大于 200mm；当板厚 $h > 150mm$，不宜大于 $1.5h$，且不宜大于 250mm。

配筋方式：对单跨板，跨中受力筋可弯起 1/2 以承受负弯矩，最多不超过 2/3，弯起角度一般采用 30°；当板厚 $h \geqslant 120mm$ 时，可用 45°。板上部负筋的弯钩一般采用直钩，以便于施工，对于连续板，其受力筋可用弯起式和分离式。

弯起式配筋：将一部分跨中正弯矩钢筋在适当的位置（反弯点附近）弯起，并伸过支座后作负弯矩钢筋使用；延伸长度应满足覆盖负弯矩图和锚固的要求，如图 9-12(a)、(b) 所示。由于施工比较麻烦，目前弯起式配筋较少应用。

分离式配筋：跨中正弯矩钢筋宜全部伸入支座锚固；而在支座处另配负弯矩钢筋，其范围应能覆盖负弯矩区域并满足锚固要求，如图 9-12(c) 所示。由于施工方便，分离式配筋已成为工程中主要采用的配筋方式。

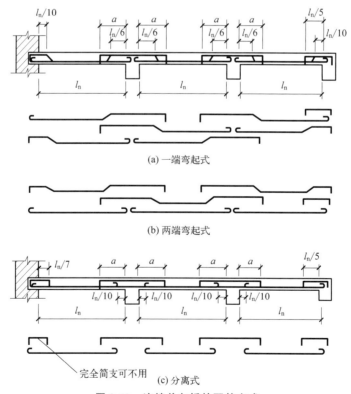

图 9-12 连续单向板的配筋方式

② 板中构造钢筋。

a. 分布钢筋。分布钢筋配置在单向板长方向，如图 9-13 所示。它的主要作用是：固定受力钢筋的位置；抵抗温度变化和混凝土收缩所产生的内应力；将板上的集中荷载分布在较大的范围上，以传给更多的受力钢筋；在四边支承的单向板中承受计算中未考虑的长跨方向的正弯矩。

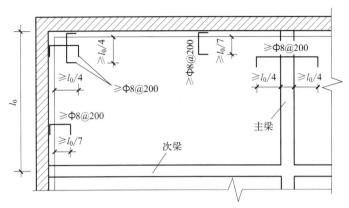

图 9-13　板的构造钢筋

分布钢筋宜采用 HPB300 级，常用直径是 6mm 和 8mm。《混凝土结构设计规范》规定，单位长度上分布钢筋的截面面积不宜小于单位宽度上受力钢筋截面面积的 15%，且不宜小于该方向板截面面积的 0.15%；分布钢筋的间距不宜大于 250mm，直径不宜小于 6mm；对集中荷载较大或温度变化较大的情况，分布钢筋的截面面积应适当增加，其间距不宜大于 200mm。

b. 垂直于主梁的板面构造钢筋。在单向板中，受力钢筋平行于主梁，在靠近主梁处部分荷载将就近传给主梁，因此在板内引起负弯矩，这可能使板面上部开裂。为考虑这种影响，应在板面沿梁肋方向单位长度上配不小于 $5\phi8$ 的附加钢筋。同时单位长度内钢筋的总截面面积不应小于板内受力钢筋截面面积的 $1/3$，伸出梁边的长度不小于 $l_0/4$（l_0 为板的计算跨度）。

c. 嵌入承重墙内的板面构造钢筋。嵌固在承重墙内的单向板，由于墙的约束作用，板在墙边也会产生一定的负弯矩；垂直于板跨度方向，部分荷载将就近传给支承墙，也会产生一定的负弯矩，使板面受拉开裂。在板角部分，除因传递荷载使板在两个正交方向引起负弯矩外，由于温度收缩影响产生的角部拉应力，也促使板角产生斜向裂缝。

为避免这种裂缝的出现和开展，《混凝土结构设计规范》规定，对于嵌固在承重砌体墙内的现浇混凝土板，应沿支承周边配置上部构造钢筋，其直径不宜小于 8mm，间距不宜大于 200mm，其伸入板内的长度，从墙边算起不宜小于板短边跨度的 $1/7$；在两边嵌固于墙内的板角部分，应配置双向上部构造钢筋，该钢筋伸入板内的长度从墙边算起不宜小于板短边跨度的 $1/4$；沿板的受力方向配置的上部构造钢筋，其截面面积不宜小于该方向跨中受力钢筋截面面积的 $1/3$；沿非受力方向配置的上部构造钢筋，可根据经验适当减少。

9.3.5.2　次梁

(1) 次梁的计算特点

① 次梁的计算步骤：初选截面尺寸→荷载计算→按塑性计算法计算内力→计算纵向钢筋→计算腹筋→确定构造钢筋。

② 按正截面受弯承载力确定纵向受拉钢筋时，通常跨中按 T 形截面计算，其翼缘计算宽度 b_f' 可按第 3 章有关规定确定；支座因翼缘位于受拉区，按矩形截面计算。

③ 按斜截面受剪承载力确定横向钢筋，当荷载、跨度较小时，一般只利用箍筋抗剪；当荷载、跨度较大时，宜在支座附近设置弯起钢筋，以减少箍筋用量。

（2）次梁的构造

次梁的一般构造同受弯构件。次梁伸入墙内的长度一般应不小于 240mm。对于相邻跨度相差不超过 20%，且均布活荷载和恒荷载的比值 $q/g < 3$ 的连续次梁，其纵向受力钢筋的弯起和截断可按图 9-14 进行，否则应按弯矩包络图确定。

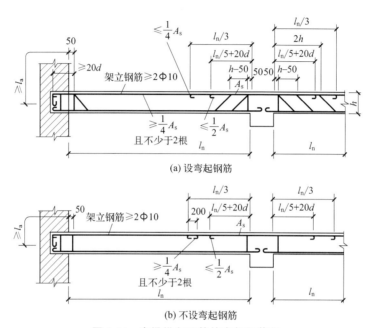

图 9-14　次梁纵向配筋的弯起和截断

9.3.5.3　主梁

（1）主梁的计算特点

① 主梁的计算步骤：初选截面尺寸→荷载计算→按弹性计算法计算内力→计算纵向钢筋→计算腹筋→确定构造钢筋。

② 主梁的抗弯承载力计算与次梁相同。当跨中出现负弯矩时，跨中应按矩形截面计算。

③ 在主梁支座处，由于板、次梁和主梁截面的上部纵向钢筋相互交叉重叠，且主梁负筋位于板和次梁的负筋之下，因此主梁支座截面的有效高度减小。在计算主梁支座截面纵筋时，截面有效高度 h_0 可取为：单排钢筋时 $h_0 = h - (50 \sim 60)$mm；双排钢筋时 $h_0 = h - (70 \sim 80)$mm。

④ 主梁的内力计算通常按弹性理论方法进行，不考虑塑性内力重分布。

（2）主梁的构造

① 主梁纵向受力钢筋的弯起和截断，原则上应按弯矩包络图确定，并满足有关构造要求。

② 主梁与次梁相交处，次梁顶部在负弯矩作用下将产生裂缝，如图 9-15(a) 所示，因此，次梁传来的集中荷载将通过其受压区的剪切面传至主梁截面高度的中、下部，使其下部混凝土可能产生斜裂缝而引起局部破坏。为此，需设置附加的横向钢筋，以使次梁传来的集中力传至主梁上部的受压区。附加横向钢筋宜采用箍筋［见图 9-15(b)］，并应布置在长度 $s=2h_1+3b$ 的范围内。当采用吊筋时，其弯起段应伸至梁上边缘，且末端水平段长度在受拉区不应小于 $20d$（d 为吊筋的直径），在受压区不应小于 $10d$。

附加箍筋和吊筋的总截面面积按下式计算：

$$F \leqslant 2f_y A_{sb} \sin\alpha + mnf_{yv} A_{sv1} \tag{9-13}$$

式中　F——由次梁传递的集中力设计值；

　　　f_y——附加吊筋的抗拉强度设计值；

　　　f_{yv}——附加箍筋的抗拉强度设计值；

　　　A_{sb}——一根附加吊筋的截面面积；

　　　A_{sv1}——附加单肢箍筋的截面面积；

　　　n——在同一截面的附加箍筋的肢数；

　　　m——附加箍筋的排数；

　　　α——附加吊筋与梁轴线间的夹角，一般为 $45°$，当梁高 $h > 800\text{mm}$ 时，采用 $60°$。

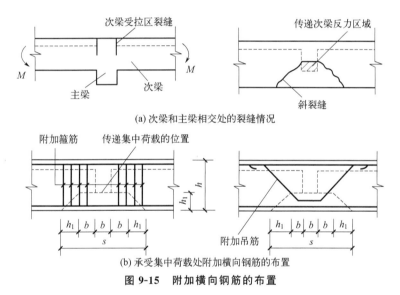

(a) 次梁和主梁相交处的裂缝情况

(b) 承受集中荷载处附加横向钢筋的布置

图 9-15　附加横向钢筋的布置

9.3.6　单向板肋梁楼盖设计例题

某多层厂房的楼盖平面如图 9-16 所示，楼面做法见图 9-17，楼盖采用现浇的钢筋混凝土单向板肋梁楼盖，试设计该楼盖。

9.3.6.1　设计要求

① 板、次梁内力按塑性内力重分布计算。

② 主梁内力按弹性理论计算。

③ 绘出结构平面布置图，板、次梁和主梁的施工图。

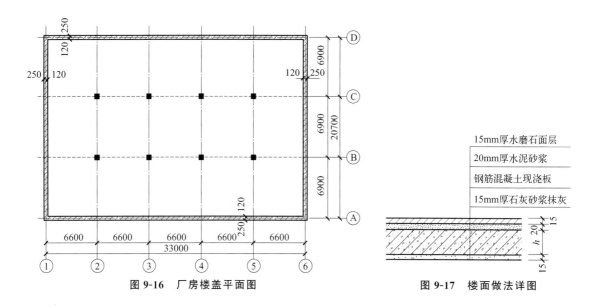

图 9-16　厂房楼盖平面图

图 9-17　楼面做法详图

本设计需要解决的问题有：荷载计算、计算简图、内力分析、截面配筋计算、构造要求、施工图绘制。

9.3.6.2　设计资料

① 楼面均布活荷载标准值：$q_k = 8kN/m^2$

② 楼面做法。楼面面层用 15mm 厚水磨石（$\gamma = 25kN/m^3$），找平层用 20mm 厚水泥砂浆（$\gamma = 20kN/m^3$），板底、梁底及其两侧用 15mm 厚石灰砂浆粉刷（$\gamma = 17kN/m^3$）。

③ 材料。混凝土强度等级采用 C30，主梁和次梁的纵向受力钢筋采用 HRB400，吊筋采用 HRB400，其余均采用 HPB300。

9.3.6.3　设计步骤

（1）楼盖结构平面布置及截面尺寸确定

确定主梁（L_1）的跨度为 6.9m，次梁（L_2）的跨度为 6.6m，主梁每跨内布置两根次梁，板的跨度为 2.3m。楼盖结构的平面布置图如图 9-18 所示。

按高跨比条件，要求板厚 $h \geqslant l/30 = 2300/30 = 76.7mm$，对工业建筑的楼板，$h \geqslant 70mm$，所以板厚取 $h = 80mm$。

次梁截面高度应满足 $h = l/18 \sim l/12 = 367 \sim 550mm$，取 $h = 500mm$，截面宽 $b = (1/3 \sim 1/2)h$，取 $b = 200mm$。

主梁截面高度应满足 $h = l/14 \sim l/8 = 493 \sim 863mm$，取 $h = 650mm$，截面宽度取为 $b = 250mm$，柱的截面尺寸 $b \times h = 400mm \times 400mm$。

（2）板的设计——按考虑塑性内力重分布设计

① 荷载计算。恒荷载标准值（自上而下）：

15mm 水磨石面层：$0.015 \times 25 = 0.375kN/m^2$

20mm 水泥砂浆找平层：$0.02 \times 20 = 0.4kN/m^2$

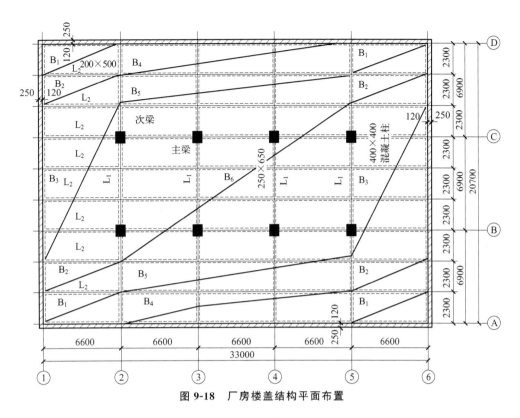

图 9-18 厂房楼盖结构平面布置

80mm 钢筋混凝土板：$0.08 \times 25 = 2.0 \text{kN/m}^2$

15mm 板底石灰砂浆：$0.015 \times 17 = 0.255 \text{kN/m}^2$

小计：3.03kN/m^2

活荷载标准值：8.0kN/m^2

因为是工业建筑楼盖且楼面活荷载标准值大于 4.0kN/m^2，所以活荷载分项系数取 1.3。

恒荷载设计值：$g = 3.03 \times 1.2 = 3.636 \text{kN/m}^2$

活荷载设计值：$q = 8.0 \times 1.3 = 10.4 \text{kN/m}^2$

荷载总设计值：$g + q = 3.636 + 10.4 = 14.036 \text{kN/m}^2$；近似取 14.1kN/m^2。

② 计算简图。取 1m 板宽作为计算单元，板的实际结构如图 9-19（a）所示，由图可知：次梁截面宽度 $b = 200 \text{mm}$，现浇板在墙上的支承长度 $a = 120 \text{mm} \geqslant h = 80 \text{mm}$，按塑性内力重分布设计，则板的计算跨度为：

$$l_{01} = l_n + h/2 = (2300 - 120 - 200/2) + 80/2 = 2120 \text{mm}$$

取边跨板的计算跨度 $l_{01} = 2120 \text{mm}$。

取中跨 $l_{02} = l_n = 2300 - 200 = 2100 \text{mm}$。

板的计算简图如图 9-19（b）所示。

③ 计算弯矩设计值。因边跨与中跨的计算跨度相差 0.95%，小于 10%，可按等跨连续板计算，由表 9-1 可查得板的弯矩系数 α，板的弯矩设计值计算过程见表 9-5。

表 9-5 板的弯矩设计值的计算表

截面位置	1	B	2	C
	边跨跨中	第一内支座	中间跨跨中	中间支座
弯矩系数 α	1/11	−1/14	1/16	−1/14

截面位置	1	B	2	C
	边跨跨中	第一内支座	中间跨跨中	中间支座
计算跨度 l_0/m	2.120	2.120	2.100	2.100
$M=\alpha(g+q)l_0^2/(\text{kN}\cdot\text{m})$	$14.1\times2.12^2/11$ $=5.76$	$-14.1\times2.12^2/14$ $=-4.53$	$14.1\times2.10^2/16$ $=3.89$	$-14.1\times2.10^2/14$ $=-4.45$

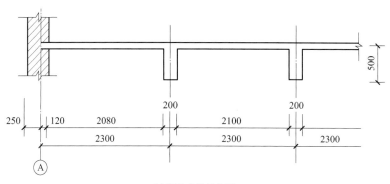

(a) 板的实际结构图

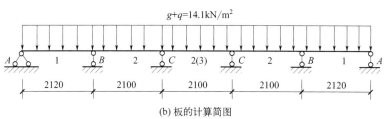

(b) 板的计算简图

图 9-19　板的实际结构图与计算简图

④ 板的配筋计算及正截面受弯承载力计算。板厚80mm，$h_0=80-20=60\text{mm}$，$b=1000\text{mm}$；C30混凝土，$\alpha_1=1.0$，$f_c=14.3\text{N/mm}^2$，HPB300钢筋，$f_y=270\text{N/mm}^2$。

对轴线②～⑤间的板带，考虑起拱作用，其跨内 2 截面和支座 C 截面的弯矩设计值可折减 20%，为了方便，折减后的弯矩值标于括号内。板配筋计算过程见表9-6。

表 9-6　板的配筋计算表

截面位置		1	B	2	C
弯矩设计值/(kN·m)		5.76	−4.53	3.89 (3.11)	−4.45 (−3.56)
$\alpha_s=\dfrac{M}{\alpha_1 f_c b h_0^2}$		0.112	0.087	0.076	0.087
$\xi=1-\sqrt{1-2\alpha_s}$		0.119	0.092<0.1，取0.1	0.079	0.092<0.1 取0.1
轴线 ①～② ⑤～⑥	计算配筋/mm² $A_s=\alpha_1 f_c b h_0\xi/f_y$	378	318	251	318
	实际配筋/mm²	Φ8@130	Φ8@150	Φ8@200	Φ8@150
		387	335	251	335

截面位置	1	B	2	C
$\alpha_s = M/\alpha_1 f_c bh_0^2$	0.112	0.088	0.061	0.069
$\xi = 1-\sqrt{1-2\alpha_s}$	0.119	取 0.1	0.063	0.072<0.1 取 0.1
计算配筋/mm² $A_s = \alpha_1 f_c bh_0 \xi / f_y$	378	318	200	318
实际配筋/mm²	Φ8@130	Φ8@150	Φ6@130	Φ8@150
	387	335	218	335
最小配筋率 $\rho_{min} = 0.45 f_t/f_y =$ 0.45×1.43/270=0.24% 经验算最小配筋率均满足要求。	$\rho = A_s/bh_0$ =0.65%	$\rho = A_s/bh_0$ =0.56%	$\rho = A_s/bh_0$ =0.36%	$\rho = A_s/bh_0$ =0.56%

（表左侧标注：轴线 ②~⑤）

⑤ 板的配筋图绘制。板中除配置计算钢筋外，还应配置构造钢筋如分布钢筋和嵌入墙内的板的附加钢筋。板的配筋图如图 9-20 所示。

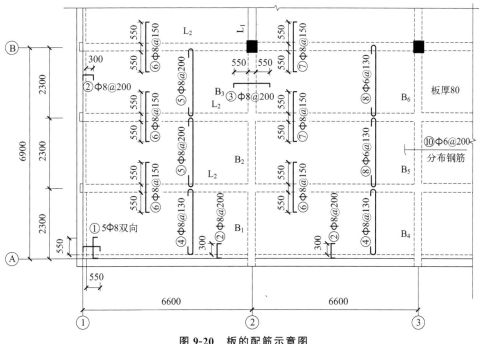

图 9-20　板的配筋示意图

（3）次梁设计——按考虑塑性内力重分布设计

① 荷载设计值。恒荷载设计值：

次梁自重：$0.20 \times (0.5-0.08) \times 25 \times 1.2 = 2.52$ kN/m

次梁粉刷：$2 \times 0.015 \times (0.5-0.08) \times 17 \times 1.2 = 0.257$ kN/m

小计：2.78 kN/m

板传来恒荷载：$3.636 \times 2.3 = 8.363$ kN/m

恒荷载设计值：$g = 11.143$ kN/m

活荷载设计值：$q=10.4 \times 2.3 = 23.92 \text{kN/m}$

荷载总设计值：$q+g = 23.92 + 11.143 = 35.063 \text{kN/m}$，取荷载 $q+g = 35.1 \text{kN/m}$

② 计算简图。由次梁实际结构图图 9-21 可知，次梁在墙上的支承长度为 $a = 370 \text{mm}$，主梁宽度为 $b = 250 \text{mm}$。次梁边跨的计算跨度按以下两项的较小值确定：

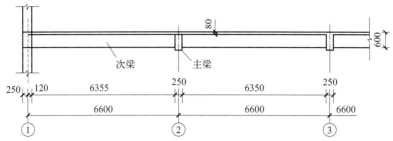

图 9-21　次梁的实际结构图

边跨
$$l_{01} = l+a/2 = (6600-120-250/2)+370/2 = 6540 \text{mm}$$
$$1.025 l_n = 1.025 \times 6355 = 6514 \text{mm} < 6540 \text{mm}$$

取次梁边跨的实际计算跨度　　　　$l_{01} = 6520 \text{mm}$

取中间跨　　　　$l_{02} = l_n = 6600-250 = 6350 \text{mm}$

计算简图如图 9-22 所示。

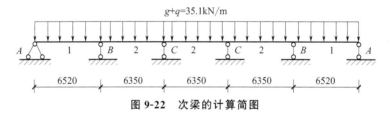

图 9-22　次梁的计算简图

③ 弯矩设计值和剪力设计值的计算。因为边跨和中间跨的计算跨度相差 $(6520-6350)/6350 = 2.68\%$，小于 10%，可按等跨连续梁计算。由附表 5 可分别查得弯矩系数 α 和剪力系数 β。次梁的弯矩设计值和剪力设计值见表 9-7 和表 9-8。

表 9-7　次梁弯矩设计值计算表

截面位置	1	B	2	C
	边跨跨中	第一内支座	中间跨跨中	中间支座
弯矩系数 α	1/11	−1/11	1/16	−1/14
计算跨度 l_0/m	6.52	6.52	6.35	6.35
$M = \alpha(g+q)l_0^2$/(kN·m)	$35.1 \times 6.52^2/11$ $=135.7$	$-35.1 \times 6.52^2/11$ $=-135.7$	$35.1 \times 6.35^2/16$ $=88.5$	$-35.1 \times 6.35^2/14$ $=-101.1$

表 9-8　次梁剪力设计值计算表

截面位置	A	B（左）	B（右）	C
	边支座	第一内支座（左）	第一内支座（右）	中间支座
剪力系数 β	0.40	0.60	0.50	0.50
计算跨度 l_n/m	6.36	6.36	6.35	6.35
$V = \beta(g+q)l_n$/kN	$0.40 \times 35.1 \times 6.36$ $=89.3$	$0.60 \times 35.1 \times 6.36$ $=134$	$0.50 \times 35.1 \times 6.35$ $=112$	$0.50 \times 35.1 \times 6.35$ $=112$

④ 配筋计算。

a. 正截面抗弯承载力计算。次梁跨中正弯矩按 T 形截面进行承载力计算，其翼缘宽度取下面二项的较小值：

$$b_f' = l_0/3 = 6350/3 = 2117 \text{mm}$$

$$b_f' = b + S_n = 200 + 2300 - 200 = 2300 \text{mm}$$

故取 $b_f' = 2117 \text{mm}$，

已知条件：C30 混凝土，$\alpha_1 = 1.0$，$f_c = 14.3 \text{N/mm}^2$，$f_t = 1.43 \text{N/mm}^2$；纵向钢筋采用 HRB400，$f_y = 360 \text{N/mm}^2$，箍筋采用 HPB300，$f_{yv} = 270 \text{N/mm}^2$，预计纵筋布置为单排，则 $h_0 = 500 - 38 = 462 \text{mm}$。

判别跨中截面属于哪一类 T 形截面：

$$\alpha_1 f_c b_f' h_f'(h_0 - h_f'/2) = 1.0 \times 14.3 \times 2117 \times 80 \times (462 - 40) = 1022.02 (\text{kN} \cdot \text{m}) > M_1 > M_2,$$

跨中截面均属于第一类 T 形截面。

支座截面按矩形截面计算，正截面承载力计算过程列于表 9-9。

表 9-9　次梁正截面配筋计算

截面位置	1	B	2	C
弯矩设计值/(kN·m)	135.7	−135.7	88.5	−101.1
$\alpha_s = M/\alpha_1 f_c bh_0^2$	$\dfrac{135.7 \times 10^6}{1 \times 14.3 \times 2110 \times 462^2}$ $= 0.0211$	$\dfrac{135.7 \times 10^6}{1 \times 14.3 \times 200 \times 462^2}$ $= 0.222$	$\dfrac{88.5 \times 10^6}{1 \times 14.3 \times 2110 \times 462^2}$ $= 0.0137$	$\dfrac{101.1 \times 10^6}{1 \times 14.3 \times 200 \times 462^2}$ $= 0.166$
$\xi = 1 - \sqrt{1 - 2\alpha_s}$	0.0213	0.10<0.254<0.35	0.0139	0.10<0.183<0.35
选配钢筋　计算配筋/mm² $A_s = \alpha_1 f_c bh_0 \xi / f_y$	$\dfrac{1 \times 14.3 \times 2110 \times 462 \times 0.0213}{360}$ $= 825$	$\dfrac{1 \times 14.3 \times 200 \times 462 \times 0.254}{360}$ $= 932$	$\dfrac{1 \times 14.3 \times 2110 \times 462 \times 0.0139}{360}$ $= 539$	$\dfrac{1 \times 14.3 \times 200 \times 462 \times 0.183}{360}$ $= 672$
实际配筋/mm²	2 Φ18 + 1 Φ20　823.2	3 Φ20　941	3 Φ16　603	1 Φ16 + 2 Φ18　710.1
$\rho_{min} = 0.45 f_t/f_y$ $= 0.18\%$ 取 0.2%	$\rho_1 = \dfrac{823.2}{200 \times 500}$ $= 0.82\%$	$\rho_1 = \dfrac{941}{200 \times 500}$ $= 0.94\%$	$\rho_1 = \dfrac{603}{200 \times 500}$ $= 0.6\%$	$\rho_1 = \dfrac{710.1}{200 \times 500}$ $= 0.71\%$

b. 斜截面受剪承载力计算

复核截面尺寸：$h_w = h_0 - h_f' = 462 - 80 = 382 \text{mm}$；$h_w/b = 382/200 = 1.91 < 4$，截面尺寸按下式验算：

$$0.25 \beta_c f_c bh_0 = 0.25 \times 1.0 \times 14.3 \times 200 \times 462 = 330.3 \text{kN} > V_{max} = 134 \text{kN};$$

故截面尺寸满足要求。又：

$$0.7 f_t bh_0 = 0.7 \times 1.43 \times 200 \times 462 = 92492 \text{N} = 92.49 \text{kN} \approx V_{min} = 89.3 \text{kN}$$

所以支座各截面均按计算配置箍筋。采用 φ6 双肢筋，$nA_{sv1} = A_{sv} = 57 \text{mm}^2$，计算 B 支座左侧截面的配箍。

由 $V_{B1} \leqslant V_{cs} = 0.7 f_t bh_0 + f_{yv} \dfrac{A_{sv}}{s} h_0$ 可得箍筋间距

$$s \leqslant \frac{f_{yv} A_{sv} h_0}{V_{B1} - 0.7 f_t bh_0} = \frac{270 \times 57 \times 462}{134 \times 10^3 - 0.7 \times 1.43 \times 200 \times 462} = 171 \text{mm}$$

调幅后受剪承载力应加强，梁局部范围的箍筋面积应增加 20%，现调整箍筋间距，$s = 0.8 \times 171 = 137 \text{mm}$，取箍筋间距 $s = 120 \text{mm}$。

配箍率验算：

弯矩调幅时要求配箍率下限为 $0.3\dfrac{f_t}{f_{yv}}=0.3\times\dfrac{1.43}{270}=1.59\times10^{-3}$。实际配箍率 $\rho_{sv}=\dfrac{A_{sv}}{bs}=$

$\dfrac{57}{200\times120}=2.38\times10^{-3}>1.59\times10^{-3}$，满足要求。

因各个支座处的剪力相差不大，沿梁长均匀配置双肢Φ6@120的箍筋。

⑤ 施工图的绘制。次梁配筋图如图9-23所示，其中次梁纵筋锚固长度按以下要求确定。

伸入墙支座时，梁顶面纵筋的锚固长度按下式确定：

$$l_{ab}=l_a=\alpha\frac{f_y}{f_t}d=0.14\times\frac{360}{1.43}\times20=705\text{mm}>370\text{mm}$$

$$0.35l_{ab}=0.35\times705=247\text{mm}<(370-20)=350\text{mm}$$

满足要求。

梁底面纵筋的锚固长度应满足：$l>12d_{max}=12\times20=240\text{mm}$，取300mm。锚固区内设置Φ6@100的箍筋。

梁底面纵筋伸入中间支座的长度应满足：$l>12d_{max}=12\times20=240\text{mm}$，取250mm。

纵筋的截断点距支座的距离，根据图9-14取值。

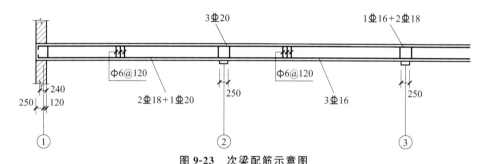

图9-23　次梁配筋示意图

（4）主梁设计——按弹性理论设计

① 荷载设计值（为简化计算，将主梁的自重等效为集中荷载）。

次梁传来的恒荷载：$11.143\times6.6=73.544\text{kN}$；

主梁自重（含粉刷）：

$[(0.65-0.08)\times0.25\times2.3\times25+2\times(0.65-0.08)\times0.015\times17\times2.3]\times1.2=10.635\text{kN}$；

恒荷载：$G=73.544+10.635=84.179\text{kN}$ 取 $G=84.2\text{kN}$；

活荷载：$Q=23.92\times6.6=157.872\text{kN}$ 取 $Q=157.9\text{kN}$。

② 计算简图。主梁的实际结构如图9-24（a）所示，由图可知，主梁端部支承在墙上的支承长度 $a=370\text{mm}$，中间支承在 $400\text{mm}\times400\text{mm}$ 的混凝土柱上，其计算跨度按以下方法确定：

边跨 $l_{n1}=6900-200-120=6580\text{mm}$，因为 $l_n+b/2+a/2=6580+185+200=6965\text{mm}>$ $1.05l_{n1}=6909\text{mm}$，所以近似取 $l_1=6910\text{mm}$；

中跨 $l_2=6900\text{mm}$。

计算简图如图9-24（b）所示。

③ 内力设计值计算及包络图绘制。因跨度相差不超过10%，可按等跨连续梁计算。

a. 弯矩值计算：

弯矩：$M=k_1Gl+h_2Ql$，式中 k_1 和 k_2 由附表5查得，弯矩计算过程详见表9-10。

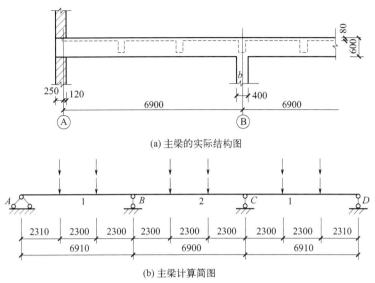

(a) 主梁的实际结构图

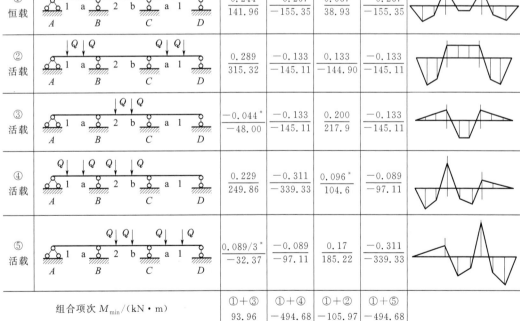

(b) 主梁计算简图

图 9-24　主梁的实际结构图与计算简图

b. 剪力设计值：

剪力：$V = k_3 G + k_4 Q$，式中系数 k_3、k_4 由附表 5 查得，不同截面的剪力值的计算过程详见表 9-11。

表 9-10　主梁弯矩设计计算表

项次	荷载简图	$\dfrac{k}{M_1}$	$\dfrac{k}{M_B}$	$\dfrac{k}{M_2}$	$\dfrac{k}{M_C}$	弯矩图示意图
①恒载		$\dfrac{0.244}{141.96}$	$\dfrac{-0.267}{-155.35}$	$\dfrac{0.067}{38.93}$	$\dfrac{-0.267}{-155.35}$	
②活载		$\dfrac{0.289}{315.32}$	$\dfrac{-0.133}{-145.11}$	$\dfrac{0.133}{-144.90}$	$\dfrac{-0.133}{-145.11}$	
③活载		$\dfrac{-0.044^*}{-48.00}$	$\dfrac{-0.133}{-145.11}$	$\dfrac{0.200}{217.9}$	$\dfrac{-0.133}{-145.11}$	
④活载		$\dfrac{0.229}{249.86}$	$\dfrac{-0.311}{-339.33}$	$\dfrac{0.096^*}{104.6}$	$\dfrac{-0.089}{-97.11}$	
⑤活载		$\dfrac{0.089/3^*}{-32.37}$	$\dfrac{-0.089}{-97.11}$	$\dfrac{0.17}{185.22}$	$\dfrac{-0.311}{-339.33}$	
组合项次 $M_{\min}$/(kN·m)		①+③ 93.96	①+④ −494.68	①+② −105.97	①+⑤ −494.68	
组合项次 $M_{\max}$/(kN·m)		①+② 457.28	①+⑤ −252.46	①+③ 256.83	①+④ −252.46	

注：* 号处弯矩可通过脱离体确定，参见图 9-25。

表 9-11　主梁剪力计算表

项次	荷载简图	$\dfrac{k}{V_A}$	$\dfrac{k}{V_{Bl}}$	$\dfrac{k}{V_{Br}}$
①恒载	*(荷载简图)*	$\dfrac{0.733}{61.72}$	$\dfrac{-1.267}{-106.68}$	$\dfrac{1.00}{84.2}$
②活载	*(荷载简图)*	$\dfrac{0.866}{136.74}$	$\dfrac{-1.134}{-179.06}$	$\dfrac{0}{0}$
③活载	*(荷载简图)*	$\dfrac{-0.133}{-21.00}$	$\dfrac{-0.133}{-21.00}$	$\dfrac{1.00}{157.9}$
④活载	*(荷载简图)*	$\dfrac{0.689}{108.79}$	$\dfrac{-1.311}{-207.01}$	$\dfrac{1.222}{192.95}$
⑤活载	*(荷载简图)*	$\dfrac{-0.089}{-14.05}$	$\dfrac{-0.089}{-14.05}$	$\dfrac{0.778}{122.85}$
	组合项次 V_{max}/kN	①+② 198.46	①+⑤ −120.73	①+④ 277.15
	组合项次 V_{min}/kN	①+③ 40.72	①+④ −313.69	①+② 84.20

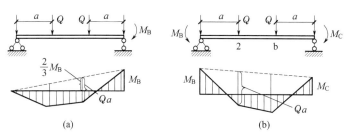

图 9-25　主梁脱离体的弯矩图

c. 弯矩、剪力包络图绘制。

荷载组合①+②时，出现第一跨跨内最大弯矩和第二跨跨内最小弯矩，此时，$M_A=0$，$M_B=-155.35-145.11=-300.46\text{kN}\cdot\text{m}$，以这两个支座的弯矩值的连线为基线，叠加边跨在集中荷载 $G+Q=84.2+157.9=242.1\text{kN}$ 作用下的简支梁弯矩图：

则第一个集中荷载下的弯矩值为 $1/3(G+Q)l_1-1/3M_B=457.48\text{kN}\cdot\text{m}\approx M_{max}$，第二个集中荷载作用下弯矩值为 $1/3(G+Q)l_1-2/3M_B=357.33\text{kN}\cdot\text{m}$。见图 9-25（a）。

中间跨跨中弯矩最小时，两个支座弯矩值均为 $-300.46\text{kN}\cdot\text{m}$，以此支座弯矩连线叠加集中荷载，则集中荷载处的弯矩值为 $1/3Gl_2-M_B=-106.8\text{kN}\cdot\text{m}$。

荷载组合①+④时，支座最大负弯矩 $M_B=-494.68\text{kN}\cdot\text{m}$，其它两个支座的弯矩 $M_A=0$，$M_C=-252.46\text{kN}\cdot\text{m}$，在这三个支座弯矩间连线，以此连线为基线，于第一跨、第二跨分别叠加集中荷载为 $G+Q$ 时的简支梁弯矩图：

则集中荷载处的弯矩值依次为 391.82kN·m，227.85kN·m，143.53kN·m，223.76kN·m。同理，当 $-M_C$ 最大时，集中荷载下的弯矩倒位排列，参见图 9-25(b)。

荷载组合①+③时，出现边跨跨内弯矩最小与中间跨跨内弯矩最大。此时，$M_B = M_C = 292.67$kN·m，第一跨在集中荷载 G 作用下的弯矩值分别为 85.12kN·m，12.72kN·m，第二跨在集中荷载 $G+Q$ 作用下的弯矩值为 254.56kN·m。

①+⑤情况的弯矩可按此方法计算。

上述所计算的跨内最大弯矩与表中相应的弯矩有少量的差异，是因为计算跨度并非严格等跨，且表中 B、C 支座处的弯矩均按较大的跨度计算所致。主梁的弯矩包络图见图 9-26。

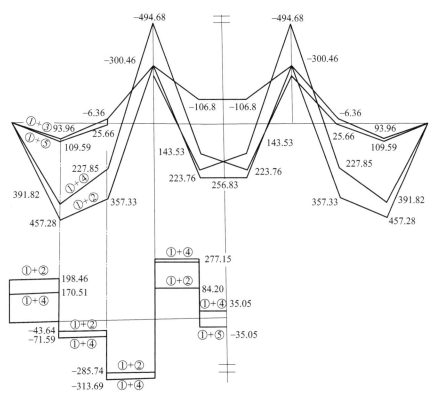

图 9-26　主梁的弯矩、剪力包络图

支座剪力计算的荷载组合可参照上述组合进行。主梁的剪力包络图见图 9-26。

④ 配筋计算——截面承载力计算。C30 混凝土，$\alpha_1 = 1.0$，$f_c = 14.3$N/mm²，$f_t = 1.43$N/mm²；纵向钢筋采用 HRB400 级，$f_y = 360$N/mm²，预计跨中截面钢筋按两排布置 $h_0 = h - a_s = 650 - 63 = 587$mm，箍筋采用 HRB300，$f_y = 270$N/mm²。

a. 正截面受弯承载力及纵筋的计算。

跨中正弯矩按 T 形截面计算，因 $h_f'/h_0 = 80/587 = 0.136 > 0.10$，翼缘计算宽度按 $l_0/3 = 6.9/3 = 2.3$ 和 $b + S_n = 6.6$m 中较小值确定，取 $b_f' = 2300$mm，B 支座处的弯矩设计值：

$$M_B = M_{Bmax} - V_0 \frac{b}{2} = -494.68 + 242.1 \times \frac{0.4}{2} = -446.26 \text{kN·m}$$

判别跨中截面属于哪一类 T 形截面：

$$\alpha_1 f_c b_f' h_f'(h_0 - h_f'/2) = 1.0 \times 14.3 \times 2300 \times 80 \times (587 - 40) = 1439.27 \text{kN·m} > M_1 > M_2$$

均属于第一类 T 形截面。

正截面受弯承载力的计算见表 9-12。

表 9-12　主梁正截面承载力配筋计算表

截面	1	B	2	
弯矩设计值/(kN·m)	457.28	446.26	256.83	−105.97
$\alpha_s = M/\alpha_1 f_c b h_0^2$	$\dfrac{457.28\times10^6}{1.0\times14.3\times2300\times587^2}$ $=0.0403$	$\dfrac{446.26\times10^6}{1.0\times14.3\times250\times575^2}$ $=0.378$	$\dfrac{256.83\times10^6}{1.0\times14.3\times2300\times587^2}$ $=0.0227$	$\dfrac{105.97\times10^6}{1.0\times14.3\times250\times587^2}$ $=0.086$
$\xi = 1-\sqrt{1-2\alpha_s}$	$0.0411<0.518$	$0.506<0.518$	$0.023<0.518$	$0.09<0.518$
选配钢筋　计算配筋/mm^2 $A_s = \alpha_1 f_c b h_0 \xi / f_y$	2204.15 7 ⏀ 20	2889.3 6 ⏀ 22+2 ⏀ 20	1233.5 4 ⏀ 20	524.6 2 ⏀ 22
实际配筋/mm^2	2200	$A_s=2909$	$A_s=1256$	$A_s=760$

主梁配筋示意图参见图 9-27。

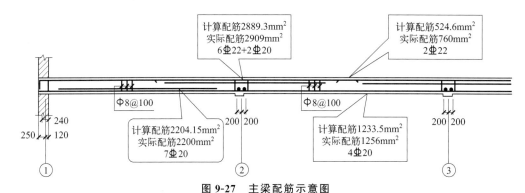

计算配筋2889.3mm² 实际配筋2909mm² 6⏀22+2⏀20

计算配筋524.6mm² 实际配筋760mm² 2⏀22

⏀8@100　⏀8@100

计算配筋2204.15mm² 实际配筋2200mm² 7⏀20

计算配筋1233.5mm² 实际配筋1256mm² 4⏀20

240　200 200　200 200
250　120

① ② ③

图 9-27　主梁配筋示意图

b. 箍筋计算——主梁斜截面受剪承载力计算。

验算截面尺寸：

$$h_w = h_0 - h_f' = 575 - 80 = 495\,mm$$

$h_w/b = 495/250 = 1.98 < 4$，截面尺寸按下式验算：

$0.25\beta_c f_c b h_0 = 0.25\times1.0\times14.3\times250\times575 = 513.9\,kN > V_{max} = 313.69\,kN$，截面尺寸满足要求。

验算是否需要计算配置箍筋。

$0.7f_t b h_0 = 0.7\times1.43\times250\times575 = 143.89\,kN < V_{min} = 198.46\,kN$，均需进行计算配置箍筋。

计算所需腹筋：采用 ⏀10@100 双肢箍，$A_{sv} = 157\,mm^2$。

$$\rho_{sv} = \frac{A_{sv}}{bs} = \frac{157}{250\times100} = 0.628\% > 0.24\frac{f_t}{f_{yv}} = 0.127\%，满足要求。$$

$$V_{cs} = 0.7f_t b h_0 + f_{yv}\frac{A_{sv}}{s}h_0$$

$$= 0.7\times1.43\times250\times575 + 270\times\frac{157}{100}\times575$$

$$= 387.64\,kN > V_{max} = 313.69\,kN$$

箍筋选用 ⏀10@100，沿全长布置。

c. 次梁两侧附加横向钢筋计算。

次梁传来的集中力，$F = 73.544 + 157.9 = 231.5\,kN$，$h_1 = 650 - 500 = 150\,mm$，附加筋

布置范围：

$$s=2h_1+3b=2\times150+3\times200=900\text{mm}$$

采用附加吊筋，HRB400级，按45°弯起。

则：$A_{sb}\geqslant\dfrac{F}{2f_y\sin\alpha}=\dfrac{231.5\times10^3}{2\times360\times0.707}=454.8\text{mm}^2$，选 2$\Phi$18，$A_s=509\text{mm}^2$，满足要求。

⑤ 主梁正截面抗弯承载力图（材料图）的绘制及纵筋的弯起点和截断点的确定。

a. 按比例绘出主梁的弯矩包络图；

b. 按同样比例绘出主梁的抗弯承载力图（材料图），并满足以下构造要求：按第3章所述的方法绘制材料抵抗图，用每根钢筋的正截面抗弯承载力直线与弯矩包络图的交点，确定钢筋的理论截断点。

主梁纵筋伸入墙中的锚固长度的确定如下。

梁顶面纵筋的锚固长度：

$$l_{ab}=l_a=\alpha\frac{f_y}{f_t}d=0.14\times\frac{360}{1.43}\times22=775\text{mm}>370\text{mm}$$

$0.35l_a=0.35\times775=271\text{mm}<(370-20)=350\text{mm}$，满足要求。

梁底面纵筋的锚固长度：$12d=12\times20=240\text{mm}$，取 300mm。

c. 检查正截面抗弯承载力图是否包住弯矩包络图和是否满足构造要求。

9.4 整体式双向板肋形楼盖的设计方法

9.4.1 双向板的受力特点

用弹性力学理论分析，双向板的受力特征不同于单向板，它在两个方向的横截面上都作用有弯矩和剪力，且还有扭矩；而单向板则认为只有一个方向作用有弯矩和剪力，另一方向不传递荷载，双向板的受力钢筋应沿两个方向配置。双向板中因有扭矩的存在，使板的四角有翘起的趋势，受到墙的约束后，使板的跨中弯矩减小，刚度增大。因此，双向板的受力性能比单向板优越，其跨度可达5m左右。试验表明，双向板采用平行于板边方向配筋更佳。

9.4.2 双向板肋梁楼盖结构内力的计算

精确地计算双向板的内力比较复杂。与单向板一样，双向板的内力计算方法也有弹性理论和塑性理论两种，配筋设计方法相应也不同。在一般工业和民用建筑结构的设计中，两种方法都有应用，按弹性理论计算双向板内力方法简单，一般采用计算表格进行计算；按塑性理论计算双向板内力可节省钢筋，便于施工。下面主要介绍弹性理论计算方法，有关双向板的塑性理论设计方法可参阅有关书籍。

（1）单跨双向板

当板厚远小于板短边边长的1/30，且板的挠度远小于板的厚度时，双向板可按弹性薄板理论计算，但比较复杂，为了工程应用，对于矩形板已制成表格，见附表 6，可供查用。表中列出在均布荷载作用下 6 种支承情况板的弯矩系数和挠度系数。计算时，只需根据实际支承情况和短跨与长跨的比值，直接查出弯矩系数，即可算得有关弯矩。

$$M＝表中系数 \times ql_{01}^2 \tag{9-14}$$

式中　M——跨中或支座单位板宽内的弯矩设计值；

　　　q——均布荷载设计值；

　　　l_{01}——短跨方向的计算跨度，计算方法与单向板相同。

需要说明的是，附表 6 中的系数是根据材料的泊松比 $\nu＝0$ 得到的。当 $\nu \neq 0$ 时，可按下式计算：

$$m_1^\nu＝m_1＋\nu m_2 \tag{9-15}$$

$$m_2^\nu＝m_2＋\nu m_1 \tag{9-16}$$

对于混凝土，可取 $\nu＝0.2$。m_1、m_2 为 $\nu＝0$ 时的跨内弯矩。

（2）连续双向板

多跨连续双向板按弹性理论的计算非常复杂，所以在设计中，采用简化的计算法，即假定支承梁无垂直变形，板在梁上可自由转动，应用单跨双向板的计算系数表进行计算，按这种方法进行计算时，要求在同一方向的相邻最小跨与最大跨跨长之比应大于 0.75。

计算多跨连续双向板同多跨连续单向板一样，也应考虑活荷载的最不利位置。

① 跨中最大弯矩的计算。为了求连续双向板中最大弯矩，活荷载应按图 9-28 所示的棋盘式进行布置。这种荷载分布情况可以分解成各跨满布的对称荷载 $g'＝g＋q/2$ 及各跨竖向上下相间作用的反对称荷载 $g'＝\pm q/2$ 两种情况，如图 9-28(c) 和（d）所示。其中，g 为均布恒荷载，q 为均布活荷载。

在对称荷载作用下，所有中间区格板均可视为四边固定双向板；边、角区格板的外边界条件如楼盖周边视为简支，则其边区格可视为三边固定、一边简支双向板；角区格板可视为两邻边固定、两邻边简支双向板。这样，根据各区格板的四边支承情况，即可分别求出在 $g'＝g＋q/2$ 作用下的跨中弯矩。

在反对称荷载作用下，忽略梁的扭转作用，将所有中间支座均视为简支支座，如楼盖周边视为简支，则所有区格板均可视为四边简支板，于是可以求出在 $g'＝\pm q/2$ 作用下的跨中弯矩。

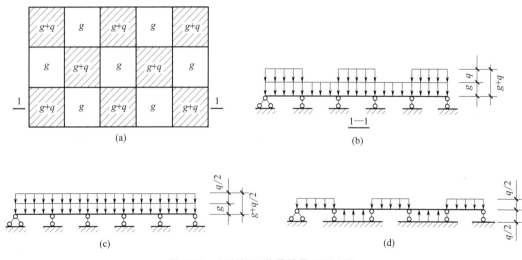

图 9-28　双向板活荷载的最不利布置

建
筑
结
构

最后将各区格板在上述两种荷载作用下的跨中弯矩相叠加，即可得到各区格板的跨中最大弯矩。

② 支座最大弯矩的计算。求支座最大弯矩，应考虑活荷载的最不利布置，为简化计算，可近似认为恒荷载和活荷载皆满布在连续双向板所有区格时支座产生最大弯矩。此时，可视各中间支座均为固定，各周边支座为简支，求得各区格板中各固定边的支座弯矩。但对某些中间支座，由相邻两个区格板求出的支座弯矩常常并不相等，则可近似地取其平均值作为该支座弯矩值。

（3）双向板支承梁

荷载是以构件的刚度来分配的，即刚度大的分配得多些，因此板面上的竖向荷载总是以最短距离传递到支承梁上。于是就可理解为当双向板承受竖向荷载时，直角相交的相邻支承梁总是按45°来划分负荷范围的，故沿短跨方向的支承梁承受板面传来的三角形分布荷载；沿长跨方向的支承梁承受板面传来的梯形分布荷载，如图9-29所示。

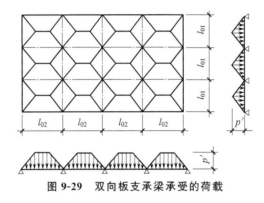

图 9-29 双向板支承梁承受的荷载

按弹性理论设计计算梁的支座弯矩时，可按支座弯矩等效的原则，按下式将三角形荷载和梯形荷载等效为均布荷载 p_e：

三角形荷载作用时

$$p_e = \frac{5}{8} p' \tag{9-17}$$

梯形荷载作用时

$$p_e = (1 - 2\alpha_1^2 + \alpha_1^3) p' \tag{9-18}$$

$$p' = (g + q) \frac{l_{01}}{2} \tag{9-19}$$

9.4.3　双向板的截面设计与构造要求

① 双向板的板厚一般为 $80 \sim 160\text{mm}$。为满足板的刚度要求，简支板板厚应不小于 $l_0/45$，连续板板厚不小于 $l_0/50$（l_0 为短边的计算跨度）。

② 由于双向板短跨方向的跨中弯矩比长跨方向要大，因此短跨方向的受力钢筋应放在长跨方向受力钢筋的外侧，以充分利用板的有效高度。

③ 双向板的配筋形式有分离式和弯起式两种，通常采用分离式配筋。双向板的其他配筋要求同单向板。

④ 双向板的角区格板，如两边嵌固在承重墙内，为防止产生垂直于对角线方向的裂缝，应在板角上部配置附加的双向钢筋网，每一方向的钢筋不少于$\phi 8@200$，伸出长度不小于$l_1/4$（l_1为板的短跨）。

9.5 楼梯与雨篷的设计方法

9.5.1 楼梯

楼梯作为楼层间相互联系的垂直交通设施，是多层及高层房屋中的重要组成部分。钢筋混凝土楼梯由于具有较好的结构刚度和耐久、耐火性能，并且在施工、外形和造价等方面也有较多优点，故在实际工程中应用最为普遍。

（1）楼梯的类型和组成

楼梯的外形和几何尺寸由建筑设计确定。目前楼梯的类型较多，按施工方法的不同，可分为整体式楼梯和装配式楼梯；按梯段结构形式的不同，可分为板式、梁式、螺旋式和对折式。常见的类型是板式和梁式两种。板式楼梯由梯段板、平台板和平台梁组成（见图9-30），梯段板是一块带有踏步的斜板，两端支承在上、下平台梁上。梁式楼梯由踏步板、梯段梁、平台板和平台梁组成（见图9-31），踏步板支撑在两边斜梁（双梁式）或中间一根斜梁（单梁式）上；斜梁再支撑在平台梁和楼盖上；平台板一端支撑在平台梁上，另一端支撑在过梁或墙上，在砌体结构房屋中，平台梁可支撑在楼梯间两侧的墙上。

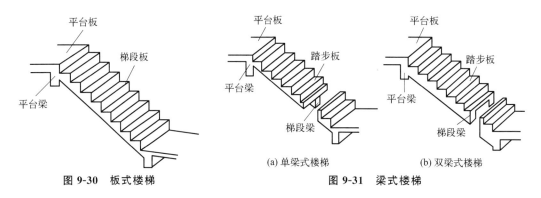

图 9-30　板式楼梯　　　　　图 9-31　梁式楼梯

(a) 单梁式楼梯　　　(b) 双梁式楼梯

楼梯的梯段底面平整，外形简洁，便于支模施工。但是，当梯段跨度较大时，梯段板较厚，自重较大，钢筋混凝土用量较多。当活荷载较小，梯段跨度不大于3m时，常采用板式楼梯。而与板式楼梯相比，梁式楼梯钢材和混凝土用量少、自重小，但支模和施工较复杂。当梯段跨度大于3m时，采用梁式楼梯较为经济。

（2）板式楼梯

板式楼梯的设计内容包括梯段板、平台板和平台梁的设计。

① 梯段板。计算梯段板时，可取出1m宽板带或以整个梯段板作为计算单元。

梯段板为两端支承在平台梁上的斜板，图9-32（a）为其纵剖面。内力计算时，可以简化为简支斜板，计算简图如图9-32（b）所示。斜坡又可作水平板计算［见图9-32（c）］，计算跨度按斜板的水平投影长度取值，但荷载也同时化作沿斜板水平投影长度上的均布荷载。

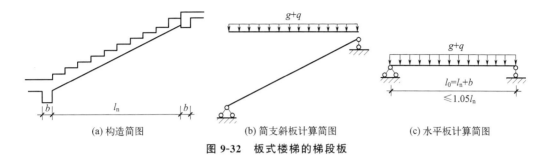

(a) 构造简图　　　(b) 简支斜板计算简图　　　(c) 水平板计算简图

图9-32　板式楼梯的梯段板

由结构力学可知，简支斜板在竖向均布荷载作用下的最大弯矩为

$$M_{max} = \frac{1}{8}(g+q)l_0^2 \tag{9-20}$$

简支斜板在竖向均布荷载作用下的最大剪力为

$$V_{max} = \frac{1}{2}(g+q)l_n\cos\alpha \tag{9-21}$$

式中　g、q——作用于梯段上、沿水平投影方向的恒荷载及活荷载设计值；

　　　l_0、l_n——梯段板的计算跨度及净跨的水平投影长度；

　　　α——梯段板的倾角。

考虑到梯段板与平台梁为整体连接，平台梁对梯段板有弹性约束作用这一有利因素，故可以减小梯段板的跨中弯矩，计算时最大弯矩取为

$$M_{max} = \frac{1}{10}(g+q)l_0^2 \tag{9-22}$$

截面承载力计算时，斜板的截面高度应垂直于斜面量取。

为避免斜板在支座处产生过大的裂缝，应在板面配置一定数量的钢筋，一般取为 $\phi 8@200$，长度为 $l_n/4$。斜板内分布钢筋可采用 $\phi 6$ 或 $\phi 8$，每级踏步不少于1根，放置在受力钢筋的内侧。

② 平台板。平台板一般均属单向板（有时也可能是双向板），当板的两边均与梁整体连接时，考虑梁对板的弹性约束，板的跨中弯矩也可按 $M=(g+q)l_0^2/10$（l_0 为平台板的计算跨度）计算，当板的一边与梁整体连接而另一边支承在墙上时，板的跨中弯矩则应按 $M=(g+q)l_0^2/8$ 计算。

③ 平台梁。平台梁两端一般支承在楼梯间构造柱或承重墙上，承受梯段板、平台板传来的均布荷载和自重，可按简支的倒L形梁计算。平台梁截面高度，一般取 $h \geqslant l_0/20$（l_0 为平台梁的计算跨度）。其他构造要求与一般梁相同。

（3）梁式楼梯

梁式楼梯的设计内容包括踏步板、斜梁、平台板和平台梁的设计。

① 踏步板。梁式楼梯的踏步板为两端支承在梯段梁上的单向板［见图9-33（a）］，为了方便，可在竖向切出一个踏步作为计算单元［见图9-33（b）］，其截面为梯形，可按截面面积相等的原则简化为同宽度的矩形截面简支梁计算，计算简图见图9-33（c）。

斜板部分厚度一般取为 $30\sim40$mm。踏步板配筋除按计算确定外，要求每个踏步一般

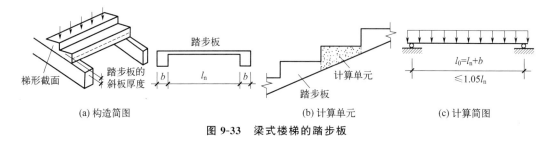

| (a) 构造简图 | (b) 计算单元 | (c) 计算简图 |

图 9-33　梁式楼梯的踏步板

不宜少于 $2\phi6$ 受力钢筋，布置在踏步下面斜板中，并沿梯段布置间距不大于 300mm 的分布钢筋。

② 斜梁。斜梁的内力计算与板式楼梯的斜板相同。踏步板可能位于斜梁截面高度的上部，也可能位于下部。计算时截面高度可取为矩形截面。

③ 平台板和平台梁。梁式楼梯的平台板计算和构造要求与板式楼梯完全相同。而平台梁与板式楼梯的不同之处在于梁式楼梯中的平台梁除承受平台板传来的均布荷载和自重外，还承受梯段斜梁传来的集中荷载，在计算中应予以考虑，平台梁的配筋和构造要求与一般梁相同。

9.5.2　雨篷

雨篷、外阳台、挑檐是建筑工程中常见的悬挑构件。它们的设计除了与一般梁板结构相同之外，还应进行抗倾覆验算。下面以雨篷为例，介绍设计要点。

（1）雨篷的构成

雨篷由雨篷梁和雨篷板组成。雨篷梁除支承雨篷板外，还兼有过梁的作用。房屋雨篷板挑出的跨度 l 通常为 $600\sim1200\text{mm}$，板厚（根部）约为板挑出跨度的 $1/12$，但不小于 80mm。雨篷梁的宽度 b 值取墙厚，梁高 h 值除参照一般梁的高跨比外，还要考虑雨篷板下灯的安装高度，避免出现外开门碰吸顶灯罩的弊病。梁两端伸进砌体的长度应满足雨篷抗倾覆的要求。雨篷板周围往往设置凸沿，以便排水。

（2）雨篷的破坏形式

雨篷实际是悬臂板结构，因此，它的破坏有三种情况：第一种情况是雨篷板在支座处裂断；第二种情况是雨篷梁受弯受扭破坏；第三种情况是整个雨篷连梁带板倾覆翻倒。因此，雨篷的设计应进行雨篷板、雨篷梁和防雨篷倾覆三部分的计算。

① 雨篷板。雨篷板上的荷载有恒荷载、雪荷载、均布活荷载，以及施工和检修集中荷载。以上荷载中，雨篷均布活荷载与雪荷载不同时考虑，取两者中的较大者。施工和检修集中荷载与均布荷载不同时考虑。每一个集中荷载值为 1.0kN，进行承载力计算时，每隔 1m 考虑一个集中荷载；验算雨篷倾覆时，沿板长每隔 $2.5\sim3.0\text{m}$ 考虑一个集中荷载。

雨篷板的内力分析，当无边梁时，与一般悬臂板相同；当有边梁时，与一般梁板结构相同。

② 雨篷梁。雨篷梁在自重、梁上砌体重力等荷载作用下产生弯矩和剪力；在雨篷板传来的荷载作用下不仅产生弯矩和剪力，还将产生扭矩。因此，雨篷梁可按受弯、受剪、受扭的构件进行设计。

建筑结构

当雨篷板上作用有均布荷载 p 时，作用在雨篷梁中心线的力包括竖向力 V 和力矩 M_p，如图 9-34 所示，沿板宽方向每米分别为 $V=pl$ 和 $M_p=pl(b+l)/2$。

在力矩 M_p 作用下，雨篷梁的最大扭矩为

$$T=M_p l_0/2 \tag{9-23}$$

式中　l_0——雨篷梁的跨度，可近似取 $l_0=1.05l_n$。

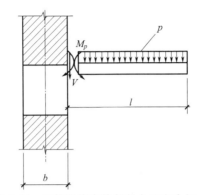

图 9-34　雨篷梁传来的竖向力 V 和力矩 M_p

③ 防雨篷倾覆。

a. 雨篷上的荷载（包括恒荷载和活荷载）除使雨篷梁受弯和受扭破坏外，还有可能使整个雨篷绕梁底外缘转动而倾覆翻倒。但是，梁上的恒荷载（包括梁本身自重和砌体的重力荷载等）有抵抗倾覆的能力。雨篷产生的力矩为 $M_{倾}$。雨篷梁上各荷载产生的力矩为抗倾覆力矩 $M_{抗}$。

b. 当 $M_{倾} > M_{抗}$ 时，雨篷倾覆翻倒。

c. 为使雨篷足够安全，设计时必须满足下式要求：

$$\frac{M_{抗}}{M_{倾}} \geqslant K = 1.5 \tag{9-24}$$

如果雨篷经计算不能满足抗倾覆安全的要求，则应采取加固措施。例如，增加雨篷梁伸入支座的长度，增加雨篷梁上的砌体高度，将雨篷梁与周围的结构连接在一起。如果以上三种办法都满足不了抗倾覆安全的要求，最后的办法是缩短雨篷板挑出的跨度 l 值，以保证雨篷梁板使用的安全性。

习题　>>>

1. 钢筋混凝土楼盖结构有哪几种类型？说明它们各自的受力特点和适用范围。

2. 什么叫"塑性铰"？与结构力学中的理想铰相比，钢筋混凝土塑性铰有哪些特点？

3. 板式楼梯由哪三部分组成？

4. 简述双向板的受力特点。

5. 现浇单向板肋形楼盖板、次梁和主梁的配筋计算和构造有哪些要点？

6. 多跨连续梁（板）按弹性理论计算，为求得某跨跨中最大负弯矩，活荷载应如何布置？

7. 简述板内分布筋的作用。

第10章

多高层钢筋混凝土结构

引言

目前钢筋混凝土结构是我国多层及高层建筑中的一种主要结构形式。钢筋混凝土结构造价低，主要材料砂石等便于就地取材，可以做成各种形状，具有结构刚度大、耐火性好、维护费用低等优点。党的二十大报告提到"加快发展方式绿色转型。推动经济社会发展绿色化、低碳化是实现高质量发展的关键环节。"多高层建筑能够充分利用城市中有限的土地资源。

思考： 多高层建筑结构在设计时要考虑哪些因素？怎样的建筑结构能实现经济与适用的建设目标？高层建筑是否越高越绿色？

本章重点 >>>

多高层房屋常用的结构体系；多高层框架结构的荷载；多高层框架结构的类型、布置方案；多高层框架结构的构造要求。

10.1 多高层房屋常用的结构体系

多层建筑与高层建筑之间的界限，国内外划分标准并不统一。高层建筑大多根据不同需要和目的而定义。国际上许多国家和地区对高层建筑的界定多在10层以上，而我国不同标准中亦有不同的定义。

《民用建筑设计统一标准》（GB 50352—2019）充分考虑了建筑设计的防火规范要求，将建筑高度大于27m的住宅建筑和建筑高度大于24m的非单层公共建筑，且高度不大于100m的定为高层民用建筑，建筑高度100m以上的建筑物为超高层建筑。

《建筑设计防火规范（2018年版）》（GB 50016—2014）将建筑高度大于27m的住宅建筑和建筑高度大于24m的非单层厂房、仓库和其他民用建筑定为高层建筑。

《高层建筑混凝土结构技术规程》（简称《混凝土高层规程》，JGJ 3—2010）主要是从结构设计的角度考虑，并与国家有关标准基本协调，把10层及10层以上或房屋高度大于28m的住宅建筑和房屋高度大于24m的其他高层民用建筑称为高层建筑。

现代高层建筑是随着社会生产的发展和人们生活的需要而发展起来的，是商业化、工业化、城市化发展的结果。而科学技术的进步、轻质高强材料的出现以及新型结构体系、高性能电力设备、信息技术等在建筑中的广泛应用为高层建筑的发展提供了物质和技术条件。

目前，钢筋混凝土多层及高层房屋常用的结构体系有框架结构、框架-剪力墙结构、剪力墙结构、筒体结构等。本章主要介绍钢筋混凝土框架结构，其他结构体系只简要介绍。

10.1.1　框架结构体系

框架结构是由竖向构件柱与水平构件梁通过节点连接而成的，一般由框架梁、柱与基础形成多个平面框架作为主要的承重结构，各平面框架再通过连系梁加以连接而形成一个空间结构体系，可同时抵抗竖向及水平荷载，如图10-1所示。

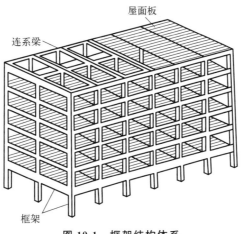

屋面板

连系梁

框架

图 10-1　框架结构体系

框架结构体系的最大特点是承重结构和围护、分隔构件完全分开，墙只起围护、分隔作用。框架结构建筑平面布置灵活，空间划分方便，易于满足生产工艺和使用要求，具有较高的承载力和较好的整体性，因此，广泛应用于多高层办公楼、医院、旅馆、教学楼、住宅和多层工业厂房。框架结构最佳适用高度为6～15层，非地震区也可用于15～20层的建筑。

10.1.2　剪力墙结构体系

剪力墙结构是由纵向和横向钢筋混凝土墙体互相连接构成的承重结构体系，用以抵抗竖向荷载及水平荷载。一般情况下，剪力墙结构楼盖内不设梁，采用现浇楼板直接支承在钢筋混凝土墙上，剪力墙既承受水平荷载作用，又承受全部的竖向荷载作用，同时也兼作建筑物的围护构件（外墙）和内部各房间的分隔构件（内墙），如图10-2所示。钢筋混凝土剪力墙结构横墙多，侧向刚度大，整体性好，对承受水平力有利；无凸出墙面的梁柱，整齐美观，特别适合居住建筑，并可使用大模板、隧道模板、滑升模板等先进施工方法，有利于缩短工期，节省人力。但剪力墙体系的房间划分受到较大限制，因而一般用于住宅、旅馆等开间要求较小的建筑，适用高度为15～50层。

当高层剪力墙结构的底部需要较大空间时，可将底部一层或几层取消部分剪力墙代之以

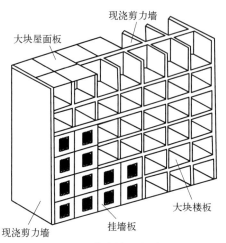

现浇剪力墙
大块屋面板
大块楼板
现浇剪力墙
挂墙板

图 10-2　剪力墙结构体系

框架，即成为框支剪力墙结构，但这种墙结构属竖向不规则结构，抗震性能较差，只能用于9度以下抗震设防地区的建筑。

剪力墙结构布置和构造的一般要求：

① 剪力墙结构应具有适宜的侧向刚度，墙体宜沿两个主轴方向或其他方向双向布置，两个方向的侧向刚度不宜相差过大。平面布置宜简单、规则，墙体宜自下到上连续布置，避免刚度突变。门窗洞口宜上下对齐、成列布置，形成明确的墙肢和连梁，避免造成墙肢宽度相差悬殊的洞口设置。

② 剪力墙不宜过长，较长的剪力墙宜设置跨高比较大的连梁将其分成长度较均匀的若干墙段，各墙段的高度与墙段长度之比不宜小于3，墙段长度不宜大于8m。

③ 当底部需要大空间而部分剪力墙不落地时，应设置转换层。

④ 高层剪力墙结构，应尽量减轻建筑物自重，在保证安全的条件下尽量减小构件截面尺寸，采用轻质高强材料。

⑤ 当剪力墙墙肢与其平面外相交的楼面梁刚接时，可沿楼面梁轴线方向设置与梁相连的剪力墙、扶壁柱或在墙内设置暗柱。

⑥ 高层剪力墙结构的女儿墙宜采用现浇，屋顶局部突出的电梯机房、楼梯间、水箱间等小房间墙体应采用现浇混凝土。

⑦ 抗震设计时，应加强剪力墙底部抗震构造措施，以提高其受剪承载力。底部加强部位的范围应符合下列规定：底部加强部位的高度，应从地下室顶板算起；当房屋高度大于24m时，底部加强部位的高度可取底部两层和墙体总高度的1/10二者的较大值；房屋高度不大于24m时，底部加强部位可取底部一层。

⑧ 剪力墙结构混凝土的强度等级不应低于C20；抗震设计时，剪力墙的混凝土强度等级不宜高于C60。

⑨ 剪力墙结构的受力钢筋及其性能应符合现行国家标准《混凝土结构设计规范》的有关规定。

⑩ 剪力墙的截面厚度除应符合墙体稳定验算要求外，还应符合下列规定：一、二级抗震等级设计的剪力墙：底部加强部位不应小于200mm，其他部位不应小于160mm，一字形独立剪力墙底部加强部位不应小于220mm，其他部位不应小于180mm。三、四级剪力墙：不应小于160mm，一字形独立剪力墙的底部加强部位尚不应小于180mm。非抗震设计时不应小于160mm。

10.1.3 框架-剪力墙结构体系

框架结构侧向刚度差，但具有平面布置灵活、立面处理易于变化等优点；而剪力墙结构抗侧刚度大，对承受水平荷载有利，但剪力墙间距小，平面布置不灵活。在框架结构中设置适当数量的剪力墙，就形成框架-剪力墙结构体系，其综合了框架结构及剪力墙结构的优点，是一种适用于建造高层建筑的结构体系，如图10-3所示。

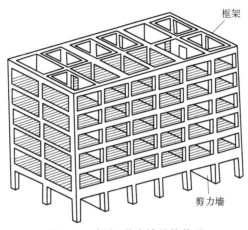

图 10-3　框架-剪力墙结构体系

框架-剪力墙结构体系的侧向刚度比框架结构大，大部分水平力由剪力墙承担，而竖向荷载主要由框架承受，因而用于高层房屋比框架结构更为经济合理；同时由于它只在部分位置上有剪力墙，保持了框架结构易于分隔空间、平面易于变化等特点；此外，这种体系的抗震性能也较好。因此，框架-剪力墙结构体系在多层及高层办公楼、旅馆等建筑中得到了广泛应用，其适用高度为15～25层，一般不宜超过30层。

10.1.4 筒体结构体系

筒体结构体系是由剪力墙结构体系和框架-剪力墙结构体系演变发展而成的，是将剪力墙或密柱框架（框筒）围合成侧向刚度更大的筒状结构，以筒体承受竖向荷载和水平荷载的结构体系。它将剪力墙集中到房屋的内部或外围形成空间封闭筒体，既有较大的抗侧刚度，又可获得较大的使用空间，使建筑平面设计更加灵活。

根据开孔的多少，筒体有实腹筒和空腹筒之分，如图10-4所示。实腹筒一般由电梯井、楼梯间、设备管道井的钢筋混凝土墙体组成，开孔少，常位于房屋中部，故又称为核心筒；空腹筒由布置在房屋四周的密排立柱和高跨比很大的横梁（又称窗裙梁）组成，也称为框筒。

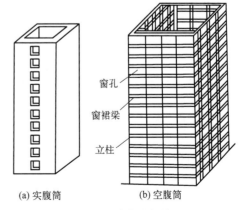

(a) 实腹筒　　(b) 空腹筒

图 10-4　筒体结构体系

10.2 框架结构的类型和布置

10.2.1 框架结构的类型

钢筋混凝土框架结构按照施工方法的不同，可分为现浇整体式框架、装配式框架和装配整体式框架三种。

① 现浇整体式框架。这种框架的承重构件梁、板、柱均在现场浇筑而成。其优点是整体性好，建筑布置灵活，有利于抗震，但工程量大，模板耗费多，工期长。它适用于使用要求较高，功能复杂，对抗震性能要求高的多高层框架结构房屋。

② 装配式框架。这种框架的构件全部或部分为预制，然后在施工现场进行安装就位，通过焊接预埋件连接形成整体。其优点是节约模板、缩短工期，有利于施工机械化；缺点是预埋件多，总用钢量大，框架整体性较差。

③ 装配整体式框架。这种框架是将预制梁、柱和板在现场安装就位后，再在构件连接处局部现浇混凝土，使之形成整体。其优点是省去了预埋件，减少了用钢量，整体性比装配式有所提高，但缺点是节点施工复杂。

10.2.2 框架结构布置、层高以及梁柱尺寸

（1）框架结构布置、层高

框架结构房屋的柱网布置必须满足建筑平面及使用要求，同时也要使结构合理。从结构上看，柱网应规则、整齐，且每个楼层的柱网尺寸应相同，要能形成由板-次梁-框架梁-框架柱-基础组成的传力体系，且使之直接而明确（有时可以不设次梁）。柱网尺寸，即平面框架的跨度（进深）及其柱距（开间）的平面尺寸。

在需要中间走道的建筑中，柱网布置可如图 10-5(a) 所示；在需要较大空间时，柱网布置可如图 10-5(b) 所示，柱的间距以 3～8m 较为合理，特殊需要时可再缩小或扩大。在具有正交轴线柱网的框架结构中，通常可形成很明确的两个方向的框架。矩形平面的长向被称为纵向，短向称为横向。图 10-5(a) 中的柱网布置有七榀横向框架和四榀纵向框架；图 10-5(b) 为正方形，不分纵向和横向，每个方向都有四榀框架。

就承受竖向荷载而言，由于楼板布置方式不同，有主要承重框架和非主要承重框架之分。如图 10-5(a) 左侧所示，楼板（或次梁）支承在横向框架上，横向框架成为主要承重框架，纵向框架为非主要承重框架；图 10-5(a) 右侧则相反，纵向框架成为主要承重框架，横向框架为非主要承重框架（在一个结构中应当布置成统一的承重体系，图 10-5 是为说明问题而分为两种布置）。如果采用双向板，如图 10-5(b) 所示，则双向框架都是承重框架。

就承受水平荷载而言，两个方向的框架分别抵抗与框架方向平行的水平荷载，由图 10-6 可见，在非地震区，多层框架结构中，纵向框架的梁柱连接可以做成铰接，但是在高层建筑中，或是在地震区的多层建筑中，两向框架的梁柱连接都必须做成刚接。由于无论是纵向还

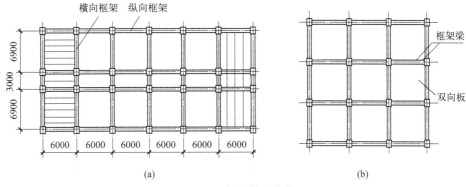

图 10-5 框架柱网布置

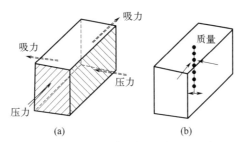

图 10-6 水平荷载对框架的作用示意

是横向，建筑物质量是相同的，地震作用也相近，因而抗震结构中，两个方向的框架的总抗侧刚度应当相近。

在确定框架的组成及梁柱截面尺寸时，要综合考虑上述各因素，既要考虑楼板的合理跨度及布置，又要考虑抗侧刚度的要求。例如在矩形平面结构中，每榀横向框架柱子数目少，将横向框架布置成主要承重框架有利于提高横向框架的抗侧刚度。

从施工方式划分，框架结构有装配整体式、现浇及半装配半现浇等类型。装配整体式框架是用预制构件（梁、柱）在现场吊装、拼接而成的，拼装时通过现浇混凝土将节点做成整体刚接。这种框架工业化程度高，现场湿作业量较小，现场施工时间较短，但多数情况下造价较高，特别是结构整体性不如现浇框架，因此在高层建筑中，大多数采用现浇框架和现浇楼板。在多层建筑中可采用装配整体式框架。当采用泵送混凝土施工工艺及工业化拼装式模板时，现浇框架也可达到缩短工期及节省劳动力的效果。

多层厂房的层高一般为 3.6m、3.9m、4.5m、5.4m，民用房屋的常用层高为 3.0m、3.6m、3.9m 和 4.2m。柱网和层高通常以 300mm 为模数。

（2）梁、柱截面尺寸

框架梁、柱的截面尺寸，应该由承载力及抗侧刚度要求决定。但是在内力、位移计算之前，就需要确定梁柱截面，通常是在初步设计时估算或由经验选定截面尺寸，然后通过承载力及变形验算最后确定。

梁截面尺寸主要需要满足竖向荷载下的刚度要求。主要承重框架梁按"主梁"估算截面，一般取梁高为 $(1/18 \sim 1/10)l_b$，l_b 为主梁计算跨度，同时 h_b 也不宜大于净跨的 1/4；主梁截面宽度 b_b 不宜小于 $h_b/4$；非主要承重框架的梁可按"次梁"要求选择截面尺寸，一般取梁高 $h_b = (1/20 \sim 1/12)l_b$。当满足上述要求时一般可不验算挠度。

增大梁截面高度可有效地提高框架抗侧刚度，但是增加梁高必然增加楼层层高，在高层建筑中它将使建筑物总高度增加，因而是不经济的；事实上，常常会因为楼层高度及使用净空要求而限制梁高。此外，在抗震结构中，梁截面过大也不利于抗震延性框架的实现。在梁高度受到限制时，可增加梁截面的宽度形成宽梁或扁梁以提高抗侧刚度。这时，需要计算竖向荷载下的挠度或具有足够的经验以确保梁的刚度要求得到满足。

柱截面尺寸可根据柱子可能承受的竖向荷载估算。在初步设计时，一般根据柱支承的楼板面积及填充墙数量，由单位楼板面积重量（包括自重及使用荷载）及填充墙材料重量计算一根柱的最大竖向轴力设计值 N_v，在考虑水平荷载的影响后，由下式估算柱子截面面积 A_c。

在非抗震设计时：

$$N = (1.05 \sim 1.10)N_v$$

$$A_c = \frac{N}{f_c}$$

在抗震设计时：

$$N = (1.05 \sim 1.10)N_v$$

$$一级抗震 \quad A_c = \frac{N}{0.65f_c}$$

$$二级抗震 \quad A_c = \frac{N}{0.75f_c}$$

$$三级抗震 \quad A_c = \frac{N}{0.85f_c}$$

式中，f_c 为柱混凝土的轴心抗压强度设计值。

框架柱截面可做成方形、圆形或矩形。一般情况下，柱的长边与主要承重框架方向一致。

10.3 多高层框架结构的计算与荷载分类

10.3.1 多高层框架结构的计算

在进行框架结构的计算时，常忽略结构纵向和横向之间的空间连系，忽略各构件的抗扭作用，将横向框架和纵向框架分别按平面框架进行分析计算，如图 10-7(a)、(b) 所示。

通常，横向框架的间距、荷载都相同，因此取有代表性的一榀中间横向框架作为计算单元。纵向框架上的荷载往往各不相同，故常有中列柱和边列柱的区别，中列柱纵向框架的计算单元宽度可各取两侧跨距的一半，边列柱纵向框架的计算单元宽度可取一侧跨距的一半。取出的平面框架所承受的竖向荷载与楼盖结构的布置情况有关，当采用现浇楼盖时，楼面分布荷载一般可按角平分线传至相应两侧的梁上，图 10-7(c) 中的三角形和梯形竖向分布荷载往往可简化成均匀竖向荷载。水平荷载则简化成节点集中力，如图 10-7(d) 所示。

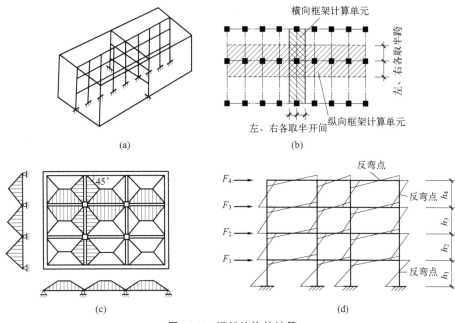

图 10-7 框架结构的计算

10.3.2 多高层框架结构的荷载分类

多高层框架结构的荷载分为竖向荷载和水平荷载两类。对低层民用建筑，结构设计中起控制作用的是竖向荷载；对多层建筑，由水平荷载和竖向荷载共同控制；对高层建筑，水平荷载（风荷载和地震作用）起控制作用。

（1）竖向荷载

竖向荷载包括结构构件和非结构构件的自重（恒荷载）、楼面活荷载、屋面均布活荷载、雪荷载、屋面积灰荷载和施工检修荷载等，其计算方法与梁板结构基本相同。考虑多高层建筑中的楼面活荷载以标准值同时作用于所有楼面上的可能性很小，因此结构设计时可将楼面活荷载予以折减。对于住宅、宿舍、旅馆、办公楼、医院病房、托儿所的楼面梁，当其负荷面积大于 $25m^2$ 时，折减系数为 0.9；对于墙、柱、基础，则需要根据计算截面以上的楼层取不同的折减系数，如表 10-1 所示。

表 10-1 活荷载按楼层的折减系数

墙、柱、基础计算截面以上的层数	1	2~3	4~5	6~8	9~20	>20
计算截面以上各楼层活荷载综合的折减系数	1.00(0.9)	0.85	0.70	0.65	0.60	0.55

注：当楼面梁的从属面积超过 $25m^2$ 时，采用括号内的系数。

（2）水平荷载

水平荷载主要包括风荷载和水平地震作用。

① 风荷载。对于高层建筑结构，风荷载是结构承受的主要水平荷载之一。

作用在建筑物表面上的风荷载，主要取决于风压（吸）力大小、建筑物体型、地面粗糙程度，以及建筑物的动力特性等有关因素。垂直建筑物表面上的风荷载一般按静荷载考虑。层数较少的建筑物，风荷载产生的振动一般很小，设计时可不考虑。高层建筑对风的动力作用比较敏感，建筑物越高，自振周期就越长，风的动力作用也就越显著。高度大于 30m 且高宽比大于 1.5 的高层建筑，要通过风振系数 β_z 来考虑风的动力作用。

为方便计算，可将沿建筑物高度分布作用的风荷载简化为节点集中荷载，分别作用于各层楼面和屋面处，并合并于迎风面一侧。对某一楼面，取相邻上、下各半层高度范围内分布荷载之和，并且该分布荷载按均布考虑。一般风荷载要考虑左风和右风两种可能。

② 水平地震作用。地震作用是地震时作用在建筑物上的惯性力。一般在抗震设防烈度 6 度以上时需考虑。

在一般建筑物中，地震的竖向作用并不明显，只有在抗震设防烈度为 9 度及 9 度以上的地震区，竖向地震作用的影响才比较明显。因此，《建筑抗震设计规范（2016 年版）》（GB 50011—2010）规定，对于在抗震设防烈度为 8、9 度时的大跨度和长悬臂结构及 9 度时的高层建筑，应计算竖向地震作用，其余的建筑物不需要考虑竖向地震作用的影响。

10.4 多高层框架结构的构造要求

10.4.1 框架梁、柱的截面形状及尺寸

（1）框架梁的截面形状及尺寸

现浇整体式框架中，框架梁多做成矩形截面。框架梁的截面高度 h 可按（1/18～1/10）l_0（l_0 为框架梁的计算跨度）确定，但不宜大于净跨的 1/4。框架梁的截面宽度不宜小于 $h/4$，也不宜小于 200mm，一般取梁高的 1/3～1/2。工程中常用框架梁宽度为 250mm 和 300mm。框架梁底部通常较连系梁底部低 50mm 以上，以避免框架节点处纵、横钢筋相互干扰。

（2）框架柱的截面形状及尺寸

框架柱的截面形状一般做成矩形、方形、圆形或多边形。矩形、方形柱的截面宽度和高度，非抗震设计时不宜小于 250mm，抗震设计时不宜小于 300mm。圆柱截面直径及多边形截面的内切圆直径不宜小于 350mm。柱的截面高度与宽度之比不宜大于 3，柱的净高与截面高度之比不宜小于 4。

工程中常用的框架柱截面尺寸是 400mm×400mm、450mm×450mm、500mm×500mm、550mm×550mm、600mm×600mm。

10.4.2 框架的节点构造

梁、柱的节点构造是保证框架结构整体空间受力性能的重要措施。只有通过构件之间的

相互连接，结构才能成为一个整体。现浇框架的连接构造，主要是梁与柱、柱与柱之间的配筋构造。

（1）框架结构的节点分类

根据构造做法不同，框架结构的节点可分为如下四种类型。

① 中间层中间节点

框架梁上部纵筋应贯穿中间节点（或中间支座），如图10-8所示。

框架梁下部纵筋伸入中间节点范围内的锚固长度应根据具体情况按下列要求取用：

a. 当计算中不利用其强度时，伸入节点的锚固长度 l_{as} 不应小于 $12d$。

b. 当计算中充分利用钢筋的抗拉强度时，应锚固在节点内。钢筋的锚固长度不应小于 l_a，如图10-8（a）所示；当柱截面较小而直线锚固长度不足时，可采用将钢筋伸至柱对边向上弯折 $90°$ 的锚固形式，其中弯前水平段的长度不应小于 $0.4l_a$，弯后垂直段长度取为 $15d$，如图10-8（b）所示；框架梁下部纵筋也可贯穿框架节点区，在节点以外梁中弯矩较小区域设置搭接接头，搭接长度应满足受拉钢筋的搭接长度要求，如图10-8（c）所示。

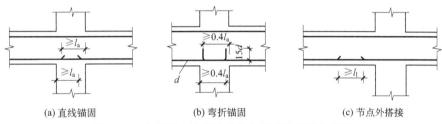

图 10-8　中间层中间节点梁纵向钢筋的锚固与搭接

c. 当计算中充分利用钢筋的抗压强度时，伸入节点的直线锚固长度不应小于 $0.7l_a$。

框架柱的纵筋应贯穿中间层的中间节点，柱纵筋接头应设在节点区以外、弯矩较小的区域，并满足受拉钢筋的搭接长度要求（$l_l \geq 1.2l_a$）。在搭接接头范围内，箍筋间距应不大于 $5d$（d 为柱中较小纵筋的直径），且不应大于 100mm。

② 中间层端节点

梁上部纵筋在端节点的锚固长度应满足：

a. 梁纵筋在节点范围内的锚固长度不应小于 l_a，且伸过柱中心线不小于 $5d$，如图10-9（a）所示。

b. 当柱截面尺寸较小时，可采用弯折锚固形式，即将梁上部纵筋伸至柱对边并向下弯折 $90°$，其弯前的水平段长度不应小于 $0.4l_a$，弯后垂直段长度不应小于 $15d$，如图10-9（b）所示。

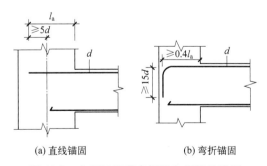

(a) 直线锚固　　　　　(b) 弯折锚固

图 10-9　中间层端节点梁纵向钢筋的锚固

梁下部纵筋至少应有两根伸入柱中，伸入端节点范围内的锚固要求与中间层中间节点梁下部纵筋的锚固规定相同。

框架柱的纵筋应贯穿中间层的端节点，其构造要求与中间层中间节点相同。

③ 顶层中间节点

框架梁纵筋在节点内的构造要求与中间层中间节点梁的纵筋相同，柱内纵筋应伸入顶层中间节点并在梁中锚固。

柱纵筋在节点范围内的锚固长度不应小于 l_a，且必须伸至柱顶，如图 10-10（a）所示。

当顶层节点处梁截面高度较小时，可采用弯折锚固形式，即将柱筋伸至柱顶，然后水平弯折，弯折前的垂直投影长度不应小于 $0.5l_a$。弯折方向可分为两种形式：

a. 向节点内弯折。弯折后的水平投影长度不应小于 $12d$，如图 10-10（b）所示。

b. 向节点外（楼板内）弯折。当框架顶层有现浇板且板厚不小于 80mm，混凝土强度等级不低于 C20 时，柱纵向钢筋也可向外弯入框架梁和现浇板内，弯折后的水平投影长度不应小于 $12d$，如图 10-10（c）所示。

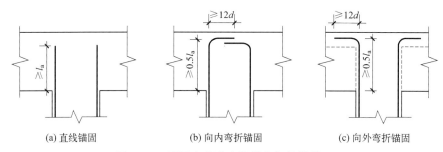

（a）直线锚固　　　　　（b）向内弯折锚固　　　　　（c）向外弯折锚固

图 10-10　顶层中间节点柱纵向钢筋的锚固

④ 顶层端节点

柱内侧纵筋的锚固要求与顶层中间节点纵筋的锚固规定相同。

梁下部纵筋伸入端节点范围内的锚固要求与中间层端节点梁下部纵筋的锚固规定相同。

柱外侧纵筋与梁上部纵筋在节点内为搭接连接。搭接方案有两种：一是在梁内搭接；二是在柱顶部位搭接。

a. 在梁内搭接。钢筋搭接接头在梁的高度范围内设置，即搭接接头沿顶层端节点外侧及梁端顶部布置，如图 10-11（a）所示。此时，搭接长度不应小于 $1.5l_a$，其中伸入梁内的柱外侧纵筋不宜小于柱外侧全部纵筋的 65%；梁宽范围以外的柱外侧纵筋宜沿节点顶部伸至柱内边后向下弯折 $8d$ 后截断；当柱有两层配筋时，位于柱顶第二层的钢筋可不向下弯折而

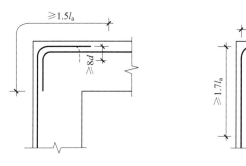

（a）位于节点外侧及梁端顶部的弯折搭接接头　　　（b）位于柱顶部外侧的直线搭接接头

图 10-11　梁上部纵向钢筋与柱外侧纵向钢筋在顶层端节点的搭接

在柱边切断；当柱顶有现浇板且厚度不小于80mm，混凝土强度等级不低于C20时，梁宽范围以外的钢筋可伸入现浇板内，其长度与伸入梁内的钢筋相同。梁上部纵筋应沿节点上边及外侧延伸弯折，直至梁底截断。

b. 在柱顶部位搭接。钢筋搭接接头在柱顶范围内设置，即搭接接头沿柱顶外侧布置，如图10-11(b)所示。此时，搭接区段基本为直线段，梁上部纵筋下伸的搭接长度不应小于$1.7l_a$；当梁上部纵筋配筋率大于1.2%时，弯入柱外侧的梁上部纵筋除应满足以上规定的搭接长度外，宜分两批截断，其截断点之间的距离不宜小于$20d$。柱外侧纵筋伸至柱顶后宜向节点内水平弯折后截断，弯后水平段长度不宜小于$12d$。

该方案在梁上部和柱外侧钢筋较多且浇筑混凝土的施工缝可以设在柱上部梁底截面以下时使用。

（2）框架节点内的箍筋设置

在框架节点内应设置水平箍筋，以约束柱纵筋和节点核心区混凝土。节点箍筋构造应符合相应柱中箍筋的构造规定，但间距不宜大于250mm。对四边均有梁与之相连的中间节点，节点内可只设置沿周边的矩形箍筋，而不设复合箍筋。

当顶层端节点内设有梁上部纵筋和柱外侧纵筋的搭接接头时，节点内的水平箍筋应符合规范对纵向受拉钢筋搭接长度范围内箍筋的构造要求，即其直径不小于$d/4$（d为搭接钢筋的较大直径），间距不大于$5d$（d为搭接钢筋的较小直径）且不大于100mm。

10.4.3 防连续倒塌设计原则

（1）设计原则

《混凝土结构设计规范》规定，混凝土结构防连续倒塌设计宜符合下列要求：
① 采取减小偶然作用效应的措施；
② 采取使重要构件及关键传力部位避免直接遭受偶然作用的措施；
③ 在结构容易遭受偶然作用影响的区域增加冗余约束，布置备用的传力途径；
④ 增强疏散通道、避难空间等重要结构构件及关键传力部位的承载力和变形性能；
⑤ 配置贯通水平、竖向构件的钢筋，并与周边构件可靠地锚固；
⑥ 设置结构缝，控制可能发生连续倒塌的范围。

（2）重要结构的防连续倒塌设计方法

① 局部加强法。提高可能遭受偶然作用而发生局部破坏的竖向重要构件和关键传力部位的安全储备，也可直接考虑偶然作用进行设计。
② 拉结构件法。在结构局部竖向构件失效的条件下，可根据具体情况分别按梁-拉结模型、悬索-拉结模型和悬臂-拉结模型进行承载力验算，维持结构的整体稳固性。
③ 拆除构件法。按一定规则拆除结构的主要受力构件，验算剩余结构体系的极限承载力；也可采用倒塌全过程分析进行设计。

（3）偶然作用下结构防连续倒塌的验算

当进行偶然作用下结构防连续倒塌的验算时，宜考虑结构相应部位倒塌冲击引起的动力系数。在抗力函数的计算中，混凝土强度取强度标准值f_{ck}；普通钢筋强度取极限强度标准

值 f_{stk}，预应力筋强度取极限强度标准值 f_{ptk} 并考虑锚具的影响。宜考虑偶然作用下结构倒塌对结构几何参数的影响。必要时应考虑材料性能在动力作用下的强化和脆性，并取相应的强度特征值。

 习题 >>>

1. 多高层房屋常用结构体系有哪些，各有什么特点？
2. 框架结构可分为哪些类型，各有什么特点？

第11章

建筑结构抗震设计基本知识

引言

地震灾害具有突发性和不可预测性，容易产生次生灾害，对社会也会产生很大影响。我国是一个多地震国家，据统计，我国大陆地震约占世界大陆地震的三分之一。我国法律法规对建筑抗震设计做了具体的要求，《中华人民共和国防震减灾法》规定：新建、扩建、改建建设工程，应当达到抗震设防要求。建设工程必须按照抗震设防要求和抗震设计规范进行抗震设计，并按照抗震设计进行施工。

思考：以习近平同志为核心的党中央为新时代防震减灾工作举旗定向。党的十八大以来，习近平总书记对做好防灾减灾救灾工作作出系列重要论述，赋予了新时代防震减灾保护人民生命财产、维护国家安全、推动构建人类命运共同体的战略使命。习近平总书记指出，"坚持以防为主、防抗救相结合，坚持常态减灾和非常态救灾相统一，努力实现从注重灾后救助向注重灾前预防转变，从应对单一灾种向综合减灾转变，从减少灾害损失向减轻灾害风险转变""全面提升全社会抵御自然灾害的综合防范能力"，这一重要论述是防灾减灾救灾理念的重大创新。

本章重点 >>>

结构抗震的基本概念；建筑抗震设防目标与设计方法；建筑抗震的概念设计；钢筋混凝土框架结构、多层砌体房屋结构抗震设计的一般规定与构造要求；地震作用的计算方法及结构抗震的验算方法。

11.1 概述

地震是一种极其频繁的自然灾害，常常造成严重的人员伤亡，能引起火灾、水灾、有毒气体泄漏、细菌及放射性物质扩散，还可能造成海啸、滑坡、崩塌、地裂缝等次生灾害。我国是多地震的国家之一，抗震设防的国土面积约占全国国土面积的60%。因此，为了抵御与减轻地震灾害，有必要进行建筑结构的抗震分析与抗震设计，以提高其抗震性能。

11.1.1　结构抗震的基本概念

地震按成因可分为三种：火山地震、塌陷地震和构造地震。火山地震是由于火山爆发，地下岩浆迅猛冲出地面而引起的地动。塌陷地震是由于石灰岩层地下溶洞或古旧矿坑的大规模崩塌而引起的地动，它数量少、震源浅。以上两种地震释放能量较小，影响范围和造成的破坏程度也较小。构造地震是由于地壳运动推挤岩层，造成地下岩层的薄弱部位突然发生错动、断裂而引起的地动，此种地震破坏性大，影响面广，而且发生频繁，可占破坏性地震总量的95％以上。建筑房屋的结构抗震主要是针对构造地震。

《建筑抗震设计规范（2016年版）》（GB 50011—2010，以下简称《抗震规范》）规定，对位于抗震设防区的建筑物必须进行抗震设防，建筑经抗震设防后，能减轻地震破坏，避免人员伤亡，减少经济损失。

（1）地震波、震源、震中

地震波是地震发生时由震源地的岩石破裂产生的弹性波。地震波在传播过程中，引起地面加速度。地震波按其在地壳传播的位置不同，分为体波和面波。在地球内部传播的波称为体波，体波又分为纵波和横波，纵波又称为P波，横波又称为S波；面波在地球表面传播，又称为L波，它在体波之后到达地面，这种波的介质质点振动方向复杂，振幅比体波大，对建筑物的影响也比较大。

地震发生的地方叫震源。构造地震的震源是指地下岩层产生剧烈的相对运动的部位，这个部位不是一个点，而是有一定深度和范围的体。震源正上方的地面位置，或者说震源在地表的投影，叫震中。震中附近地面震动最厉害，也是破坏最严重的地区，叫震中区或极震区。

地面某处至震中的水平距离叫作震中距。把地面上破坏程度相近的点连成的曲线叫作等震线。震源至地面的垂直距离叫作震源深度，如图11-1所示。一般来说，对于同样大小的地震，当震源较浅时，则波及的范围较小而破坏的程度较大；当震源较深时，波及的范围也较大，而破坏的程度相对较小。我国发生的地震绝大部分是浅源地震，震源深度集中在

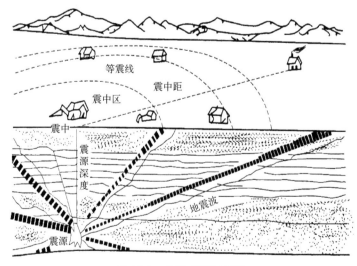

图 11-1　地震术语示意图

10~20km。

(2) 震级和地震烈度

① 震级。震级是表示地震本身大小的尺度，它与震源所释放出的能量多少有关，国际上常用的是里氏震级，用 M 表示，用标准的地震仪在距震中100km处记录最大水平位移 A（以 $\mu m = 10^{-6} m$ 计），$M = \lg A$；震级与震源释放能量的大小有关，震级每差一级，地震释放的能量将差32倍。

一般认为，小于2级的地震，人们感觉不到，只有仪器才能记录下来，称为微震；2~4级的地震，人能感觉到，叫作有感地震；5级以上的地震能引起不同程度的破坏，称为破坏性地震；7级以上的地震，则称为强烈地震或大震；8级以上的地震，称为特大地震。

② 地震烈度。地震烈度是指某一地区的地面和各类建筑物遭受一次地震影响的强弱程度，简称为烈度，用罗马字母 I、II…XII 表示。目前，我国颁布实施的《中国地震烈度表》（GB/T 17742—2020）规定地震烈度共分12等级。

震级和烈度是两个不同的概念。对应于一次地震，表示地震大小的震级只有一个，然而由于同一次地震对不同地点的影响是不一样的，因此烈度也就随震中距离的远近而有差异。一般来说，距离震中越远，地震影响越小，烈度就越低；越靠近震中，烈度就越高。震中点的烈度称为震中烈度，震中烈度往往最大。

(3) 地震区划与地震影响

强烈地震是一种破坏作用很大的自然灾害，它的发生具有很大的随机性。因此，采用概率方法，预测某地区在未来一定时间内可能发生的地震最大烈度具有工程意义。地震烈度区划图的编制，采用概率方法对地震危险性进行分析，并对烈度赋予有限时间区限和概率水平的含义。我国1990年颁布的《中国地震烈度区划图》上所标示的地震烈度，是指在50年期限内，一般场地条件下可能遭遇的超越概率为10%的地震烈度值，该烈度也称为地震基本烈度或设防烈度。

建筑所在地区遭受的地震影响，应采用相应于抗震设防烈度的设计基本地震加速度和特征周期来表征。《中国地震动参数区划图》（GB 18306—2015）给出了全国各地的设计基本地震加速度值，供全国建筑规划和中小型工程设计应用。对于做过抗震防灾规划的城市，也可按照批准的抗震设防区划进行抗震设防。

设计基本地震加速度是指50年设计基准期超越概率为10%的地震加速度的设计取值，抗震设防烈度和设计基本地震加速度取值的对应关系应符合表11-1的规定。地震影响的特征周期应根据建筑所在地的设计地震分组和场地类别确定。

表 11-1 抗震设防烈度和设计基本地震加速度取值的对应关系

抗震设防烈度	6 度	7 度	8 度	9 度
设计基本地震加速度值	0.05g	0.10g(0.15g)	0.20g(0.30g)	0.40g

注：g 为重力加速度。

(4) 设计地震分组

某一地区遭遇不同震级、不同震中距的地震而烈度相同时，对该地区不同动力特性的建筑物的震害并不相同。一般而言，震中距较远、震级较大的地震对自振周期较长的高柔结构的破坏比同样宏观烈度但震级较小、震中距较近的破坏要严重。考虑到这一差别，在确定地震影响参数时，将建筑工程的设计地震分为第一组、第二组和第三组。《抗震规范》附录A

中列出了我国抗震设防区各县级及县级以上城镇中心地区建筑工程抗震设计时所采用的设计地震分组。

（5）场地类别

抗震设计时要区分场地的类别，以作为表征地震反映场地条件的指标。建筑场地指建筑物所在地，大体相当于厂区、居民点和自然村的区域范围。场地条件对建筑物所受到的地震作用的强烈程度有明显的影响。在一次地震中，即使两场地范围内的烈度相同，建筑物震害也不一定相同。

《抗震规范》规定建筑场地的类别划分，应以土层等效剪切波速和场地覆盖层厚度为准。场地分为Ⅰ、Ⅱ、Ⅲ、Ⅳ四类，Ⅰ类场地最硬，对抗震最为有利，Ⅳ类最软，最不利。

11.1.2　建筑抗震设防目标与设计方法

（1）建筑抗震设防目标

抗震设防是指对房屋进行抗震设计和采取抗震构造措施，以达到抗震的效果。近年来，国内外设防目标的发展总趋势是要求建筑物在使用期间，对不同频率和强度的地震，应具有不同的抵抗能力，即"小震不坏，中震可修，大震不倒"。基于上述抗震设计思想，我国《抗震规范》明确提出了三个水准的抗震设防目标。

第一水准：当遭遇低于本地区设防烈度的多遇地震（或称小震）影响时，建筑物一般不损坏或者不需要修理仍然可以继续使用。

第二水准：当遭遇本地区设防烈度的地震（或称中震）影响时，建筑物可能损坏，但经过一般的修理或者不需要修理仍然可以继续使用。

第三水准：当遭遇高于本地区设防烈度的罕遇地震（或称大震）影响时，建筑物不倒塌或者不发生危及生命的严重破坏。

在进行建筑抗震设计时，原则上应满足三水准抗震设防目标的要求，在具体做法上，为了简化计算，《抗震规范》采取了二阶段设计法，即：

第一阶段设计：按小震作用效应和其他荷载效应的基本组合验算构件的承载能力，以及在小震作用下验算结构的弹性变形，以满足第一水准抗震设防目标的要求。

第二阶段设计：按大震作用下验算结构的弹塑性变形，以满足第三水准抗震设防目标的要求。

至于第二水准抗震设防目标的要求，《抗震规范》是以抗震措施来加以保证的。

第一阶段的设计保证了第一水准的承载力和变形要求。第二阶段的设计则旨在保证结构满足第三水准的抗震设防要求。如何保证第二水准的抗震设防要求，目前还在研究之中。一般认为，良好的抗震构造措施有助于第二水准要求的实现。

（2）建筑抗震设防分类和设防标准

抗震设计中，根据建筑遭受地震破坏后可能产生的经济损失，社会影响及其在抗震救灾中的作用，将建筑物根据其使用功能的重要性分为甲类、乙类、丙类和丁类四个抗震设防类别。

① 对于不同重要性的建筑，采取不同的抗震设防标准：

a. 甲类建筑，指使用上有特殊要求，涉及国家公共安全的重大建筑工程和地震时可能发生严重次生灾害等特别重大灾害后果，需要进行特殊设防的建筑。

b. 乙类建筑，指地震时使用功能不能中断或需尽快恢复的生命线相关建筑，以及地震时可能导致大量人员伤亡等重大灾害后果，需要提高设防标准的建筑。

c. 丙类建筑，指大量的除甲、乙、丁类以外按标准要求进行设防的建筑。

d. 丁类建筑，指使用上人员稀少且震损不致产生次生灾害，允许在一定条件下适度降低要求的建筑。

② 各抗震设防类别建筑的抗震设防标准，应符合下列要求：

a. 甲类建筑，应按高于本地区抗震设防烈度提高1度的要求加强其抗震措施，但抗震设防烈度为9度时应按比9度更高的要求采取抗震措施。同时，应按批准的地震安全性评价的结果且高于本地区抗震设防烈度的要求确定其地震作用。

b. 乙类建筑，应按高于本地区抗震设防烈度1度的要求加强其抗震措施，但抗震设防烈度为9度时应按比9度更高的要求采取抗震措施。地基基础的抗震措施，应符合有关规定。同时，应按本地区抗震设防烈度确定其地震作用。

c. 丙类建筑，应按本地区抗震设防烈度确定其抗震措施和地震作用，达到在遭遇高于当地抗震设防烈度的预估罕遇地震影响时不致倒塌或发生危及生命安全的严重破坏的抗震设防目标。

d. 丁类建筑，允许比本地区抗震设防烈度的要求适当降低其抗震措施，但抗震设防烈度为6度时不应降低。一般情况下，仍应按本地区抗震设防烈度确定其地震作用。

另外，对于划为乙类而规模很小的工业建筑，当改用抗震性能较好的材料且符合抗震设计规范对结构体系的要求时，允许按丙类建筑进行抗震设防。

11.1.3　建筑抗震的概念设计

建筑抗震的概念设计是指根据地震灾害和工程经验等所形成的基本设计原则和设计思想，进行建筑和结构总体布置并确定细部构造的过程。

(1) 场地选择

在选择建筑场地时，一般应注意下列几点：

① 宜选择对建筑抗震有利的地段，如开阔平坦的坚硬场地土或密实均匀的中硬场地土等地段。

② 避开对建筑抗震不利的地段，如饱和松散粉细砂等易液化土、人工填土及软弱场地土，条状突出的山嘴，非岩质的陡坡，高耸孤立的山丘，河岸和边坡的边缘，场地土在平面分布上的成因、岩性、状态明显不均匀土层（如故河道、断层破碎带、暗埋的塘滨沟谷及半填半挖地基）等。当无法避开时，应采取适当的抗震措施。

③ 对于危险地段，严禁建造甲、乙类建筑，不应建造丙类建筑。建筑抗震危险地段，一般指地震时可能发生滑坡、崩塌、地陷、地裂、泥石流等的地段，以及地震断裂带上地震时可能发生地表错位的地段。

(2) 地基和基础设计

① 同一结构单元的基础不宜设置在性质截然不同的地基上。

② 同一结构单元不宜部分采用天然地基，部分采用桩基。当采用不同基础类型或基础埋深显著不同时，应根据地震时两部分地基基础的沉降差异，在基础、上部结构的相关部位

采取相应措施。

③ 地基为软弱黏性土、液化土、新近填土或严重不均匀土时，应根据地震时地基不均匀沉降和其他不利影响，采取相应的措施。

（3）建筑物的体型和平立面

根据抗震概念设计的要求，建筑设计应避免采用严重不规则的设计方案。规则的建筑结构体型（平面和立面的形状）简单，抗侧力体系的刚度和承载力上下变化连续、均匀，平面、立面布置基本对称。结构在水平和竖向的刚度与质量分布上应力求对称，尽量减小质量中心与刚度中心的偏离。因为这种偏心引起的结构扭转振动，将造成严重的震害。《抗震规范》对于结构平面不规则的类型和竖向不规则的类型进行了定义，见表11-2、表11-3。

表 11-2　平面不规则的类型

不规则类型	定义
扭转不规则	在具有偶然偏心的规定水平力作用下，楼层两端抗侧力构件的最大弹性水平位移（或层间位移）大于该楼层两端弹性水平位移（或层间位移）平均值的1.2倍
凹凸不规则	平面凹进的尺寸，大于相应投影方向总尺寸的30％
楼板局部不连续	楼板的尺寸和平面刚度急剧变化，例如有效楼板宽度小于该层楼板典型宽度的50％，或开洞面积大于该层楼面面积的30％，或较大的楼层错层

表 11-3　竖向不规则的类型

不规则类型	定义
侧向刚度不规则	该层的侧向刚度小于相邻上一层的70％，或小于其上相邻三个楼层侧向刚度平均值的80％；除顶层或出屋面小建筑外，局部收进的水平向尺寸大于相邻下一层的25％
竖向抗侧力构件不连续	竖向抗侧力构件（柱、抗震墙、抗震支撑）的内力由水平转换构件（梁、桁架等）向下传递
楼层承载力突变	抗侧力结构的层间受剪承载力小于相邻上一层楼的80％

（4）合理的抗震结构体系的选择

抗震结构体系是抗震设计应考虑的最关键问题，应根据建筑的抗震设防类别、抗震设防烈度、建筑高度、场地条件、地基、结构材料和施工等因素，经技术、经济和使用条件的综合比较后确定。

抗震结构体系应符合下列各项要求：应具有明确的计算简图和合理的地震作用传递途径；应避免因部分结构或构件破坏而导致整个结构丧失抗震能力或对重力荷载的承载能力；应具备必要的抗震承载力、良好的变形能力和消耗地震能量的能力；对可能出现的薄弱部位，应采取措施提高其抗震能力。

除此之外，抗震结构体系还宜符合下列各项要求：宜有多道抗震防线；宜具有合理的刚度和承载力分布，避免因局部削弱或突变形成薄弱部位，产生过大的应力集中或塑性变形集中；结构在两个主轴方向的动力特性宜相近。

（5）非结构构件

非结构构件包括建筑非结构构件和建筑附属机电设备，非结构构件自身及其与结构主体的连接，应进行抗震设计。非结构构件一般不属于主体结构的一部分，是非承重结构。从地震灾害看，如果非结构构件处理不好，可能会倒塌伤人、砸坏设备、损坏主体结构。因此，近年来非结构构件的抗震问题已越来越被重视。

① 附着于楼、屋面结构上的非结构构件以及楼梯间的非承重墙体，应与主体结构有可靠的连接或锚固，避免地震时倒塌伤人或砸坏重要设备。

② 框架结构的围护墙和隔墙，应估计其设置对结构抗震的不利影响，避免设置不合理而导致主体结构的破坏。

③ 幕墙、装饰贴面与主体结构应有可靠连接，避免地震时脱落伤人。

④ 安装在建筑上的附属机械、电气设备系统的支座和连接，应符合地震时使用功能的要求，且不应导致相关部件的损坏。

（6）结构材料的选择和施工质量

抗震结构在材料选用、施工程序上有其特殊的要求，这也是抗震概念设计中的一个重要内容。抗震结构对材料和施工质量的特别要求，应在设计文件上注明。

结构材料性能指标，应符合下列最低要求：

① 砌体结构材料。

a. 普通砖和多孔砖的强度等级不应低于 MU10，其砌筑砂浆强度等级不应低于 M5。

b. 混凝土小型空心砌块的强度等级不应低于 MU7.5，其砌筑砂浆强度等级不应低于 Mb7.5。

② 混凝土结构材料。

a. 混凝土的强度等级，框支梁、框支柱及抗震等级为一级的框架梁、柱、节点核心区，不应低于 C30；构造柱、芯柱、圈梁及其他各类构件不应低于 C20。

b. 抗震等级为一、二、三级的框架和斜撑构件（含梯段），其纵向受力钢筋采用普通钢筋时，钢筋的抗拉强度实测值与屈服强度实测值的比值不应小于 1.25；钢筋的屈服强度实测值与屈服强度标准值的比值不应大于 1.3，且钢筋在最大拉力下的总伸长率实测值不应小于 9%。

③ 钢结构的钢材。

a. 钢材的屈服强度实测值与抗拉强度实测值的比值不应大于 0.85。

b. 钢材应有明显的屈服台阶，且伸长率不应小于 20%。

c. 钢材应有良好的焊接性和合格的冲击韧性。

在钢筋混凝土结构施工中，要严加注意材料的代用，不能片面强调满足强度要求，还要保证结构的延性。例如，在施工过程中因缺乏设计规定的钢筋规格而以强度等级较高的钢筋替代原设计中的纵向受力钢筋时，应按照钢筋受拉承载力设计值相等的原则换算，并应满足最小配筋率要求，以免造成薄弱部位的转移，以及构件在有影响的部位发生脆性破坏，如混凝土被压碎、剪切破坏等。

11.2 地震作用计算和结构抗震验算

11.2.1 地震作用计算

地震作用是由地震引起的结构动态作用（如加速度、速度、位移），包括竖向地震作用和水平地震作用。地震时地面水平运动加速度一般要比竖向地面加速度大，而结构物通常抵抗竖向荷载作用的能力比抵抗侧向荷载的能力要强，因此很多情况下，主要考虑水平地震作用的影响。但对质量和刚度分布明显不对称的结构，应计算双向水平地震作用下的扭转影响；对8、9度时的大跨度和长悬臂结构及9度时的高层建筑，则应计算竖向地震作用。

水平地震作用可能来自结构的任何方向，对大多数建筑来说，抗侧力体系沿两个主轴方向布置。因此，一般应至少在建筑结构的两个主轴方向分别计算水平地震作用，各方向的水平地震作用由该方向的抗侧力构件承担。

（1）地震作用的计算简图

地震作用是由地面运动引起的结构动态作用，它的大小与建筑结构的质量有关。计算地震作用时，采用"集中质量法"的结构简图，把结构简化为一个有不同数目质点的悬臂杆。假定各楼层的质量集中在楼盖标高处，墙体质量则按上、下层各一半也集中在该层楼盖处，于是各楼层质量被抽象为若干个参与振动的质点。

对于某些简单的建筑结构，如单层多跨等高厂房、水塔等，绝大部分质量都集中在屋盖处或储水柜处。进行结构地震作用计算时，可把这些结构中参与振动的质量按动能等效的原理全部集中在一个质点上，并用无质量的弹性杆支承在地面上，就形成了一个单质点体系。但在实际的建筑结构抗震设计中，除了少数结构可以简化为单质点体系外，大量的多层工业与民用建筑、多跨不等高单层工业厂房等都应简化为多质点体系。单质点体系和多质点体系的结构计算简图如图11-2所示。

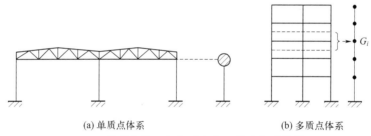

(a) 单质点体系   (b) 多质点体系

图 11-2　单质点体系和多质点体系的结构计算简图

（2）地震反应谱

地震反应谱是指地震作用时结构上质点反应（如加速度、速度、位移）的最大值与结构自振周期之间的关系，也称反应谱曲线。地震反应谱是根据单自由度弹性体系的地震反应得到的。在《抗震规范》给出了水平地震影响系数 α 与自振周期 T 的关系曲线，如图11-3所示。

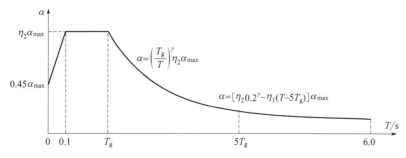

图 11-3　地震影响系数曲线

需要说明的是，α 为地震影响系数；$\alpha_{\max}$ 为水平地震影响系数最大值，按表 11-4 确定；η_1 为直线下降段的下降斜率调整系数，一般取 0.02；γ 为衰减指数，一般取 0.9；T_g 为特征周期，由表 11-5 查得；η_2 为阻尼调整系数，一般取 1.0；T 为结构自振周期。绝大多数情况下，建筑结构的阻尼比取 0.05；计算 8 度、9 度罕遇地震作用时，特征周期应增加 0.05s。

表 11-4　水平地震影响系数最大值 $\alpha_{\max}$（阻尼比为 0.05）

地震影响	6 度	7 度	8 度	9 度
多遇地震	0.04	0.08(0.12)	0.16(0.24)	0.32
罕遇地震	0.28	0.50(0.72)	0.90(1.20)	1.40

注：括号中数值分别用于设计基本地震加速度为 $0.15g$ 和 $0.30g$ 的地区。

表 11-5　地震作用的特征周期值　　　　　　　　单位：s

设计地震分组	场地类别				
	I_0	I_1	II	III	IV
第一组	0.20	0.25	0.35	0.45	0.65
第二组	0.25	0.30	0.40	0.55	0.75
第三组	0.30	0.35	0.45	0.65	0.90

（3）底部剪力法

计算地震作用的方法有很多种，如底部剪力法，振型分解法，时程分析法等。本书将介绍手算时常用的底部剪力法。底部剪力法是一种多质点弹性体系水平地震作用的近似计算法，是先计算出作用于结构底部的剪力，然后将总水平地震作用按照一定的规律再分配到各个质点上，如图 11-4 所示。这种方法适用于质量和刚度沿高度分布比较均匀、高度不超过 40m、以剪切变形为主的结构。

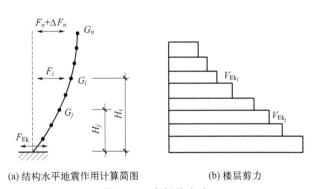

(a) 结构水平地震作用计算简图　　　　　(b) 楼层剪力

图 11-4　底部剪力法

采用底部剪力法时，各楼层可仅取一个自由度，结构的水平地震作用标准值 F_{Ek} 应按下式确定：

$$F_{\mathrm{Ek}} = \alpha_1 G_{\mathrm{eq}} \tag{11-1}$$

$$F_i = \frac{G_i H_i}{\sum\limits_{j=1}^{n} G_j H_j} F_{\mathrm{Ek}}(1-\delta_n) \quad (i=1,2,\cdots,n) \tag{11-2}$$

$$\Delta F_n = \delta_n F_{\mathrm{Ek}} \tag{11-3}$$

式中　F_{Ek}——结构总水平地震作用标准值；

α_1——相应于结构基本自振周期的水平地震影响系数值，多层砌体房屋、底部框架砌体房屋，宜取水平地震影响系数最大值；

G_{eq}——结构等效总重力荷载，单质点应取总重力荷载代表值，多质点可取总重力荷载代表值的 85%；

F_i——质点 i 的水平地震作用标准值；

G_i、G_j——集中于质点 i、j 的重力荷载代表值；

H_i、H_j——质点 i、j 的计算高度；

δ_n——顶部附加地震作用系数，多层钢筋混凝土和钢结构房屋可按表 11-6 采用，其他房屋可取 0.0；

ΔF_n——顶部附加水平地震作用。

表 11-6　顶部附加地震作用系数 δ_n

T_g/s	$T_1 > 1.4T_g$	$T_1 \leqslant 1.4T_g$
$T_g \leqslant 0.35$	$0.08T_1 + 0.07$	
$0.35 < T_g \leqslant 0.55$	$0.08T_1 + 0.01$	0.00
$T_g > 0.55$	$0.08T_1 - 0.02$	

注：T_1 为结构基本自振周期。

采用底部剪力法时，突出屋面的屋顶间、女儿墙、烟囱等，由于刚度的突变和质量的突变，高振型影响加大，即所谓"鞭梢效应"，其地震作用的效应宜乘以增大系数 3。此增大部分不应往下传递，但与该突出部分相连的构件应予计入。

由静力平衡条件可知，第 i 层对应于水平地震作用标准值的楼层剪力 V_{Eki} 等于第 i 层以上各层地震作用标准值之和，即

$$V_{Eki} = \sum_{j=1}^{n} F_j \tag{11-4}$$

抗震验算时，结构任一楼层的水平地震剪力应符合下式要求：

$$V_{Eki} > \lambda \sum_{j=i}^{n} G_j \tag{11-5}$$

式中　V_{Eki}——第 i 层对应于水平地震作用标准值的楼层剪力；

λ——剪力系数，不应小于表 11-7 规定的楼层最小地震剪力系数值，对竖向不规则结构的薄弱层，应乘以 1.15 的增大系数；

G_j——第 j 层的重力荷载代表值。

表 11-7　楼层最小地震剪力系数值

类别	6 度	7 度	8 度	9 度
扭转效应明显或基本周期小于 3.5s 的结构	0.008	0.016(0.024)	0.032(0.048)	0.064
基本周期大于 5.0s 的结构	0.006	0.012(0.018)	0.024(0.036)	0.048

注：1. 基本周期介于 3.5s 和 5s 之间的结构，按内插法取值。

2. 括号内数值分别用于设计基本地震加速度为 0.15g 和 0.30g 的地区。

【例 12-1】　某三层钢筋混凝土框架结构，建造于基本烈度为 7 度区（设计基本地震加速度为 0.10g），场地类别为 I_1 类，设计地震分组为第二组，结构阻尼比为 0.05，基本自振周期为 0.47s，结构层高和层重力代表值如图 11-5(a)、（b）所示，求各层地震剪力的标准值。

【解】　（1）计算结构总重力荷载代表值。

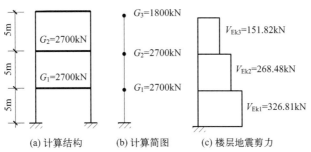

(a) 计算结构   (b) 计算简图   (c) 楼层地震剪力

图 11-5　结构层高和层重力代表值、楼层地震剪力

$$G_{eq} = 0.85 \sum_{i=1}^{n} G_i = 0.85 \times (1800 + 2700 \times 2) = 6120 \text{kN}$$

（2）计算水平地震影响系数 α_1。根据抗震设防烈度和设计地震分组、场地类别，查表 11-4、表 11-5 得，水平地震影响系数最大值 $\alpha_{max} = 0.08$，场地特征周期值 $T_g = 0.30\text{s}$。阻尼调整系数 $\eta_2 = 1.0$，衰减系数 $\gamma = 0.9$，结构的基本周期 $T_1 = 0.47\text{s}$，则 $T_g < T_1 < 5T_g$，则水平地震影响系数为

$$\alpha_1 = \left(\frac{T_g}{T_1}\right)^{\gamma} \eta_2 \alpha_{max} = \left(\frac{0.30}{0.47}\right)^{0.9} \times 1.0 \times 0.08 = 0.0534$$

（3）计算总水平地震作用标准值。

$$F_{Ek} = \alpha_1 G_{eq} = 0.0534 \times 6120 = 326.81 \text{kN}$$

（4）计算各层水平地震作用标准值。由于 $T_1 = 0.47\text{s} > 1.4 T_g$，所以应考虑顶部附加水平地震作用。由 $T_g \leqslant 0.35\text{s}$，查表 11-6 得

$$\delta_n = 0.08 T_1 + 0.07 = 0.08 \times 0.47 + 0.07 = 0.1076$$

$$\Delta F_n = \delta_n F_{Ek} = 0.1076 \times 326.81 = 35.16 \text{kN}$$

各层水平地震作用 F_i 和各层地震剪力标准值 V_{Eki} 分别用下式计算：

$$F_i = \frac{G_i H_i}{\sum_{j=1}^{n} G_j H_j} F_{Ek} (1 - \delta_n)$$

$$\sum_{j=1}^{n} G_j H_j = 2700 \times 5 + 2700 \times 10 + 1800 \times 15 = 67500 \text{kN} \cdot \text{m}$$

$$F_1 = \frac{2700 \times 5}{67500} \times (1 - 0.1076) \times 326.81 = 58.33 \text{kN}$$

$$F_2 = \frac{2700 \times 10}{67500} \times (1 - 0.1076) \times 326.81 = 116.66 \text{kN}$$

$$F_3 = \frac{1800 \times 15}{67500} \times (1 - 0.1076) \times 326.81 + 35.16 = 151.82 \text{kN}$$

$$V_{Ek3} = F_3 = 151.82 \text{kN}$$

$$V_{Ek2} = F_2 + F_3 = 116.66 + 151.82 = 268.48 \text{kN}$$

$$V_{Ek1} = F_1 + F_2 + F_3 = 58.33 + 116.66 + 151.82 = 326.81 \text{kN}$$

因此，该三层钢筋混凝土框架结构的楼层地震剪力如图 11-5(c) 所示。

11.2.2　结构抗震验算

根据"小震不坏、大震不倒"的抗震设计思想，我国《抗震规范》采用了两阶段的设计

方法，其中包括结构的截面抗震验算与抗震变形验算。

（1）结构的截面抗震验算

在结构抗震设计的第一阶段即进行多遇地震作用下承载力的抗震验算。结构的截面抗震验算应符合下列规定：

① 6 度时的建筑（不规则建筑及建造于 IV 类场地上较高的高层建筑除外）以及土房屋和木结构房屋等，应符合有关的抗震措施要求，但应允许不进行截面抗震验算。

② 6 度时不规则建筑、建造于 IV 类场地上较高的高层建筑，7 度和 7 度以上的建筑结构（土房屋和木结构房屋等除外），应进行多遇地震作用下的截面抗震验算。

结构构件的地震作用效应和其他荷载效应的基本组合应按下式计算：

$$S = \gamma_G S_{GE} + \gamma_{Eh} S_{Ehk} + \gamma_{Ev} S_{Evk} + \psi_w \gamma_w S_{wk} \tag{11-6}$$

式中　S——结构构件内力组合的设计值，包括组合的弯矩、轴向力和剪力设计值等；

　　γ_G——重力荷载分项系数，一般情况应取 1.2，当重力荷载效应对构件承载能力有利时，该值不应大于 1.0；

γ_{Eh}、γ_{Ev}——水平、竖向地震作用分项系数，应按表 11-8 采用；

　　γ_w——风荷载分项系数，应采用 1.4；

　　S_{GE}——重力荷载代表值的效应，有吊车时应包括悬吊物重力标准值的效应；

　　S_{Ehk}——水平地震作用标准值的效应，尚应乘以相应的增大系数或调整系数；

　　S_{Evk}——竖向地震作用标准值的效应，尚应乘以相应的增大系数或调整系数；

　　S_{wk}——风荷载标准值的效应；

　　ψ_w——风荷载组合值系数，一般结构取 0.0，风荷载起控制作用的建筑应采用 0.2。

表 11-8　水平、竖向地震作用分项系数

地震作用	γ_{Eh}	γ_{Ev}
仅计算水平地震作用	1.3	0.0
仅计算竖向地震作用	0.0	1.3
同时计算水平与竖向地震作用（水平地震为主）	1.3	0.5
同时计算水平与竖向地震作用（竖向地震为主）	0.5	1.3

结构构件的截面抗震验算应采用下列设计表达式：

$$S \leqslant \frac{R}{\gamma_{RE}} \tag{11-7}$$

式中　γ_{RE}——承载力抗震调整系数，除另有规定外，应按表 11-9 采用；

　　R——结构构件承载力设计值。

表 11-9　承载力抗震调整系数

材料	结构构件	受力状态	γ_{RE}
钢	柱、梁、支撑、节点板件、螺栓、焊缝	强度	0.75
	柱、支撑	稳定	0.80
砌体	两端均有构造柱、芯柱的抗震墙	受剪	0.9
	其他抗震墙	受剪	1.0

材料	结构构件	受力状态	γ_{RE}
混凝土	梁	受弯	0.75
	轴压比小于 0.15 的柱	偏压	0.75
	轴压比不小于 0.15 的柱	偏压	0.80
	抗震墙	偏压	0.85
	各类构件	受剪、偏拉	0.85

(2) 结构抗震变形验算

结构抗震变形验算应采用二阶段设计法。

第一阶段：对绝大多数结构进行多遇地震作用下的结构和构件承载力验算以及多遇地震作用下的弹性变形验算。

第二阶段：对一些结构进行罕遇地震作用下的弹塑性变形验算。

① 多遇地震作用下结构的变形验算。抗震设计要求结构在多遇地震下保持在弹性阶段工作，不受损坏，其变形验算的主要目的是对框架等较柔结构及高层建筑结构的变形加以限制，使其层间弹性位移不超过一定的限值，以免非结构构件（包括围护墙、隔墙、幕墙、内外装修等）在多遇地震作用下出现破坏。楼层内最大的弹性层间位移应符合下式要求：

$$\Delta u_e \leqslant [\theta_e]h \tag{11-8}$$

式中　Δu_e——多遇地震作用标准值产生的楼层内最大的弹性层间位移；计算时，除以弯曲变形为主的高层建筑外，可不扣除结构整体弯曲变形；应计入扭转变形，各作用分项系数均应采用 1.0；钢筋混凝土结构构件的截面刚度可采用弹性刚度。

$[\theta_e]$——弹性层间位移角限值，宜按表 11-10 采用。

h——计算楼层层高。

表 11-10　弹性层间位移角限值

结构类型	$[\theta_e]$
钢筋混凝土框架	1/550
钢筋混凝土框架-抗震墙、板柱-抗震墙、框架-核心筒	1/800
钢筋混凝土抗震墙、筒中筒	1/1000
钢筋混凝土框支层	1/1000
多、高层钢结构	1/250

② 罕遇地震作用下结构的变形验算。结构抗震设计要求结构在罕遇的高烈度地震下不发生倒塌。在多遇地震烈度下处于弹性阶段的结构，在罕遇地震烈度下会进入弹塑性阶段，并通过发展塑性变形来消耗地震输入能量。结构的弹塑性变形集中在结构的薄弱层或薄弱部位，结构将在该处率先屈服形成破坏，若结构的变形能力不足，势必发生倒塌。

为保证结构的抗震安全性，结构薄弱层（部位）的弹塑性层间位移应符合下式要求：

$$\Delta u_p \leqslant [\theta_p]h \tag{11-9}$$

式中　Δu_p——弹塑性层间位移。

$[\theta_p]$——弹塑性层间位移角限值，可按表 11-11 采用；对钢筋混凝土框架结构，当轴压比小于 0.40 时，可提高 10%；当柱子全高的箍筋构造比规范规定的体积配箍率大 30％时，可提高 20％，但累计不超过 25％。

h——薄弱层楼层高度或单层厂房上柱高度。

表 11-11 弹塑性层间位移角限值

结构类型	$[\theta_p]$
单层钢筋混凝土柱排架	1/30
钢筋混凝土框架	1/50
底部框架砌体房屋中的框架-抗震墙	1/100
钢筋混凝土框架-抗震墙、板柱-抗震墙、框架-核心筒	1/100
钢筋混凝土抗震墙、筒中筒	1/120
多、高层钢结构	1/50

11.3 钢筋混凝土框架结构抗震设计

框架结构房屋在水平地震作用或风荷载下，靠近底层的承重构件的内力（弯矩、剪力）和房屋的侧向位移随房屋高度的增加而急剧增大。框架房屋超过一定高度后，其侧向刚度将显著减小，在地震作用或风荷载下其侧向位移较大。因此，框架房屋一般用于 10 层以下建筑。

11.3.1 钢筋混凝土框架结构抗震设计的一般规定

（1）房屋适用的最大高度

在考虑地震烈度、场地土、抗震性能、使用要求及经济效果等因素和总结地震经验的基础上，钢筋混凝土框架房屋适用的最大高度应符合表 11-12 的要求。房屋高度指室外地面到主要屋面板顶的高度（不考虑局部突出屋顶部分）。对于平面和竖向均不规则的结构，适用的最大高度宜适当降低。当房屋的最大高度超过规定时，则应改用其他结构形式，如框剪结构或剪力墙结构等。

表 11-12 钢筋混凝土框架房屋适用的最大高度　　　　单位：m

抗震设防烈度	6 度	7 度	8 度(0.2g)	8 度(0.3g)	9 度
适用最大高度	60	50	40	35	24

（2）结构的抗震等级

抗震等级是结构构件抗震设防的标准。钢筋混凝土房屋应根据设防类别、烈度、结构类型和房屋高度采用不同的抗震等级，并应符合相应的计算和构造措施要求。抗震等级共分为四级，体现了不同的抗震要求，其中一级抗震要求最高。

丙类建筑钢筋混凝土框架结构的抗震等级应按表 11-13 确定，其他结构形式的抗震等级划分，需参阅《抗震规范》。

表 11-13　现浇钢筋混凝土框架结构房屋的抗震等级

抗震设防烈度	6 度		7 度		8 度		9 度
高度/m	≤24	>24	≤24	>24	≤24	>24	≤24
框架	四	三	三	二	二	一	一
大跨度框架	三		二		一		一

注：1. 建筑场地为 I 类时，除 6 度外应允许按表内降低 1 度所对应的抗震等级采取抗震构造措施，但相应的计算要求不应降低。

2. 接近或等于高度分界时，应允许结合房屋不规则程度及场地、地基条件确定抗震等级。

3. 大跨度框架指跨度不小于 18m 的框架。

（3）结构的布置要求

结构布置应紧密结合建筑设计，使建筑物具有良好的体型，结构受力构件得到合理的组合。

为了抵抗不同方向的地震作用，承重框架宜双向布置。甲、乙类建筑以及高度大于 24m 的丙类建筑，不应采用单跨框架结构；高度不大于 24m 的丙类建筑不宜采用单跨框架结构。

框架刚度沿高度不宜突变，以免造成薄弱层。同一结构单元宜将每层框架设置在同一标高处，避免出现错层和夹层，造成短柱破坏。

楼电梯间的布置不应导致结构平面特别不规则，楼电梯间不宜设在结构单元的两端及拐角处。

为了保证框架结构的可靠抗震，应设计延性框架。结构的延性越好，耗散地震能量的能力就越强。延性一般指极限变形与屈服变形之比，延性有截面、构件和结构三个层次。对钢筋混凝土结构来说，截面的延性取决于破坏形式（剪切破坏或弯曲破坏），弯曲破坏时截面的延性取决于受压区高度，受压区高度越小截面的转动就越大、截面延性越好；构件的延性取决于构件的约束条件、塑性铰出现的次序和截面的延性；结构的延性取决于构件的延性以及各构件之间的强度对比。框架结构主要的承重构件是梁和柱，由于框架柱要承受较大的轴向压力，柱截面的受压区高度较大，所以框架柱的延性总是比框架梁的延性差，框架结构应主要通过框架梁的弯曲塑性变形来消耗地震能量。

框架结构的震害经验和试验研究表明，框架结构抗震设计必须遵守三条原则："强柱弱梁""强剪弱弯""强节点弱构件"。这里所谓的"强"和"弱"都是相对而言的，是指前后两者的强度对比。这三条原则就是框架结构内力调整的依据，内力调整是在框架结构内力组合之后，构件截面强度验算之前进行的。

①"强柱弱梁"。指要求控制梁、柱的相对强度，使塑性铰首先在梁中出现，尽量避免或减少塑性铰在柱中出现。因为塑性铰在柱中出现，很容易使结构形成几何可变体系而倒塌。

②"强剪弱弯"。指对于梁、柱构件而言，要保证构件出现塑性铰，而不过早地发生剪切破坏，要求构件的抗剪承载力大于塑性铰的抗弯承载力。

③"强节点弱构件"。指为了确保结构为延性结构，在梁的塑性铰充分发挥作用前，框架节点、钢筋的锚固不应过早地破坏。

11.3.2　抗震设计与构造措施

（1）框架梁截面抗震设计

① 为防止梁发生剪切破坏而降低其延性，框架梁的截面宽度不宜小于 200mm；截面高

宽比不宜大于 4；净跨与截面高度之比不宜小于 4。

② 采用扁梁的楼、屋盖应现浇，梁中线宜与柱中线重合，扁梁应双向布置。扁梁不宜用于一级框架结构。扁梁的截面尺寸及挠度和裂缝宽度应满足现行有关规范的规定。

③ 为保证框架梁截面的塑性铰有足够的转动能力，梁的钢筋配置应符合下列各项要求：

a. 梁端计入受压钢筋的混凝土受压区高度和有效高度之比，一级不应大于 0.25，二、三级不应大于 0.35。

b. 梁端截面的底面和顶面纵向钢筋配筋量的比值，除按计算确定外，一级不应小于 0.5，二、三级不应小于 0.3。

c. 梁端箍筋加密区的长度、箍筋的最大间距和最小直径应按表 11-14 采用，当梁端纵向受拉钢筋配筋率大于 2% 时，表中箍筋的最小直径数值应增大 2mm。

表 11-14　梁端箍筋加密区的长度、箍筋的最大间距和最小直径

抗震等级	加密区长度（采用较大值）/mm	箍筋的最大间距（采用最小值）/mm	箍筋的最小直径/mm
一	$2h_b$,500	$h_b/4,6d,100$	10
二	$1.5h_b$,500	$h_b/4,8d,100$	8
三	$1.5h_b$,500	$h_b/4,8d,150$	8
四	$1.5h_b$,500	$h_b/4,8d,150$	6

注：1. d 为纵向钢筋直径，h_b 为梁截面高度。

2. 箍筋直径大于 12mm、数量不少于 4 肢且肢距不大于 150mm 时，一、二级的最大间距允许适当放宽，但不得大于 150mm。

d. 梁端纵向受拉钢筋的配筋率不宜大于 2.5%。沿梁全长顶面、底面的配筋，一、二级不应少于 2Φ14，且分别不应少于梁顶面、底面两端纵向配筋中较大截面面积的 1/4；三、四级不应少于 2Φ12。

e. 一、二、三级框架梁内贯通中柱的每根纵向钢筋直径，对框架结构不应大于矩形截面柱在该方向截面尺寸的 1/20，或纵向钢筋所在位置圆形截面柱弦长的 1/20；对其他结构类型的框架不宜大于矩形截面柱在该方向截面尺寸的 1/20，或纵向钢筋所在位置圆形截面柱弦长的 1/20。

f. 梁端加密区的箍筋肢距，一级不宜大于 200mm 和 20 倍箍筋直径的较大值，二、三级不宜大于 250mm 和 20 倍箍筋直径的较大值，四级不宜大于 300mm。

(2) 框架柱截面抗震设计

① 柱的截面尺寸应符合下列各项要求：

a. 截面的宽度和高度，四级或不超过 2 层时不宜小于 300mm，一、二、三级且超过 2 层时不宜小于 400mm；圆柱的直径，四级或不超过 2 层时不宜小于 350mm，一、二、三级且超过 2 层时不宜小于 450mm。

b. 剪跨比宜大于 2。

c. 截面长边与短边的边长比不宜大于 3。

② 轴压比限值。轴压比是指考虑地震作用组合的框架柱轴压力设计值 N 与柱的全截面面积 A_c 和混凝土轴心抗压强度设计值 f_c 乘积的比值，用 μ 表示，公式见式（11-10）。轴压比是影响柱破坏形态和延性的主要因素之一。试验表明，柱的延性随轴压比的增大而急剧下降。柱的轴压比过大，柱将呈现脆性的小偏压破坏。因此，必须限制轴压比。

$$\mu = \frac{N}{f_c A_c} \tag{11-10}$$

框架柱的轴压比不宜超过表 11-15 的规定。建造于Ⅳ类场地且较高的高层建筑，柱轴压比限值应适当减小。

表 11-15　柱的轴压比限值

抗震等级	一	二	三	四
轴压比限值	0.65	0.75	0.85	0.90

③ 柱的钢筋配置应符合下列各项要求：

a. 柱纵向钢筋的配置。柱纵向受力钢筋的最小总配筋率应按表 11-16 采用，同时每一侧配筋率不应小于 0.2%；对建造于Ⅳ类场地且较高的高层建筑，最小总配筋率应增加 0.1%。

表 11-16　柱截面纵向钢筋的最小总配筋率

类别	抗震等级			
	一	二	三	四
中柱和边柱	0.9(1.0)	0.7(0.8)	0.6(0.7)	0.5(0.6)
角柱、框支柱	1.1	0.9	0.8	0.7

注：1. 表中括号内数值用于框架结构的柱。

2. 钢筋强度标准值小于 400MPa 时，表中数值应增加 0.1；钢筋强度标准值为 400MPa 时，表中数值应增加 0.05。

3. 混凝土强度等级高于 C60 时，上述数值应相应增加 0.1。

柱的纵向钢筋宜对称配置。对截面边长大于 400mm 的柱，纵向钢筋间距不宜大于 200mm。柱总配筋率不应大于 5%；剪跨比不大于 2 的抗震等级为一级框架的柱，每侧纵向钢筋配筋率不宜大于 1.2%。边柱和角柱在小偏心受拉时，柱内纵筋的总截面面积应比计算值增加 25%。柱纵向钢筋的绑扎接头应避开柱端的箍筋加密区。

b. 柱箍筋的配置。柱箍筋在规定的范围内应加密，一般情况下，其最大间距和最小直径应按表 11-17 采用。

表 11-17　柱箍筋加密区箍筋的最大间距和最小直径

抗震等级	箍筋的最大间距(采用较小值)/mm	箍筋的最小直径/mm
一	6d,100	10
二	8d,100	8
三	8d,150(柱根 100)	8
四	8d,150(柱根 100)	6(柱根 8)

注：1. d 为柱纵筋最小直径。

2. 柱根指底层柱下端箍筋加密区。

当一级框架柱的箍筋直径大于 12mm 且箍筋肢距不大于 150mm，二级框架柱的箍筋直径不小于 10mm 且箍筋肢距不大于 200mm 时，除底层柱下端外，最大间距应允许采用 150mm；当三级框架柱的截面尺寸不大于 400mm 时，箍筋的最小直径应允许采用 6mm；当四级框架柱剪跨比不大于 2 时，箍筋直径不应小于 8mm。

框支柱和剪跨比不大于 2 的框架柱，箍筋间距不应大于 100mm。

《抗震规范》规定，柱箍筋加密区的箍筋肢距，一级不宜大于 200mm，二、三级不宜大于 250mm，四级不宜大于 300mm。至少每隔一根纵向钢筋宜在两个方向有箍筋或拉结筋约束；采用拉结筋复合箍时，拉结筋宜紧靠纵向钢筋并钩住箍筋。

习题 >>>

1. 抗震设防的目标是什么？实现此目标的设计方法是什么？
2. 各抗震设防类别建筑的抗震设防标准应符合哪些要求？
3. 建筑场地选择的原则是什么？
4. 什么是"强柱弱梁""强剪弱弯""强节点弱构件"设计原则？

第12章

结构施工图识读与平法图集介绍

引言

　　结构施工图是工程师的"语言",是设计者设计意图的体现,也是施工、监理、经济核算的重要依据。建筑图纸分为建筑施工图和结构施工图两大部分。平面图便于数据的精确标注,平面图纸也便于携带。实行平法绘制结构施工图后,一个工程的图纸由原来的百来张变成了二三十张,不但画图的工作量减少了,而且结构设计的后期计算,例如每根钢筋形状和尺寸的具体计算、工程钢筋表的绘制等等,也被免去了,这使得结构设计减少了大量枯燥无味的工作,并在一定程度上提高了结构设计的质量。

　　思考: 平法是工程图样通行的语言,直接在结构平面图上把构件的信息(截面、钢筋、跨度、编号等)标在旁边,整体直接表达在各类构件的结构平面布置图上,再与标准构造详图相配合,即构成一套完整的结构设计。平法改变了传统的那种将构件从结构平面布置图中索引出来,再逐个绘配筋详图的繁琐方法。科技是第一生产力。平法的出现,减少了图纸的数量,CAD技术、BIM技术的应用,又创新了建筑制图的形式。随着BIM技术的应用,施工现场会不会完全脱离图纸呢?

本章重点 >>>

　　结构施工图的作用、基本内容及识读的方法与步骤;结构施工图平面整体设计法的特点和一般规定;柱、梁平法施工图制图规则和识读要点。

12.1 概述

12.1.1 结构施工图概念及其用途

　　结构施工图是根据房屋建筑中的承重构件进行结构设计后绘制成的图样。结构设计时根据建筑要求选择结构类型，并进行合理布置，再通过力学计算确定构件的断面形状、大小、材料及构造等，将设计结果绘成图样，以指导施工，这种图样简称为"结施"。结构施工图与建筑施工图一样，是施工的依据，主要用于放灰线、挖基槽、基础施工、支承模板、绑扎钢筋、浇筑混凝土等施工过程，也用于计算工程量、编制预算和施工进度计划。

12.1.2 结构施工图的组成

12.1.2.1 结构设计说明

结构设计说明内容包括：抗震设计与防火要求；地基与基础、地下室、钢筋混凝土各种构件、砖砌体、后浇带与施工缝等部分选用的材料类型、规格、强度等级；施工注意事项等。很多设计单位已将上述内容详列在一张"结构说明"图纸上，供设计者选用。

12.1.2.2 结构平面图

① 基础平面图。工业厂房还有设备基础布置图、基础梁平面布置图。
② 楼层结构平面布置图。工业厂房是柱网、吊车梁、柱间支撑、连系梁布置图等。
③ 屋面结构平面布置图。包括屋面板、天沟板、屋架、天窗架及支撑系统布置图等。

12.1.2.3 构件详图

① 梁、板、柱及基础结构详图；
② 楼梯结构详图；
③ 屋架结构详图；
④ 其他详图，如支撑详图等。

12.2 结构施工图识读的方法与步骤

12.2.1 结构施工图识读方法

根据看图的经验可将结构施工图的识读方法归纳为：从上往下看、从左往右看，由前往后看，由大到小看、由粗到细看，图样与说明对照，结构施工图与建筑施工图（也称建施）结合，其他设施图对照看。

① 从上往下、从左往右的看图顺序是施工图识读的一般顺序，比较符合看图的习惯，同时此顺序也是施工图绘制的先后顺序。

② 由前往后看，根据房屋施工的先后顺序，从基础、墙柱、楼面到屋面依次看，此顺序基本也是结构施工图编排的先后顺序。

③ 看图时要注意从粗到细、从大到小。先粗看一遍，了解工程的概况、结构方案等。然后看总说明及每一张图纸，熟悉结构平面布置，检查构件布置是否合理正确，有无遗漏，柱网尺寸、构件定位尺寸、楼面标高等是否正确。最后根据结构平面布置图，详细看每一个构件的编号、跨数、截面尺寸、配筋、标高及其节点详图。

④ 纸中的文字说明是施工图的重要组成部分，应认真仔细逐条阅读，并与图样对照看，便于完整理解图纸。

⑤ 结施应与建施结合起来看。一般先看建施图，通过阅读设计说明、总平面图、建筑平立剖面图，了解建筑体型、使用功能、内部房间的布置、层数与层高、柱墙布置、门窗尺寸、楼梯位置、内外装修、材料构造及施工要求等基本情况，然后再看结施图。在阅读结施图时应对照相应的建施图，只有把二者结合起来看，才能全面理解结构施工图，并发现存在的矛盾和问题。

12.2.2 结构施工图的识读步骤

① 先看目录，通过阅读图纸目录，了解是什么类型的建筑，是哪个设计单位，图纸共有多少张，主要有哪些图纸，检查全套各工种图纸是否齐全，图名与图纸编号是否相符等。

② 初步阅读各工种设计说明，了解工程概况，将所采用的标准图集编号摘抄下来，并准备好标准图集，供看图时使用。

③ 阅读建施图。读图次序依次为设计总说明、总平面图、建筑平面图、立面图、剖面图、构造详图。初步阅读建施图后，应能在头脑中形成整栋房屋的立体形象，能想象出建筑物的大致轮廓，为下一步结施图的阅读做好准备。

④ 阅读结施图。结施图的阅读顺序可按下列步骤进行：

a. 阅读结构设计说明。准备好结施图所套用的标准图集及地质勘察资料备用。

b. 阅读基础平面图、详图与地质勘查资料。基础平面图应与建筑底层平面图结合起来看。

c. 阅读柱平面布置图。根据对应的建筑平面图校对柱的布置是否合理，柱网尺寸、柱断面尺寸与轴线的关系尺寸有无错误。

d. 阅读楼层及屋面结构平面布置图。对照建施平面图中的房间分隔、墙体的布置、检查各构件的平面定位尺寸是否正确，布置是否合理，有无遗漏，楼板的形式、布置、板面标高是否正确等。

e. 按前述的施工图识读方法，详细阅读各平面图中的每一个构件的编号、断面尺寸、标高、配筋及其构造详图，并与建施图结合，检查有无错误与矛盾。看图中发现的问题要一一记下，最后按结施图的先后顺序将存在的问题全部整理出来，以便在图纸会审时加以解决。

f. 在前述阅读结施图中，涉及采用标准图集时，应详细阅读规定的标准图集。

在看图时，如能把一张平面的图形，看成一栋带有立体感的建筑物，那就具备了一定的看图水平。这既需要经验，也需要具有空间概念和想象力。当然这些不是一朝一夕所能具备的，而是通过积累、实践、总结，才能取得的。当具有了看图的初步知识，又能虚心求教，循序渐进，"会看图纸，看懂图纸"的目标是不难实现的。

12.3 建筑结构施工图平面整体表示方法

12.3.1 平法施工图的基本概念

所谓平法即混凝土结构施工图平面整体表示方法，是把结构构件的尺寸和配筋等按照平面整体表示方法和制图规则整体直接表达在各类构件的结构平面布置图上，再与标准构造详图相配合，即构成一套新型完整的结构设计，改变了传统的将构件从结构平面布置图中索引出来，再逐个绘制配筋详图、画出配筋表的做法。实施平法的优点主要表现在以下两方面：

① 减少图纸数量。平法把结构设计中的重复性内容做成标准化的节点构造，把结构设计中创造性内容使用标准化的方法来表示。这样按平法设计的结构施工图就可以简化为两部分：一是各类结构构件的平法施工图；二是图集中的标准构造详图。所以大幅减少了图纸数量。识图时，施工图纸要结合平法标准图集进行。

② 实现平面表示整体标注。即把大量的结构尺寸和钢筋数据标注在结构平面图上，并且在一个结构平面图上同时进行梁、柱、墙、板等各种构件尺寸和钢筋数据的标注。整体标注很好地体现了整个建筑结构是一个整体，梁和柱、板和梁都存在不可分割的有机联系。

12.3.2 平法标准图集简介

平法标准图集即 G101 系列平法图集，是混凝土结构施工图采用建筑结构施工图平面整体设计方法的国家建筑标准设计图集。平法标准图集内容包括两个主要部分：一是平法制图规则，二是标准构造详图。

现行的平法标准图集为 22G101 系列图集，包括：22G101—1《混凝土结构施工图平面整体表示方法制图规则和构造详图（现浇混凝土框架、剪力墙、梁、板）》、22G101—2《混凝土结构施工图平面整体表示方法制图规则和构造详图（现浇混凝土板式楼梯）》、22G101—3《混凝土结构施工图平面整体表示方法制图规则和构造详图（独立基础、条形基础、筏形基础、桩基础）》，适用于抗震设防烈度为 6～9 度地区的现浇混凝土结构施工图的设计，不适用于非抗震结构和砌体结构。

12.3.3 主要构件的平法注写方式

根据平法图集的内容，简要介绍现浇混凝土柱、梁、板、基础和剪力墙等构件的平法标注，构件的详细注写方式和节点构造请参阅 G101 图集。

(1) 柱平法施工图的注写方式

柱平法施工图有列表注写方式和截面注写方式。列表注写方式系在柱平面布置图上，分别在同一编号的柱中选择一个截面标注几何参数代号，在柱表中注写柱编号、柱段起止标高、几何尺寸与配筋的具体数值，并配以各种柱截面形状及其箍筋类型图的方式来表达柱平法施工图。

柱编号由柱类型代号和序号组成，柱的类型代号有框架柱（KZ）、转换柱（ZHZ）、芯柱（XZ）、梁上柱（LZ）、剪力墙上柱（QZ）。某框架柱列表注写方式如表12-1所示。

表 12-1　某框架柱列表注写方式示例

柱号	标高	$b \times h$	b_1	b_2	h_1	h_2	全部纵筋	角筋	b 边一侧中部筋	h 边一侧中部筋	箍筋类型号	箍筋
KZ1	$-0.03\sim19.47$	750×700	375	375	150	550	24 Φ 25	—	—	—	1(5×4)	Φ 10@100/200
	$19.47\sim37.47$	650×600	325	325	150	450	—	4 Φ 22	5 Φ 22	4 Φ 20	1(4×4)	
	$37.47\sim59.07$	550×500	275	275	150	350	—	4 Φ 22	5 Φ 22	4 Φ 20	1(4×4)	Φ 8@100/200

截面注写方式是在柱平面布置图的柱截面上，分别在同一编号的柱中选择一个截面，以直接注写截面尺寸和配筋的具体数值的方式来表达柱平法施工图。柱截面注写方式如图12-1所示。

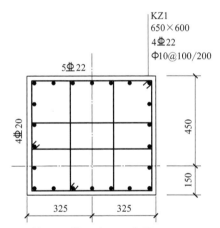

图 12-1　某 KZ1 截面注写示意图（19.47～37.47）

（2）梁平法施工图的注写方法

平法施工图分平面注写方式、截面注写方式。梁的平面注写包括集中标注与原位标注。集中标注表达梁的通用数值，原位标注表达梁的特殊数值。当集中标注中的某项数值不适用于梁的某部位时，则将该项数值原位标注，施工时，原位标注优先于集中标注。

① 集中标注的内容包括梁编号，梁截面尺寸，箍筋的钢筋级别、直径、加密区及非加密区、肢数，梁上下通长筋和架立筋，梁侧面纵筋（包括构造腰筋及抗扭腰筋），梁顶面标高高差。

a. 梁编号。梁编号由梁类型代号、序号、跨数及有无悬挑代号组成。梁的类型代号有楼层框架梁（KL）、楼层框架扁梁（KBL）、屋面框架梁（WKL）、框支梁（KZL）、托柱转换梁（TZL）、非框架梁（L）、悬挑梁（XL）、井字梁（JZL），A 为一端悬挑，B 为两端悬挑，悬挑不计数。如 KL7（5A）表示 7 号楼层框架梁，5 跨，一端悬挑。

b. 梁截面尺寸。当为等截面梁时，用 $b\times h$ 表示；当为竖向加腋梁时，用 $b\times h \mathrm{Y} c_1 \times c_2$

表示，其中 c_1 为腋长，c_2 为腋高（图 12-2）；当为水平加腋梁时，用 $b \times h \mathrm{PY} c_1 \times c_2$ 表示，其中 c_1 为腋长，c_2 为腋宽，加腋部分应在平面中绘制（图 12-3）；当有悬挑梁且根部和端部的高度不同时，用斜线分隔根部与端部的高度值，即为 $b \times h_1 / h_2$（图 12-4）。

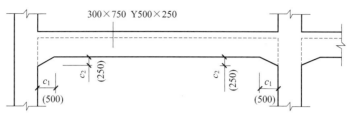

图 12-2 竖向加腋截面注写示意

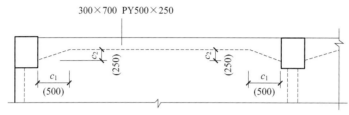

图 12-3 水平加腋截面注写示意

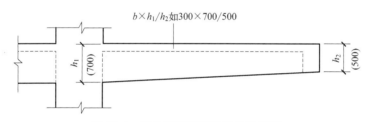

图 12-4 悬挑梁不等高截面注写示意

c. 梁箍筋。包括钢筋级别、直径、加密区与非加密区间距及肢数，该项为必注值。箍筋加密区与非加密区的不同间距及肢数需用斜线"/"分隔；当梁箍筋为同一种间距及肢数时，则不需用斜线；当加密区与非加密区的箍筋肢数相同时，则将肢数注写一次；箍筋肢数应写在括号内。如 $\phi 8 @ 100(4)/150(2)$，表示箍筋为 HPB300 钢筋，直径为 8mm，加密区间距为 100mm，四肢箍；非加密区间距为 150mm，两肢箍。

d. 梁上部通长筋或架立筋配置（通长筋可为相同或不同直径采用搭接连接、机械连接或焊接的钢筋），该项为必注值。当同排纵筋中既有通长筋又有架立筋时，应用"+"将通长筋和架立筋相连。注写时需将角部纵筋写在加号的前面，架立筋写在加号后面的括号内，以示不同直径及与通长筋的区别。当全部采用架立筋时，则将其写入括号内。当梁的上部纵筋和下部纵筋为全跨相同，且多数跨配筋相同时，此项可加注下部纵筋的配筋值，用分号";"将上部与下部纵筋的配筋值分隔开来，少数跨不同者，按原位标注处理。如 $2 \Phi 22 +$ $(4\Phi 12)$ 用于六肢箍，表示 $2 \Phi 22$ 为通长钢筋，$4 \Phi 12$ 为架立筋；$3 \Phi 22$；$3 \Phi 22$ 表示梁的上部配置 $3 \Phi 22$ 的通长钢筋，梁的下部配置 $3 \Phi 22$ 的通长钢筋。

e. 梁侧面纵向构造钢筋或受扭钢筋配置，该项为必注值。当梁腹板高度 $h_w > 450\mathrm{mm}$ 时，需配置纵向构造钢筋，以大写字母"G"打头，接续注写配置在梁两个侧面的总配筋值，且对称配置，如 $G4 \Phi 12$ 表示梁的两个侧面配置 $4 \Phi 12$ 的纵向构造钢筋，每侧面各配置

2Φ12。配置受扭纵向钢筋时，以大写字母"N"打头，接续注写配置在梁两个侧面的总配筋值，且对称配置，如 N6Φ22 表示梁的两个侧面配置 6Φ22 的受扭纵向钢筋，每侧面各配置 3Φ22 的受扭纵向钢筋。

f. 梁顶面标高高差，该项为选注值。梁顶面标高高差指相对于结构层楼面标高的高差值；对于位于结构夹层的梁，则指相对于结构夹层楼面标高的高差。有高差时，需将其写入括号内，无高差时不注。

② 原位标注内容包括梁支座上部纵筋（该部分含通长筋在内所有纵筋）、梁下部纵筋、附加箍筋或吊筋以及集中标注不适合于某跨时标注的数值。

a. 梁支座上部纵筋，该部分含通长筋在内的所有纵筋。当上部纵筋多于一排时，用斜线"/"将各排纵筋自上而下分开，如梁支座上部纵筋注写为 6Φ25 4/2 表示上一排纵筋为 4Φ25，下一排纵筋为 2Φ25；当同排纵筋有两种直径时，用加号"+"将两种直径的纵筋相连，注写时将角部纵筋写在前面，如梁支座上部有四根纵筋，2Φ25 放在角部，2Φ22 放在中部，在梁支座上部应注写为 2Φ25+2Φ22；当梁中间支座两边的上部纵筋不同时，需在支座两边分别标注；当梁中间支座两边的上部纵筋相同时，可仅在支座的一边标注配筋值，另一边省去不注。

b. 梁下部纵筋。当下部纵筋多于一排时，用斜线"/"将各排纵筋自上而下分开；当同排纵筋有两种直径时，用加号"+"将两种直径的纵筋相连，注写时角筋写在前面；当梁下部纵筋不全部伸入支座时，将梁支座下部纵筋减少的数量写在括号内，用"－"表示，如梁下部纵筋注写为 2Φ25+3Φ22（－3）/5Φ25，表示上排纵筋为 2Φ25 和 3Φ22，其中 3Φ22 的不伸入支座，下排纵筋为 5Φ25，全部伸入支座。

c. 当在梁上集中标注的内容（即梁截面尺寸、箍筋、上部通长筋或架立筋，梁侧面纵向构造钢筋或受扭纵向钢筋，以及梁顶面标高高差中的某一项或几项数值）不适用于某跨或某悬挑部分时，则将其不同数值原位标注在该跨或该悬挑部位，施工时应按原位标注数值取用。当在多跨梁的集中标注中已注明加腋，而该梁某跨的根部不需要加腋时，则应该在该跨原位注明等截面的 $b \times h$，以修正集中标注中加腋信息（图 12-5）。

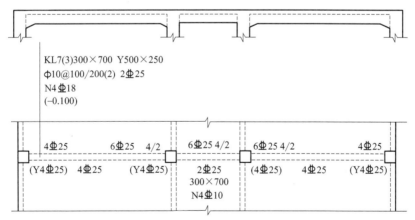

图 12-5　梁竖向加腋平面注写方式表达示例

d. 附加箍筋或吊筋，将其直接画在平面图中的主梁上，用线引注总配筋值（附加箍筋肢数注在括号内）。当多数附加箍筋或吊筋相同时，可在梁平法施工图上统一注明，少数与统一注明不同时，在原位引注。附加箍筋和吊筋画法示例如图 12-6 所示。

某梁的平面注写方式如图 12-7 所示。

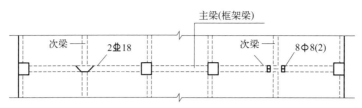

图 12-6 附加箍筋和吊筋的画法示例

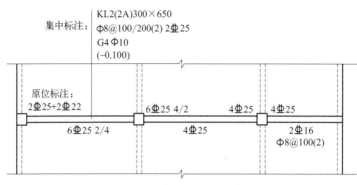

图 12-7 梁平面注写示例

(3) 有梁楼盖板平法施工图的注写方式

有梁楼盖板平法施工图，是在楼面板和屋面板布置图上，采用平面注写的表达方式。板平面注写主要包括板块集中标注和板支座原位标注两种方式。为方便设计表达和施工识图，规定结构平面的坐标方向为：当两向轴网正交布置时，图面从左至右为 X 向，从下至上为 Y 向；当轴网向心布置时，切向为 X 向，径向为 Y 向。

① 板块集中标注的内容为板块编号、板厚、上部贯通纵筋、下部纵筋，以及当板面标高不同时的标高高差。对于普通楼面，两向均以一跨为一板块；对于密肋楼盖，两向主梁（框架梁）均以一跨为一板块（非主梁密肋不计）。所有板块应逐一编号，相同编号的板块可以选择其一作集中标注，其他仅注写置于圆圈内的板编号以及当板面标高不同时的标高高差。

板类型及代号为楼面板（LB）、屋面板（WB）、悬挑板（XB）。贯通钢筋按板块的下部和上部分部注写，B 代表下部，T 代表上部。

例如，有一楼面板块注写为LB5　$h=110$

B：X Φ12@120；Y Φ10@100

表示 5 号楼面板、板厚 110mm、板下部 X 向贯通纵筋Φ12@120、板下部 Y 向贯通纵筋Φ10@100、板上部未配置贯通纵筋。

注写为LB5　$h=110$

B：X Φ10/12@100；Y Φ10@110

表示 5 号楼面板、板厚 110mm、板下部配置的贯通纵筋 X 向为Φ10 和Φ12 隔一布一、间距 100mm，Y 向贯通纵筋Φ10@110。

标注XB2　$h=150/100$

B：Xc&Yc Φ8@200

表示 2 号悬挑板、板根部厚 150mm、端部厚 100mm，板下部配置构造钢筋双向均为Φ8@200、上部受力钢筋见板支座原位标注。

② 板支座原位标注的内容为板支座上部非贯通纵筋和悬挑板上部受力钢筋。板支座上部非贯通筋自支座中线向跨内的伸出长度，注写在线段的下方位置。两侧对称时可只注写一侧，两侧不对称时两侧均需要注写其伸出长度。

有梁楼盖板平法注写示例如图 12-8 所示。

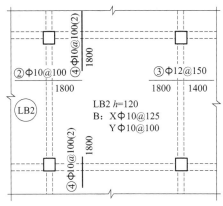

图 12-8　有梁楼盖板平法注写示例图

習題 >>>

1. 结构施工图的概念及其用途有哪些？
2. 结构施工图由哪几部分组成？
3. 请简述结构施工图的识读方法。
4. 请简述结构施工图的识读步骤。

第13章

钢结构

引言

　　钢结构制造和施工水平日益提高，钢结构在工程领域的重要性日益突出。住房和城乡建设部在《"十四五"建筑业发展规划》中提出，大力发展装配式建筑，积极推进高品质钢结构住宅建设，鼓励学校、医院等公共建筑优先采用钢结构，培育一批装配式建筑生产基地。

　　思考：党的二十大报告提出"加快发展方式绿色转型。"2023年两会期间，有人大代表提出，我国钢结构建筑在总建筑量中占比5%～7%，其中钢结构住宅占比仅在1%左右，发展空间和前景广阔。在我国"双碳"重大战略目标及"新型城镇化建设"政策推动下，建筑行业逐渐向工业化和绿色可持续发展转型。钢结构是建筑行业绿色发展的选项之一。有哪些著名建筑应用了钢结构呢？钢结构主要适用于建造什么用途的房屋？钢结构未来的发展方向如何？

本章重点 >>>

　　钢结构的特点；钢结构材料的种类和力学性能；钢结构焊接连接、螺栓连接的构造与计算；轴心受力构件、受弯构件的强度计算、刚度验算和稳定计算方法。

13.1 概述

　　钢结构在我国现代化建设中的地位日益突出，在国民经济的各个领域都得到了大量应用。随着我国钢产量的增加，今后钢结构的发展前景和应用范围将更加宽广。

　　钢结构是指用钢板和热轧、冷弯或焊接型材通过连接件连接而成的能承受和传递荷载的结构形式，主要应用于工业厂房、大跨度结构（如飞机库、体育馆、展览馆等）、高耸结构、多层和高层建筑、板壳结构、可拆卸装配式房屋等。与其他材料的结构相比，钢结构具有如下特点：

　　① 强度高、自重小。钢比混凝土、砌体和木材的强度和弹性模量要高出很多倍，因此，钢结构的自重较小。由于自重小、强度高，钢结构特别适用于建造大跨度和超高、超重型的

建筑物。由于质量小，钢结构也便于运输和吊装，且可减轻下部结构和基础的负担。

② 材质均匀。钢材的内部组织均匀，非常接近于各向同性均质体，且在一定的应力范围内，属于理想弹性工作，符合工程力学所采用的基本假定。因此，钢结构的计算可根据力学原理进行，计算结果准确可靠。

③ 塑性、韧性好。钢材具有良好的塑性，钢结构在一般情况下，不会发生突发性破坏，而是事先有较大变形。此外，钢材还具有良好的韧性，能很好地承受动力荷载。这些都为钢结构的安全应用提供了可靠保证。

④ 工业化程度高。钢结构是用各种型材（工字钢、槽钢、角钢等）和钢板，经切割、焊接等工序制造成钢构件，然后运至工地安装的结构。一般钢构件都可在工厂中采用机械化程度高的专业化生产，故精度高，制造周期短。钢构件运至工地安装，装配与施工效率较高，因而工期较短。

⑤ 连接方便，重复利用率高。钢结构安装、拆卸方便，便于结构改造，具有很好的适应性。钢结构报废拆除时，绝大部分钢材可以再次利用，对减少环境损害、节约资源有重要作用，钢材是公认的符合可持续发展要求的绿色建材。

⑥ 抗震性能好。钢结构由于自重小，可以建造得比较轻柔，受到的地震作用较小。钢材具有较高的强度和较好的塑性和韧性，合理设计的钢结构具有很好的延性、很强的抗倒塌能力。国内外历次地震中，钢结构损坏较轻。

⑦ 耐腐蚀性差。钢结构在潮湿与有侵蚀性介质的环境中易于锈蚀，须于建成后除锈、刷涂料加以保护，并应定期重刷涂料，故维护费用较高。

⑧ 耐热但不耐火。钢材受热，当温度在250℃以内时，其主要性能（屈服点和弹性模量）下降不多；当温度超过250℃后，材质变化较大，不仅强度总趋势逐步降低，还有蓝脆和徐变现象；当温度达600℃时，钢材进入塑性状态已不能承载。因此，设计规定钢材表面温度超过150℃后须加以隔热防护，对有防火要求者，更须按相应规定采取隔热保护措施。

⑨ 稳定问题较突出。由于钢材强度高，一般钢结构构件截面小、壁薄，因而在压力和弯矩等作用下存在构件甚至整个结构的稳定问题，必须在设计施工中给予足够重视。

13.2 钢结构的材料

13.2.1 钢材的破坏形式

钢材存在两种可能的破坏形式，即塑性破坏和脆性破坏。钢结构所用的材料虽然具有较高的塑性和韧性，且一般发生塑性破坏，但在一定条件下，仍然有发生脆性破坏的可能。

塑性破坏的主要特征是破坏前构件产生明显的塑性变形，塑性变形发生持续时间较长，容易及时发现而采取措施予以补救。

脆性破坏的特点是钢材破坏前的塑性变形很小，甚至没有塑性变形，平均应力一般低于钢材的屈服强度，破坏从应力集中处开始。脆性破坏没有明显的预兆，因而无法及时察觉和采取补救措施，与塑性破坏相比较，其后果严重，危险性较大。

因此，在设计、制作和安装过程中要采取措施防止钢材发生脆性破坏。

13.2.2　钢材的力学性能

建筑钢材的力学性能是衡量钢材质量的重要指标，包括强度、塑性、冷弯性能、冲击韧性等。

（1）强度

钢材的强度指标主要有屈服强度（标准值）f_y 和极限抗拉强度 f_u，可通过钢材标准试件在常温静荷载作用下的单向均匀受拉试验获得。实际设计中，通常将材料强度的标准值除以材料强度的分项系数以获得其设计值。常用的钢材强度设计值见附表 7。

（2）塑性

伸长率是衡量钢材塑性的重要指标。伸长率是指断裂前试件的永久变形与原标定长度的比值，它取 $5d$ 或 $10d$（d 为圆形试件直径）为标定长度，其相应的伸长率用 δ_5 或 δ_{10} 表示。伸长率代表材料断裂前具有的塑性变形能力。

（3）冷弯性能

钢材的冷弯性能是指钢材在常温下能承受弯曲而不破裂的能力。钢材的弯曲程度常用弯心直径或弯曲角度与材料厚度的比值表示，该比值越小，钢材的冷弯性能越好。冷弯试验不仅能直接检验钢材的弯曲变形能力或塑性性能，还能暴露钢材内部的冶金缺陷，如硫、磷偏析和硫化物与氧化物的掺杂情况，这些都将降低钢材的冷弯性能。因此，冷弯性能是鉴定钢材在弯曲状态下的塑性应变能力和钢材质量的综合指标。

（4）冲击韧性

冲击韧性是钢材抵抗冲击荷载的能力，是钢材强度和塑性的综合指标。钢材中非金属夹杂物、脱氧不良等都将影响其冲击韧性。为了保证钢结构建筑物的安全，防止低应力脆性断裂，建筑结构钢还必须具有良好的韧性。

13.2.3　钢材的种类、牌号及其选用

（1）钢材的种类

钢材按用途可分为结构钢、工具钢、特殊钢等；按冶炼方法可分为转炉钢、平炉钢；按脱氧方法可分为沸腾钢、镇静钢、特殊镇静钢；按成型方法可分为轧制钢、锻钢、铸钢；按化学成分可分为碳素钢、合金钢。在建筑工程中通常采用的是碳素结构钢和低合金高强度结构钢。

我国目前生产的碳素结构钢的牌号有 Q195，Q215A 及 B，Q235A、B、C 及 D，Q275。含碳量越高，屈服点越高，塑性越低。Q235 的含碳量低于 0.22%，属于低碳钢，其强度适中，塑性、韧性和焊接性较好，是建筑钢结构常用的钢材品种之一。碳素结构钢牌号中 Q 为"屈服点"的拼音首字母，其他符号含义如图 13-1 所示。

脱氧方法符号为 F、b、Z 和 TZ，分别表示沸腾钢、半镇静钢、镇静钢和特殊镇静钢，

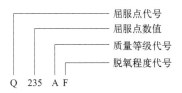

图 13-1 碳素结构钢牌号中符号的含义

反映钢材在浇铸过程中脱氧程度的不同。

低合金高强度结构钢是在冶炼碳素结构钢时加一种或几种适量的合金元素而炼成的钢种，可提高强度、冲击韧性、耐腐蚀性又不太降低塑性。我国颁布的《低合金高强度结构钢》（GB/T 1591—2018）将低合金高强度结构钢按屈服点由小到大排列分为 8 个牌号：Q355、Q390、Q420、Q460、Q500、Q550、Q620 和 Q690，牌号意义和碳素结构钢相同。其中，Q355、Q390 为钢结构常用钢材。

（2）钢材的规格

钢结构采用的型材主要包括热轧钢板、热轧型钢与冷弯薄壁型钢。

① 热轧钢板。它分为厚钢板和薄钢板两种。厚钢板的厚度为 4.5～60mm，用于制作焊接组合截面构件，如焊接 I 形截面梁翼缘板、腹板等；薄钢板的厚度为 0.35～4mm，用于制作冷弯薄壁型钢。

钢板的表示方法为"—宽度×厚度×长度"，如"—400×13×800"，尺寸单位为 mm。

② 热轧型钢。常用热轧型钢有角钢、槽钢、工字钢、H 型钢、T 型钢和钢管等，如图 13-2 所示。

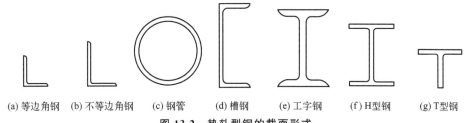

(a) 等边角钢　(b) 不等边角钢　(c) 钢管　(d) 槽钢　(e) 工字钢　(f) H型钢　(g) T型钢

图 13-2 热轧型钢的截面形式

a. 角钢。角钢分为等边角钢和不等边角钢。等边角钢表示为"∟边宽×厚度"，如"∟100×8"；不等边角钢的表示方法为"∟长边宽×短边宽×厚度"，如"∟100×80×8"，尺寸单位为 mm。

b. 槽钢。槽钢有普通槽钢和轻型槽钢两种。普通槽钢用截面符号"["和截面高度（cm）表示。高度在 20cm 以上的槽钢，还用字母 a、b、c 表示不同腹板的厚度。如"[32b"，表示截面外轮廓高度 32cm、腹板中等厚度的槽钢。轻型槽钢用截面符号"["和截面外轮廓高度（cm）、符号"Q"表示。"[25Q"表示截面外轮廓高度 25cm，Q 是"轻"的意思。号数相同的轻型槽钢与普通槽钢相比，板件较薄。

c. 工字钢。工字钢分为普通工字钢和轻型工字钢，用符号"I"和截面高度（cm）表示。高度在 20cm 以上的普通工字钢，用字母 a、b、c 表示不同的腹板厚度。如"I32c"，表示截面外轮廓高度为 32cm、腹板厚度为 c 类的工字钢。轻型工字钢由于壁厚已经很薄，故不再按厚度划分。如"I32Q"，表示截面外轮廓高度 32cm 的轻型工字钢。

d. H 型钢和剖分 T 型钢。H 型钢是目前广泛使用的热轧型钢，与普通工字钢相比，其特点是翼缘较宽，故两个主轴方向的惯性矩相差较小。另外，翼缘内、外两侧平行，便于与其他构件相连。为满足不同需要，H 型钢有宽翼缘 H 型钢、中翼缘 H 型钢和窄翼缘 H 型钢，分别用标记 HW、HM 和 HN 表示。各种 H 型钢均可剖分为 T 型钢，相应标记用 TW、TM、TN 表示。H 型钢和剖分 T 型钢的表示方法为"标记符号高度×宽度×腹板厚度×翼缘厚度"。例如，"HM244×175×7×11"，其剖分 T 型钢是"TM132×175×7×11"，尺寸单位为 mm。

e. 钢管。钢管分为无缝钢管和焊接钢管两种，表示方法为"ϕ 外径×壁厚"。如"ϕ180×4"尺寸单位为 mm。

③ 冷弯薄壁型钢。它通常由薄钢板经模压或弯曲而制成，如图 13-3 所示。其壁厚一般为 1.5～5mm，可用作轻型屋面及墙面等构件。

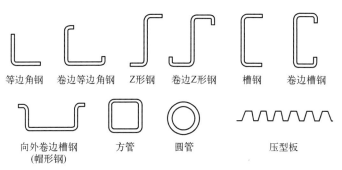

| 等边角钢 | 卷边等边角钢 | Z形钢 | 卷边Z形钢 | 槽钢 | 卷边槽钢 |

向外卷边槽钢（帽形钢）　　方管　　圆管　　压型板

图 13-3　冷弯薄壁型钢的截面形式

钢材选用的原则应该是保证结构安全可靠，满足使用要求以及节省钢材，降低造价。选用钢材应考虑下列因素。

① 结构的重要性。由于使用要求、结构所处部位不同，可按结构及其构件破坏可能产生的后果的严重性，将结构及其构件分为重要的、一般的和次要的；设计时应根据不同情况，有区别地选用钢材，并对材质提出不同项目的要求，对重要的结构选用质量高的钢材。

② 荷载性质。钢结构所承受的荷载可分为静力荷载、动力荷载、经常满载和不经常满载等。对直接承受动力荷载的钢结构构件应选择质量和韧性较好的钢材。对承受静力和间接动力荷载的构件可采用一般质量的钢材。根据不同的荷载性质对钢材可提出不同的保证项目要求。

③ 连接方法。钢结构的连接可分为焊接和非焊接（螺栓连接或铆钉连接）两类。焊接结构的材质要求应高于同样情况下的非焊接结构，同时应严格控制碳、硫、磷的含量。

④ 工作环境。对经常处于或可能处于较低负温环境下工作的钢结构，特别是焊接结构，应选择化学成分和力学性能较好、冷脆临界温度低于结构工作环境温度的钢材。

⑤ 钢材的厚度。厚度大的钢材由于轧制时压缩比小，不但强度较低，冲击韧性和焊接性能也较差，并且容易产生三向残余应力。因此，厚度大的焊接结构应采用材质较好的钢材。

13.3　钢结构的连接

钢结构与混凝土结构相比的突出特点之一就是连接形式灵活多样，钢结构由钢构件或部件连接而成，钢构件可直接采用型钢，也可由钢板等原材料经过连接而成。

钢结构的连接方法可分为焊缝连接（焊接）、铆钉连接和螺栓连接三种，如图 13-4 所示。在同一个钢结构的设计方案中，所采用的连接方法可能有一种或几种。

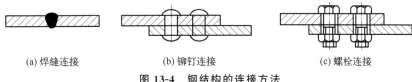

(a) 焊缝连接　　　　　　　(b) 铆钉连接　　　　　　　　(c) 螺栓连接

图 13-4　钢结构的连接方法

13.3.1　焊缝连接

焊缝连接是通过电弧产生热量，使焊条和焊件局部熔化，经冷却凝结成焊缝，从而将焊件连接成一体。焊缝连接的优点是构造简单，制造省工，不削弱截面，经济性好；连接刚度大，密闭性能好；易采用自动化作业，生产效率高。其缺点是焊缝附近有热影响区，该处材质变脆；在焊件中产生焊接残余应力和残余应变，对结构工作常有不利影响；焊接结构对裂纹很敏感，裂缝易扩展，尤其在低温下易发生脆断。

（1）焊接方法

焊接连接有气焊、接触焊和电弧焊等方法。在电弧焊中又分为手工焊、自动焊和半自动焊三种。目前，钢结构中较常用的焊接方法是手工电弧焊。

手工电弧焊是利用焊条与工件间产生的电弧热将金属熔化进行焊接的，其工作原理如图 13-5 所示。施焊时，分别接在电焊机两极的焊条和焊件瞬间短路打火引弧，从而使焊条和焊件迅速熔化，熔化的焊条金属与焊件金属结合成焊缝金属。

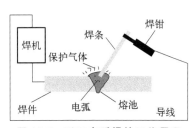

图 13-5　手工电弧焊的工作原理

手工电弧焊的电焊设备简单，使用方便，只需将焊钳持于焊接部位即可施焊，适用于全方位空间焊接，所以应用广泛，尤其适用于工地安装焊缝、短路焊缝和曲折焊缝。但其生产效率低，劳动条件差，弧光眩目，焊接质量在一定程度上取决于焊工水平，容易波动。手工电弧焊对焊工的操作技能要求较高。

（2）焊缝形式

在钢结构焊接工程中，焊缝形式主要有对接焊缝和角焊缝两种。对接焊缝主要用于钢架梁、柱的翼缘板和腹板的连接，它通常有不开坡口的矩形、开坡口的 V 形、X 形、U 形及 K 形 5 种截面形式。角焊缝宜沿长度方向布置，分为连续角焊缝和断续角焊缝两种形式。连续角焊缝的受力性能较好，应用较为广泛；断续角焊缝两端的应力集中较严重，一般只用在次要构件或次要焊缝连接中。

（3）对接焊缝的构造与计算

① 对接焊缝的构造。在对接焊缝的拼接处，当焊件的宽度不同或厚度在一侧相差 4mm 以上时，应分别在宽度方向或厚度方向从一侧或两侧做成坡度不大于 1：2.5 的斜角（见图 13-6），以使截面过渡平缓，减小应力集中。对于直接承受动力荷载且需要进行疲劳计算的结构，斜角要求更加平缓，《钢结构设计标准》（GB 50017—2017，以下简称《钢结构规范》）规定斜角坡度不应大于 1：4。

对于较厚的焊件（$t \geq 20$mm，t 为钢板厚度），应采用 V 形缝、U 形缝、K 形缝、X 形缝。其中，V 形缝和 U 形缝为单面施焊，但在焊缝根部还需补焊。对于没有条件补焊时，要事先在根部加垫板（见图 13-7）。当焊件可随意翻转施焊时，使用 K 形缝和 X 形缝较好。

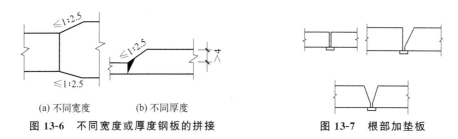

(a) 不同宽度	(b) 不同厚度	

图 13-6　不同宽度或厚度钢板的拼接　　　图 13-7　根部加垫板

当采用部分焊透的对接焊缝时应在设计图中注明坡口的形式和尺寸，其计算厚度 h_e 不得小于 $1.5\sqrt{t}$（t 为较大的焊件厚度）。在直接承受动力荷载的结构中，垂直于受力方向的焊缝不宜采用部分焊透的对接焊缝。

钢板拼接采用对接焊缝时，纵、横两个方向的对接焊缝可采用十字形交叉或 T 形交叉。当为 T 形交叉时，交叉点的间距不得小于 200mm，如图 13-8 所示。

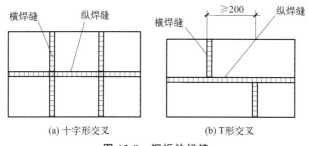

(a) 十字形交叉　　　　　　　　(b) T形交叉

图 13-8　钢板的拼接

② 对接焊缝的计算。对接焊缝的截面与被连接件的截面基本相同，故焊缝中应力与被连接件截面的应力分布情况一致，设计时采用的强度计算式与被连接件的基本相同。

a. 轴心力作用下的对接焊缝计算。在对接接头和 T 形接头中，垂直于轴心拉力或轴心压力的对接焊缝或对接与角接组合焊缝，其强度应按下式计算：

$$\sigma = \frac{N}{l_w t} \leqslant f_t^w \text{ 或 } f_c^w \tag{13-1}$$

式中　N——轴心拉力或轴心压力，N；

　　　l_w——焊缝长度，mm；

　　　t——在对接接头中为连接件的较小厚度，在 T 形接头中为腹板的厚度，mm；

　　　f_t^w、f_c^w——对接焊缝的抗拉、抗压强度设计值，N/mm²，见附表 8。

当对接焊缝和对接与角接组合焊缝无法采用引弧板或引出板施焊时，每条焊缝在长度计算时应各减去 $2t$（t 为较薄板件厚度）。

【例 13-1】 如图 13-9 所示的对接连接中，已知：钢材为 Q355 钢，焊条为 E50 型，焊缝质量三级，施工时不用引弧板，承受轴心拉力设计值为 610kN。试通过计算验证焊缝是否满足连接要求。

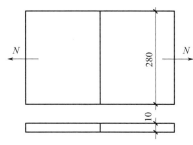

图 13-9 某钢板对接焊缝尺寸

【解】 查附录表 8，$f_t^w = 265 \text{N/mm}^2$。

$$l_w = l - 2t = 280 - 2 \times 10 = 260 \text{mm}$$

$$\sigma = \frac{N}{l_w t} = \frac{610 \times 10^3}{260 \times 10} = 234.62 \text{N/mm}^2 < f_t^w = 265 \text{N/mm}^2$$

故该焊缝满足连接要求。

b. 弯矩和剪力共同作用下的对接焊缝计算。在对接接头和 T 形接头中承受弯矩和剪力共同作用的对接焊缝或对接与角接组合焊缝，其正应力和剪应力应分别计算。弯矩作用下焊缝产生正应力，剪力作用下焊缝产生剪应力，其应力分布如图 13-10 所示。

弯矩作用下焊缝截面 A 点正应力最大，其计算式为

$$\sigma_M = \frac{M}{W_w} \leqslant f_t^w \tag{13-2}$$

式中 M——焊缝承受的弯矩，N·mm；

  W_w——焊缝计算截面的截面模量，mm^3。

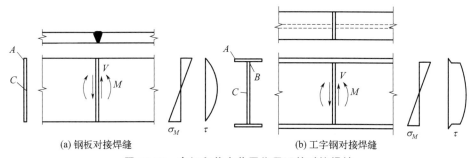

图 13-10 弯矩和剪力共同作用下的对接焊缝

剪力作用下焊缝截面上 C 点剪应力最大，可按下式计算：

$$\tau = \frac{V S_w}{I_w t} \leqslant f_v^w \tag{13-3}$$

式中 V——焊缝承受的剪力，N；

  I_w——焊缝计算截面对其中和轴的惯性矩，mm^4；

  S_w——计算剪应力处以上焊缝计算截面对中和轴的面积矩，mm^3；

f_v^w——对接焊缝的抗剪强度设计值，N/mm²，见附表8。

对于I形、箱型等构件，在腹板与翼缘交接处，如图13-10(b) 所示，焊缝截面的 B 点同时受较大的正应力 σ_1 和较大的剪应力 τ_1 作用，还应计算折算应力。其计算式为：

$$\sigma_f = \sqrt{\sigma_1^2 + 3\tau_1^2} \leqslant \beta f_t^w \tag{13-4}$$

$$\sigma_1 = \frac{Mh_0}{W_w h} \tag{13-5}$$

$$\tau_1 = \frac{VS_1}{I_w t_w} \tag{13-6}$$

式中 σ_1——腹板与翼缘交接处焊缝正应力，N/mm²；

     h_0、h——焊缝截面处腹板高度、总高度，mm；

     τ_1——腹板与翼缘交接处焊缝剪应力，N/mm²；

     S_1——B 点以上部分面积或以下部分面积对中和轴的面积矩，mm³；

     t_w——腹板厚度，mm；

     β——系数，取 1.1，考虑最大折算应力只在焊缝局部位置出现，将焊缝强度设计值提高 10%。

【例13-2】 某8m跨度的简支梁，在距离支座2.4m处采用对接焊缝连接，如图13-11所示。已知：钢筋为 Q235 级，$q=150$kN/m（设计值，已包含梁自重在内），采用 E43 型焊条，手工焊，质量等级为三级，施焊时采用引弧板。试验算对接焊缝的强度是否满足要求。

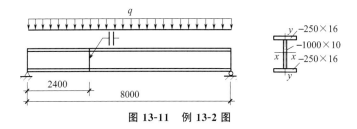

图 13-11 例 13-2 图

【解】 容易求得焊缝处弯矩 $M=1008$kN·m，剪力 $V=240$kN。

焊缝截面与梁截面相同，截面特征计算如下：

$$I_w = \frac{250 \times 1032^3 - 240 \times 1000^3}{12} = 2.898 \times 10^9 \text{ mm}^4$$

$$W_w = \frac{2.898 \times 10^9}{516} = 5.616 \times 10^6 \text{ mm}^4$$

$$S_{w1} = 250 \times 16 \times 508 = 2.032 \times 10^6 \text{ mm}^3$$

$$S_w = 2.032 \times 10^6 + 10 \times 500 \times 250 = 3.282 \times 10^6 \text{ mm}^3$$

最大正应力 $\quad \sigma_{max} = \dfrac{M}{W_w} = \dfrac{1.008 \times 10^9}{5.616 \times 10^6} = 179.5 \text{ N/mm}^2 < f_t^w = 185 \text{ N/mm}^2$

最大剪应力 $\tau_{max} = \dfrac{VS_w}{I_w t_w} = \dfrac{240 \times 10^3 \times 3.282 \times 10^6}{2.898 \times 10^9 \times 10} = 27.2 \text{ N/mm}^2 < f_v^w = 125 \text{ N/mm}^2$

翼缘与腹板交界处 "1" 点的应力：

$$\sigma_1 = \sigma_{max} \frac{h_0}{h} = 179.5 \times \frac{1000}{1032} = 173.9 \text{N/mm}^2$$

$$\tau_1 = \frac{VS_{w1}}{I_w t_w} = \frac{240 \times 10^3 \times 2.032 \times 10^6}{2.898 \times 10^9 \times 10} = 16.8 \text{N/mm}^2$$

$$\sqrt{\sigma_1^2 + 3\tau_1^2} = \sqrt{173.9^2 + 3 \times 16.8^2} = 176.3 \text{N/mm}^2 < 1.1 f_t^w = 203.5 \text{N/mm}^2$$

综上，该对接焊缝强度满足要求。

（4）角焊缝的构造与计算

① 角焊缝的形式。角焊缝按其与外力作用方向的不同可分为平行于外力作用方向的侧面角焊缝、垂直于外力作用方向的正面角焊缝（或称端焊缝）和与外力作用方向斜交的斜向角焊缝三种，如图 13-12 所示；按其截面形式可分为直角角焊缝和斜角角焊缝，如图 13-13 所示。

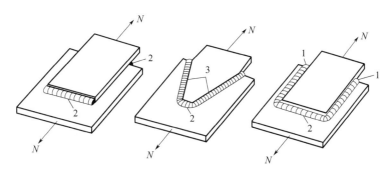

图 13-12　角焊缝的受力形式

1—侧面角焊缝；2—正面角焊缝；3—斜向角焊缝

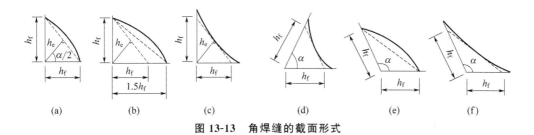

图 13-13　角焊缝的截面形式

② 角焊缝的构造。当焊脚尺寸过小时，不易焊透；焊脚尺寸过大时，焊接残余应力和变形增加，浪费材料。为了保证质量，《钢结构规范》作了限制角焊缝最小焊脚尺寸和最大焊脚尺寸的规定。

a. 最小焊脚尺寸：$h_{f\min} \geq 1.5\sqrt{t_{\max}}$，$t_{\max}$ 为较厚焊件的厚度。对埋弧自动焊，可减小 1mm；对 T 形连接的单面角焊缝，应增加 1mm，当焊件厚度小于或等于 4mm 时，则取 $h_{f\min} = t_{\max}$。

b. 最大焊脚尺寸：$h_{f\max} \leq 1.2 t_{\min}$，$t_{\min}$ 为较薄焊件的厚度。但当贴着板边施焊时（图 13-14），最大焊脚尺寸应满足下列要求：当 $t_1 \leq 6$mm 时，取 $h_{f\max} \leq t_1$；当 $t_1 > 6$mm 时，取 $h_{f\max} = t_1 - (1\sim2)$mm。

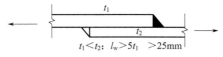

图 13-14　焊缝搭接连接

因此，在选择角焊缝的焊脚尺寸时，应符合图 13-15 所示的要求。

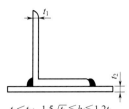

$t_1 < t_2$；$1.5\sqrt{t_2} \leqslant h_f \leqslant 1.2t_1$

图 13-15　角焊缝厚度的规定

c. 侧焊缝最大计算长度。为保证受力均匀，一般规定侧焊缝的计算长度 $l_w \leqslant 60h_f$；动载时 $l_w \leqslant 50h_f$。

d. 角焊缝的最小计算长度。为防止焊缝长度过小而焊脚尺寸过大、局部加热和应力集中，规定角焊缝的计算长度不得小于 $8h_f$，且不得小于 40mm。

e. 搭接长度。在搭接连接中，搭接长度不得小于构件较小厚度的 5 倍，且不得小于 25mm。这是为了减小接头中产生的过大焊接应力。

③ 角焊缝的计算

a. 在通过焊缝形心的拉力、压力或剪力作用下：

正面角焊缝（作用力垂直于焊缝长度方向）：

$$\sigma_f = \frac{N}{h_e l_w} \leqslant \beta_f f_f^w \tag{13-7}$$

侧面角焊缝（作用力平行于焊缝长度方向）：

$$\tau_f = \frac{N}{h_e l_w} \leqslant f_f^w \tag{13-8}$$

式中　N——轴心力（拉力、压力或剪力），N。

　　　σ_f——按焊缝有效截面（$h_e l_w$）计算，垂直于焊缝长度方向的应力，N/mm^2。

　　　τ_f——按焊缝有效截面计算，沿焊缝长度方向的剪应力，N/mm^2。

　　　h_e——角焊缝的计算厚度，mm，对直角角焊缝等于 $0.7h_f$（h_f 为焊脚尺寸）。

　　　l_w——角焊缝的计算长度，mm，对每条焊缝取实际长度减去 $2h_f$。

　　　f_f^w——角焊缝的强度设计值，N/mm^2，按附表 8 采用。

　　　β_f——正面角焊缝的强度设计值增大系数，对承受静力荷载和间接承受动力荷载的结构，$\beta_f = 1.22$，对直接承受动力荷载的结构，$\beta_f = 1.0$；被连接板件的最小厚度不大于 4mm 时，取 $\beta_f = 1.0$。

b. 在弯矩、剪力和轴心力共同作用下：

$$\sqrt{\left(\frac{\sigma_f^N + \sigma_f^M}{\beta_f}\right)^2 + (\tau_f^V)^2} \leqslant f_f^w \tag{13-9}$$

$$\sigma_f^N = \frac{N}{A_w} = \frac{N}{2h_e l_w} \tag{13-10}$$

$$\tau_f^V = \frac{V}{A_w} = \frac{V}{2h_e l_w} \tag{13-11}$$

$$\sigma_f^M = \frac{M}{W_w} = \frac{6M}{2h_e l_w^2} \tag{13-12}$$

式中　σ_f^N——由轴心力 N 产生的垂直于焊缝长度方向的应力，N/mm^2；

　　　τ_f^V——由剪力 V 产生的平行于焊缝长度方向的应力，N/mm^2；

　　　σ_f^M——由弯矩 M 引起的垂直于焊缝长度方向的应力，N/mm^2；

　　　A_w——角焊缝的有效截面面积，mm^2；

　　　W_w——角焊缝的有效截面模量，mm^3。

c. 角钢连接角焊缝的计算。角钢与连接板用角焊缝连接可以采用两面侧焊、三面围焊、L 形围焊三种形式（见图 13-16）。为避免偏心受力，应使焊缝传递的合力作用线与角钢杆件的轴线相重合。

当采用两面侧焊时，虽然轴力通过角钢轴线，但肢背焊缝和肢尖焊缝到形心轴的距离

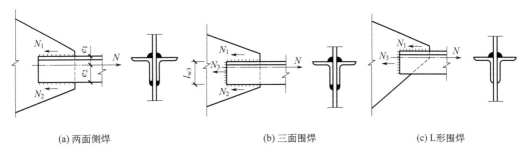

| (a) 两面侧焊 | (b) 三面围焊 | (c) L形围焊 |

图 13-16 角钢与连接板的连接

$e_1 \neq e_2$，受力大小就不相等。设 N_1 和 N_2 分别为角钢肢背与肢尖焊缝承担的内力，由平衡条件得

$$N_1 + N_2 = N$$
$$N_1 e_1 = N_2 e_2$$

从而得到

$$N_1 = \frac{e_2}{e_1 + e_2} N = k_1 N \qquad (13\text{-}13)$$

$$N_2 = \frac{e_1}{e_1 + e_2} N = k_2 N \qquad (13\text{-}14)$$

式中　k_1、k_2——角钢肢背、肢尖焊缝的内力分配系数，如表 13-1 所示。

表 13-1　角钢上角焊缝的内力分配系数

角钢类型	分配系数	
	k_1	k_2
等边角钢	0.70	0.30
不等边角钢（短边相连）	0.75	0.25
不等边角钢（长边相连）	0.65	0.35

角钢肢背和肢尖焊缝所需长度分别为

$$\sum l_{w1} = \frac{N_1}{0.7 h_{f1} f_f^w} \qquad (13\text{-}15)$$

$$\sum l_{w2} = \frac{N_2}{0.7 h_{f2} f_f^w} \qquad (13\text{-}16)$$

式中　h_{f1}、h_{f2}——肢背、肢尖焊缝的焊脚尺寸，mm。

当采用三面围焊时，可先选定正面角焊缝的焊脚尺寸 h_{f3}，求出正面角焊缝所分担的轴心力 N_3，即

$$N_3 = 0.7 h_{f3} \sum l_{w3} \beta_f f_f^w \qquad (13\text{-}17)$$

式中　h_{f3}——正面角焊缝的焊脚尺寸，mm；

　　　$\sum l_{w3}$——正面角焊缝的计算长度之和，mm。

通过平衡条件可以解得肢背和肢尖侧焊缝受力为

$$N_1 = k_1 N - \frac{1}{2} N_3 \qquad (13\text{-}18)$$

$$N_2 = k_2 N - \frac{1}{2} N_3 \qquad (13\text{-}19)$$

求得 N_1、N_2 后，即可按式（13-15）、式（13-16）分别计算角钢肢背和肢尖的侧面焊缝

长度。

当采用 L 形围焊时，不能先选定正面角焊缝焊脚尺寸，应先由式(13-19)令 $N_2=0$，求出 N_3，即

$$N_3=2k_2N \qquad (13\text{-}20)$$

求得 N_3 后，可按式(13-21)计算 N_1。求得 N_1 后，也可确定侧焊缝的长度及焊脚尺寸。

$$N_1=N-N_3 \qquad (13\text{-}21)$$

求得 N_1、N_2 后，即可按式(13-15)、式(13-16)分别计算角钢肢背侧面和正面角焊缝长度。

【例 13-3】 有一焊接连接如图 13-17 所示，钢材为 Q235 钢，焊条为 E43 系列，角钢为 2L100×8，采用手工焊接，承受的静力荷载设计值 $N=680\text{kN}$。试计算两侧面所需角焊缝的长度。

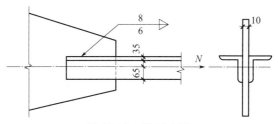

图 13-17 例 13-3 图

【解】 查表 13-1，$k_1=0.7$、$k_2=0.3$；查表附表 8，$f_f^w=160\text{N/mm}^2$。由图 13-17 可知，$h_{f1}=8\text{mm}$，$h_{f2}=6\text{mm}$。

该角焊缝为侧面角焊缝，设肢背焊缝受力为 N_1，肢尖焊缝受力为 N_2，于是有

$$N_1=k_1N=0.7\times680=476\text{kN}$$
$$N_2=k_2N=0.3\times680=204\text{kN}$$
$$l_{w1}=\frac{N_1}{2\times0.7h_{f1}f_f^w}=\frac{476\times10^3}{2\times0.7\times8\times160}=265.63\text{mm}$$
$$l_{w2}=\frac{N_2}{2\times0.7h_{f2}f_f^w}=\frac{204\times10^3}{2\times0.7\times6\times160}=151.79\text{mm}$$

实际施焊长度为

$$l_1=\sum l_{w1}+2h_{f1}=265.63+2\times8=281.63\text{mm}，取 l_1=282\text{mm}$$
$$l_2=\sum l_{w2}+2h_{f2}=151.79+2\times6=163.79\text{mm}，取 l_2=164\text{mm}$$

13.3.2　螺栓连接

螺栓连接分为普通螺栓连接和高强度螺栓连接两种。螺栓连接的优点是施工工艺简单，安装方便，适用于工地安装连接，能更好地保证工程进度和质量；其缺点是开孔对构件截面会产生一定的削弱，且被连接的构件需要相互搭接或另加拼接板、角钢等连接件，因而相对耗材较多，构造比较复杂。

（1）普通螺栓的种类

普通螺栓由 Q235 钢制成，根据加工精度分 A、B、C 三级。A、B 级精制螺栓，配 I 类孔，孔径 d_0 比杆径 d 大 $0.3\sim0.5\text{mm}$，连接的抗剪性能好，但是制造安装费时费工，目前

在建筑工程中很少使用。C 级螺栓加工粗糙，只要求 Ⅱ 类孔，孔径 d_0 比杆径 d 大 1.5～2.0mm，抗剪性能差，但传递拉力的性能好，适用于受拉连接及一些次要连接。

（2）螺栓的排列

螺栓的排列方式主要有并列和错列两种，如图 13-18（a）和（b）所示。并列布置紧凑、简单，所需连接盖板尺寸小，但螺栓孔对截面削弱较多；错列可减少螺栓孔对截面的削弱，但布置松散、复杂，所需连接盖板尺寸大。

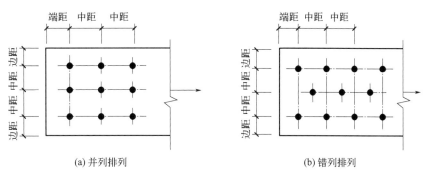

图 13-18　钢板上的螺栓排列

螺栓在构件上的排列应同时满足受力、构造和施工三方面的要求，即受力时板件不能被拉断或剪断；构造上应使连接板件接触紧密，防止潮气侵入板间造成锈蚀；施工时应保证有足够的操作空间，便于安装。

根据以上要求，《钢结构设计标准》规定的钢板上螺栓的最大、最小容许间距，如表 13-2 所示。角钢、普通工字钢、槽钢上螺栓排列的线距应满足图 13-19 和表 13-3～表 13-5 的要求。

表 13-2　螺栓的最大、最小容许间距

名称	位置和方向			最大容许间距	最小容许间距
中心间距	外排（垂直内力方向或顺内力方向）			$8d_0$ 或 $12t$	$3d_0$
	中间排	垂直内力方向		$16d_0$ 或 $24t$	
		顺内力方向	构件受压力	$12d_0$ 或 $18t$	
			构件受拉力	$16d_0$ 或 $24t$	
	沿对角线方向			—	
中心至构件边缘距离	顺内力方向			$4d_0$ 或 $8t$	$2d_0$
	垂直内力方向	剪切边或手工切割边			$1.5d_0$
		轧制边、自动气割或锯割边	高强度螺栓		
			其他螺栓		$1.2d_0$

注：1. d_0 为螺栓的孔径，t 为外层较薄板件的厚度。

2. 钢板边缘与刚性构件（如角钢、槽钢等）相连的高强度螺栓的最大间距，可按中间排的数值采用。

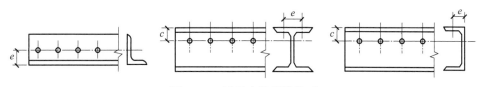

图 13-19　型钢上的螺栓排列

表 13-3　角钢上螺栓的线距　　　　　　　　　　　　　单位：mm

单行排列	角钢肢宽	40	45	50	56	63	70	75	80	90	100	110	135
	线距 e	25	25	30	30	35	40	40	45	50	55	60	70
	d_0	11.5	13.5	13.5	15.5	17.5	20	22	22	24	24	26	26

双行错列	角钢肢宽	135	140	160	180	200	双行并列	角钢肢宽	160	180	200
	e_1	55	60	70	70	80		e_1	60	70	80
	e_2	90	100	130	140	160		e_2	130	140	160
	d_0	24	24	26	26	26		d_0	24	24	26

表 13-4　工字钢和槽钢腹板上螺栓的线距　　　　　　　　单位：mm

工字钢	型号	13	14	16	18	20	22	25	28	32	36	40	45	50	56	63
	线距	40	45	45	45	50	50	55	60	60	65	70	75	75	75	75
槽钢	型号	13	14	16	18	20	22	25	28	32	36	40				
	线距	30	35	35	40	40	45	45	45	50	56	60				

表 13-5　工字钢和槽钢翼缘上螺栓的线距　　　　　　　　单位：mm

工字钢	型号	13	14	16	18	20	22	25	28	32	36	40	45	50	56	63
	线距	40	40	50	55	60	65	65	70	75	80	80	85	90	95	95
槽钢	型号	13	14	16	18	20	22	25	28	32	36	40				
	线距	30	35	35	40	40	45	45	45	50	56	60				

（3）普通螺栓连接的性能和计算

普通螺栓连接受力按螺栓传力方式可以分为抗剪、抗拉、抗拉剪三种形式，如图 13-20 所示。抗剪螺栓依靠螺栓杆的抗剪以及孔壁的承压传递垂直于螺栓杆方向的剪力，抗拉螺栓依靠螺栓杆承受沿杆长方向的拉力，抗拉剪螺栓同时受剪和受拉，而且孔壁承压。

① 抗剪螺栓连接。抗剪螺栓连接是最常见的螺栓连接形式。抗剪螺栓连接破坏形式有

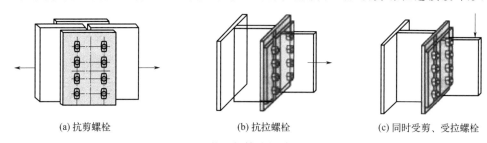

　　(a)抗剪螺栓　　　　　　　　(b)抗拉螺栓　　　　　　(c)同时受剪、受拉螺栓

图 13-20　普通螺栓连接的受力特征

栓杆被剪断、钢板孔壁被挤压破坏、钢板被拉断、端部钢板被剪坏四种。针对以上破坏形式，应采取以下措施：通过计算保证螺栓抗剪，通过计算保证螺栓抗挤压，通过计算保证板件有足够的拉压强度，采用构造要求避免钢板被拉断（螺栓端距不小于 $2d_0$）。

a. 单个螺栓的承载力。受剪螺栓中，假定栓杆剪应力沿受剪面均匀分布，孔壁承压应力换算为沿栓杆直径投影宽度内板件截面上均匀分布的应力。

一个螺栓受剪承载力设计值：

$$N_v^b = n_v \frac{\pi d^2}{4} f_v^b \tag{13-22}$$

一个螺栓受压承载力设计值：

$$N_c^b = d \sum t f_c^b \tag{13-23}$$

式中　n_v——螺栓受剪面数，单剪 $n_v = 1$，双剪 $n_v = 2$，四剪 $n_v = 4$（如图 13-21）；

$\sum t$——在不同受力方向中一个受力方向承压构件总厚度的较小值，mm；

d——螺栓杆直径，mm；

f_v^b、f_c^b——螺栓的抗剪和承压强度设计值，N/mm^2，按附表 9 采用。

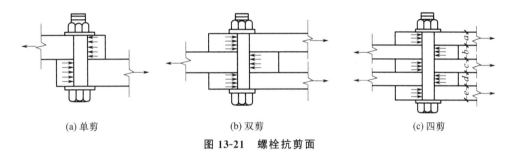

(a) 单剪　　　　　　　　　(b) 双剪　　　　　　　　　(c) 四剪

图 13-21　螺栓抗剪面

单个受剪螺栓的承载力设计值应取 N_v^b、N_c^b 中的较小值，记为 $N_{\min}^b$。

b. 轴心力作用下螺栓群抗剪连接计算。当外力通过螺栓群形心时，在连接长度范围内，假定每个螺栓受力相等，则连接一侧所需螺栓数为

$$n \geqslant \frac{N}{N_{\min}^b} \tag{13-24}$$

当沿受力方向的连接长度 $5d_0 < l_1 \leqslant 60d_0$（$d_0$ 为螺栓孔径）时，螺栓的抗剪和承压承载力设计值应乘以折减系数 β 予以降低，以防沿受力方向两端的螺栓提前破坏。

$$\beta = 1.1 - \frac{l_1}{150d_0} \tag{13-25}$$

当 $l_1 > 60d_0$ 时，一般取 $\beta = 0.7$，$l_1 \leqslant 15d_0$ 时，一般取 $\beta = 1$。

由于螺栓孔削弱了板件的截面，为防止板件在净截面上被拉断，故需要验算板件的净截面强度，即

$$\sigma_i = \frac{N_i}{A_{ni}} \leqslant f \tag{13-26}$$

式中　N_i——计算截面处板件受力，N；

A_{ni}——计算截面处板件的净截面面积，mm^2；

f——板件钢材设计强度，N/mm^2，由附表 7 查得。

净截面强度验算截面应选择最不利截面，即内力最大或净截面面积较小的截面。

② 抗拉螺栓连接。在抗拉螺栓连接中，外力趋向于将被连接构件拉开而使螺栓受拉，

最后导致螺栓被拉断而破坏。

a. 单个抗拉螺栓的承载力设计值。一个抗拉螺栓的承载力设计值按下式计算：

$$N_t^b = \frac{\pi d_e^2}{4} f_t^b = A_e f_t^b \qquad (13\text{-}27)$$

式中　d_e——螺栓杆螺纹处的有效直径，mm，按表 13-6 选用；

　　　A_e——螺栓杆螺纹处的有效截面面积，mm^2，按表 13-6 选用；

　　　f_t^b——螺栓的抗拉强度设计值，N/mm^2，按附表 9 采用。

b. 轴心力作用下螺栓群抗拉连接计算。当外力通过螺栓群形心时，假定所有螺栓受力相等，所需的螺栓数目为

$$n = \frac{N}{N_t^b} （取整） \qquad (13\text{-}28)$$

式中　N——螺栓群承受的轴心拉力设计值，N。

螺栓直径 d/mm	螺距 p/mm	螺栓有效直径 d_e/mm	螺栓有效截面面积 A_e/mm^2	备注
16	2	14.13	156.7	
18	2.5	15.65	192.5	
20	2.5	17.65	244.8	
22	2.5	19.65	303.4	
24	3	21.19	352.5	
27	3	24.19	459.4	
30	3.5	26.72	560.6	
33	3.5	29.72	693.6	螺栓有效截面面积 A_e 按下式计算： $A_e = \frac{\pi}{4}\left(d - \frac{13}{24}\sqrt{3}\,p\right)^2$
36	4	32.25	816.7	
39	4	35.25	973.0	
42	4.5	37.78	1131.0	
45	4.5	40.78	1306.0	
48	5	43.31	1473.0	
52	5	47.31	1758.0	
56	5.5	50.84	2030.0	
60	5.5	54.84	2362.0	

③ 抗拉剪螺栓连接。螺栓同时抗拉剪作用时，螺栓杆处于拉剪共同作用状态，需要用相关公式表示强度，同时孔壁承压强度也需计算，强度标准为

$$\sqrt{\left(\frac{N_v}{N_v^b}\right)^2 + \left(\frac{N_t}{N_t^b}\right)^2} \leqslant 1 \qquad (13\text{-}29)$$

$$N_v \leqslant N_c^b \qquad (13\text{-}30)$$

④ 验算被连接钢板的净截面强度。

13.4 受弯构件

受弯构件主要是指承受横向荷载而受弯的实腹钢构件,即钢梁。

13.4.1 梁的强度计算

梁的强度计算包括抗弯强度计算、抗剪强度计算,有时还需进行局部承压强度和折算应力计算。下面只简要介绍抗弯强度计算和抗剪强度计算。

(1) 抗弯强度计算

梁的抗弯强度按下列公式计算:

单向弯曲时

$$\frac{M_x}{\gamma_x W_{nx}} \leqslant f \tag{13-31}$$

双向弯曲时

$$\frac{M_x}{\gamma_x W_{nx}} + \frac{M_y}{\gamma_y W_{ny}} \leqslant f \tag{13-32}$$

式中　M_x、M_y——同一截面处绕 x 轴和 y 轴的弯矩,N·mm;

　　　W_{nx}、W_{ny}——对 x 轴和 y 轴的净截面模量,mm³;

　　　γ_x、γ_y——截面塑性发展系数,对于直接承受动力荷载且需计算疲劳的梁,宜取 $\gamma_x = \gamma_y = 1.0$,其他情况可查表取用;

　　　f——钢材的抗弯强度设计值,N/mm²,由附表 7 查得。

(2) 抗剪强度计算

以截面最大剪应力达到所用钢材的抗剪强度设计值作为抗剪承载能力的极限状态。主平面内受弯的实腹构件,其抗拉强度应按下式计算:

$$\tau = \frac{VS}{I t_w} \leqslant f_v \tag{13-33}$$

式中　V——计算截面沿腹板平面作用的剪力,N;

　　　S——计算剪应力处以上毛截面对中和轴的面积矩,mm²;

　　　I——毛截面惯性矩,mm⁴;

　　　t_w——腹板厚度,mm;

　　　f_v——钢材的抗剪强度设计值,N/mm²,由附表 7 查得。

13.4.2 梁的刚度验算

梁的变形过大,不但会影响正常使用,同时会造成不利工作条件。因此钢梁设计时,除保证强度条件外,还应保证其刚度要求。

梁的挠度 ν 应满足下式：

$$\nu \leqslant [\nu] \tag{13-34}$$

式中　ν——受弯构件在标准荷载作用下所产生的最大挠度，具体可由材料力学知识获得；

　　　$[\nu]$——允许挠度，即《钢结构规范》给出的受弯构件的扰度限值。

13.4.3　梁的稳定计算

为保证梁的整体稳定性应按下式进行验算：

$$\sigma = \frac{M_x}{W_x} \leqslant \varphi_b f \tag{13-35}$$

式中　M_x、σ——荷载设计值在梁内产生的绕强轴（x 轴）作用的最大弯矩及最大压应力；

　　　W_x——按受压纤维确定的梁毛截面模量，mm^3；

　　　φ_b——梁的整体稳定系数。

为保证梁的整体稳定性，最有效的措施是在梁的跨中增设受压翼缘的侧向支承点以缩短其自由长度，或增加受压翼缘的宽度以增加其侧向抗弯刚度。《钢结构规范》规定，凡符合下列情况之一的梁，可不计算梁的整体稳定性，由强度条件控制：

① 有铺板（各种钢筋混凝土板和钢板）密铺在梁的受压翼缘上并与其牢固相连，能阻止梁受压翼缘的侧向位移时。

② H 型钢或等截面 I 形简支梁受压翼缘的自由长度 l_1（对跨中无侧向支承点的梁，l_1 为其跨度；对跨中有侧向支承点的梁，l_1 为受压翼缘侧向支承点间的距离，梁的支座处视为有侧向支承）与其宽度 b_1 之比不超过表 13-7 所规定的数值时。

表 13-7　H 型钢或等截面 I 形简支梁不需计算整体稳定性的最大 l_1/b_1 值

钢号	跨中无侧向支承点的梁		跨中受压翼缘有侧向支承点的梁（不论荷载作用在何处）
	荷载作用在上翼缘	荷载作用在下翼缘	
Q235	13.0	20.0	16.0
Q345	10.5	16.5	13.0
Q390	10.0	15.5	13.5
Q420	9.5	15.0	13.0

注：其他钢号的梁不需计算整体稳定性的最大 l_1/b_1 值，应取 Q235 钢的数值乘以 $\sqrt{235/f_y}$。

13.5　轴心受力构件

轴心受力构件是指承受通过构件截面形心的轴向力作用的构件，分为轴心受拉构件和轴心受压构件。轴心受力构件广泛地应用于主要承重钢结构、网架、塔架等结构中。轴心受力构件还常常用于操作平台和其他结构的支柱。一些非承重结构，如支撑等，也常常由轴心受力构件组成。

轴心受力构件的截面形式有三种：第一种是热轧型钢截面；第二种是冷弯薄壁型钢截面；第三种是用型钢和钢板连接而成的组合截面，分为实腹式组合截面和格构式组合截面等。

13.5.1 轴心受力构件的强度计算

轴心受力构件不论截面是否有孔洞等削弱，均以其净截面平均应力 σ 不超过钢材的强度设计值 f 作为承载力极限状态，其计算公式为：

$$\sigma = \frac{N}{A_n} \leqslant f \tag{13-36}$$

式中　N——构件轴心受力设计值，N；

　　　A_n——构件的净截面面积，mm^2；

　　　f——钢材的强度设计值，N/mm^2，由附表 7 查得。

13.5.2 轴心受力构件的刚度验算

当构件刚度不足时，容易在制造、运输和吊装过程中产生弯曲或过大的变形；在使用期间因其自重而明显下挠；在动力荷载作用下会发生较大振动；可能使得构件的极限承载力显著降低；初弯曲和自重产生的挠度也将对构件的整体稳定带来不利影响。因此，轴心受力构件应该具有必要的刚度。轴心受力构件的刚度以其长细比来衡量，应满足下式要求：

$$\lambda = \frac{l_0}{i} \leqslant [\lambda] \tag{13-37}$$

式中　λ——构件长细比；

　　　i——截面回转半径，mm；

　　　l_0——构件计算长度，mm；

　　　$[\lambda]$——构件容许长细比，见表 13-8 或表 13-9。

表 13-8　受拉构件的容许长细比

项次	构件名称	承受静力荷载或间接承受动力荷载的结构		直接承受动力荷载的结构
		一般建筑结构	有重级工作制吊车的厂房	
1	桁架的杆件	350	250	250
2	吊车梁或吊车桁架以下的柱间支撑	300	200	—
3	其他拉杆、支撑、系杆等	400	350	—

表 13-9　受压构件的容许长细比

项次	构件名称	容许长细比
1	柱、桁架和天窗架中的构件	150
	柱的缀条、吊车梁或吊车桁架以下的柱间支撑	
2	支撑（吊车梁或吊车桁架以下的柱间支撑除外）	200
	用以减小受压构件长细比的杆件	

13.5.3　轴心受压构件的稳定计算

对于轴心受拉构件，由于在拉力作用下总有拉直绷紧的倾向，其平衡状态总是稳定的，因此不必进行稳定性验算。但对于轴心受压构件，当其长细比大时，构件截面往往是由其稳定性来确定的。

（1）整体稳定性验算

轴心受压构件按下式计算整体稳定：

$$\frac{N}{\varphi A} \leqslant f \tag{13-38}$$

式中　N——轴心受压构件的压力设计值，N；

A——构件的毛截面面积，mm^2；

f——钢材的抗压强度设计值，N/mm^2，由附表 7 查得；

φ——轴心受压构件的稳定系数，根据截面分类（附表 10）、长细比和钢材的屈服强度查附表 11 得。

（2）局部稳定

钢结构中轴心受压构件设计时，采用的板件宽度与厚度之比（简称宽厚比）一般都较大，以使截面具有较大的回转半径，从而获得较高的经济效益。但如果板件过薄，在轴心压力作用下，可能在构件丧失整体稳定或强度破坏之前，板件偏离其原来的平面位置而发生波状鼓曲，这种现象称为构件丧失局部稳定或发生局部屈曲。构件丧失局部稳定后还可能继续承载，但板件的局部屈曲对构件的承载力有所影响，会加速构件的整体失稳。

① I 形截面和 H 形截面翼缘局部稳定的宽厚比限值。对于 I 形截面的腹板一般较翼缘板薄，腹板对翼缘板几乎没有嵌固作用，因此翼缘可视为三边简支，一边自由的均匀受压板，为保持受压构件的局部稳定，翼缘自由外伸段的宽厚比应满足下式：

$$\frac{b}{t} \leqslant (10+0.1\lambda)\sqrt{\frac{235}{f_y}} \tag{13-39}$$

式中　λ——构件两个方向长细比的较大值，当 $\lambda < 30$ 时，取 $\lambda = 30$；当 $\lambda > 100$，取 $\lambda = 100$。

② 腹板局部稳定的宽厚比限值。腹板可视为四边支承板，当腹板发生屈曲时，翼缘板作为腹板纵向边的支撑，对腹板将起到一定的弹性嵌固作用，这种嵌固作用可使腹板的临界应力提高。腹板高厚比的简化表达式为：

$$\frac{h_0}{t_w} \leqslant (25+0.5\lambda)\sqrt{\frac{235}{f_y}} \tag{13-40}$$

习题 >>>

1. 钢结构材料有哪些特点?

2. 钢结构的连接方法可分为哪三种?

3. 对接焊缝的构造有哪些要求?

4. 抗剪螺栓连接破坏形式有哪几种,应采取哪些措施?

5. 为什么要对轴心受力构件进行刚度验算?

6. 普通螺栓由_____构成,根据加工精度分_____、_____、_____三级。

7. 角焊缝按其与外力作用方向的不同可分为_____、_____和_____三种。

附 录

附表 1 民用建筑楼面均布活荷载

项次	类别		标准值 $Q_k/(\text{kN} \cdot \text{m}^{-2})$	组合值系数 ψ_c	频遇值系数 ψ_f	准永久值系数 ψ_q
1	①住宅、宿舍、旅馆、办公楼、医院病房、托儿所、幼儿园		2.0	0.7	0.5	0.4
	②试验室、阅览室、会议室、医院门诊室				0.6	0.5
2	教室、食堂、餐厅、一般资料档案室		2.5	0.7	0.6	0.5
3	①礼堂、剧场、影院、有固定座位的看台		3.0	0.7	0.5	0.3
	②公共洗衣房		3.0	0.7	0.6	0.5
4	①商店、展览厅、车站、港口、机场大厅及其旅客等候室		3.5	0.7	0.6	0.5
	②无固定座位的看台		3.5	0.7	0.5	0.3
5	①健身房、演出舞台		4.0	0.7	0.6	0.5
	②舞厅、运动场		4.0	0.7	0.6	0.3
6	①书库、档案库、储藏库		5.0	0.9	0.9	0.8
	②密集柜书库		12.0			
7	通风机房、电梯机房		7.0	0.9	0.9	0.8
8	汽车通道及客车停车库	①单向板楼盖(板跨不小于2m)和双向板楼盖(板跨不小于3m×3m) 客车	4.0	0.7	0.7	0.6
		消防车	35.0	0.7	0.5	0.0
		② 双向板楼盖(板跨不小于6m×6m)和无梁楼盖(柱网尺寸不小于6m×6m) 客车	2.5	0.7	0.7	0.6
		消防车	20.0	0.7	0.5	0.3
9	厨房	①餐厅	4.0	0.7	0.7	0.7
		②其他	2.0	0.7	0.6	0.5
10	浴室、卫生间、盥洗室		2.5	0.7	0.6	0.5
11	走廊、门厅	①宿舍、旅馆、医院病房、托儿所、幼儿园、住宅	2.0	0.7	0.5	0.4
		②办公楼、餐厅、医院门诊部	2.5	0.7	0.6	0.5
		③教学楼及其他可能出现人员密集的情况	3.5	0.7	0.5	0.3

项次	类别		标准值 $Q_k/(kN \cdot m^{-2})$	组合值系数 ψ_c	频遇值系数 ψ_f	准永久值系数 ψ_q
12	楼梯	①多层住宅	2.0	0.7	0.5	0.4
		②其他	3.5	0.7	0.5	0.3
13	阳台	①可能出现人员密集的情况	3.5	0.7	0.6	0.5
		②其他	2.5	0.7	0.6	0.5

附表 2　屋面均布活荷载

项次	类别	标准值 /(kN/m²)	组合值系数 ψ_c	频遇值系数 ψ_f	准永久值系数 ψ_q
1	不上人的屋面	0.5	0.7	0.5	0.0
2	上人的屋面	2.0	0.7	0.5	0.4
3	屋顶花园	3.0	0.7	0.6	0.5
4	屋顶运动场地	3.0	0.7	0.6	0.4

注：1. 不上人的屋面，当施工或维修荷载较大时，应按实际情况采用；对不同类型的结构应按有关设计规范的规定采用，但不得低于 $0.3kN/m^2$；

2. 当上人的屋面兼作其他用途时，应按相应楼面活荷载采用；

3. 对于因屋面排水不畅、堵塞等引起的积水荷载，应采取构造措施加以防止；必要时，应按积水的可能深度确定屋面活荷载；

4. 屋顶花园活荷载不应包括花圃土石等材料自重。

附表 3　钢筋的公称直径、公称截面面积及理论质量

直径 d /mm	不同根数钢筋的计算截面面积/mm²									单根钢筋公称质量 /(kg·m⁻¹)
	1	2	3	4	5	6	7	8	9	
3	7.1	14.1	21.2	28.3	35.3	42.4	49.5	56.5	63.6	0.055
4	12.6	25.1	37.7	50.2	62.8	75.4	87.9	100.5	113	0.099
5	19.6	39	59	79	98	118	138	157	177	0.154
6	28.3	57	85	113	142	170	198	226	255	0.222
6.5	33.2	66	100	133	166	199	232	265	299	0.260
8	50.3	101	151	201	252	302	352	402	453	0.395
8.2	52.8	106	158	211	264	317	370	423	475	0.432
10	78.5	157	236	314	393	471	550	628	707	0.617
12	113.1	226	339	452	595	678	791	904	1017	0.888
14	153.9	308	461	615	769	923	1077	1230	1387	1.21
16	201.1	402	603	804	1005	1206	1407	1608	1809	1.58
18	254.5	509	763	1017	1272	1526	1780	2036	2290	2.00
20	314.2	628	941	1256	1570	1884	2200	2513	2827	2.47
22	380.1	760	1140	1520	1900	2281	2661	3041	3421	2.98

直径 d /mm	不同根数钢筋的计算截面面积/mm²									单根钢筋公称质量/(kg·m⁻¹)
	1	2	3	4	5	6	7	8	9	
25	490.9	982	1473	1964	2454	2945	3436	3927	4418	3.85
28	615.3	1232	1847	2463	3079	3695	4310	4926	5542	4.83
32	804.3	1609	2418	3217	4021	4826	5630	6434	7238	6.31
36	1017.9	2036	3054	4072	5089	6107	7125	8143	9161	7.99
40	1256.1	2513	3770	5027	6283	7540	8796	10053	11310	9.87

附表 4　每米板宽内的钢筋截面面积

钢筋间距 /mm	当钢筋直径为下列数值时的钢筋截面面积/mm²										
	6	6/8	8	8/10	10	10/12	12	12/14	14	14/16	16
70	404	561	719	920	1121	1369	1616	1908	2199	2536	2872
75	377	524	671	859	1047	1277	1508	1780	2053	2367	2681
80	354	491	629	805	981	1198	1414	1669	1924	2218	2513
85	333	462	592	758	924	1127	1331	1571	1811	2088	2365
90	314	437	559	716	872	1064	1257	1484	1710	1972	2234
95	298	414	529	678	826	1008	1190	1405	1620	1868	2116
100	283	393	503	644	785	958	1131	1335	1539	1775	2011
110	257	357	457	585	714	871	1028	1214	1399	1614	1828
120	236	327	419	537	654	798	942	1112	1283	1480	1676
125	226	314	402	515	628	766	905	1068	1232	1420	1608
130	218	302	387	495	604	737	870	1027	1184	1366	1547
140	202	282	359	460	561	684	808	954	1100	1268	1436
150	189	262	335	429	523	639	754	890	1026	1183	1340
160	177	246	314	403	491	599	707	834	962	1110	1257
170	166	231	296	379	462	564	665	786	906	1044	1183
180	157	218	279	358	436	532	628	742	855	985	1117
190	149	207	265	339	413	504	595	702	810	934	1058
200	141	196	251	322	393	479	565	607	770	888	1005
220	129	178	228	392	357	436	514	607	700	807	914
240	118	164	209	268	327	399	471	556	641	740	838
250	113	157	201	258	314	383	452	534	616	710	804
260	109	151	193	248	302	368	435	514	592	682	773
280	101	140	180	230	281	342	404	477	550	634	718
300	94	131	168	215	262	320	377	445	513	592	670
320	88	123	157	201	245	299	353	417	481	554	628

附表 5　等截面等跨连续梁在常用荷载作用下内力系数

两跨梁

荷载图	跨内最大弯矩		支座弯矩	剪力		
	M_1	M_2	M_B	V_A	V_{Bl} / V_{Br}	V_C
	0.070	0.0703	−0.125	0.375	−0.625 / 0.625	−0.375
	0.096	—	−0.063	0.437	−0.563 / 0.063	0.063
	0.048	0.048	−0.078	0.172	−0.328 / 0.328	−0.172
	0.064	—	−0.039	0.211	−0.289 / 0.039	0.039
	0.156	0.156	−0.188	0.312	−0.688 / 0.688	−0.312
	0.203	—	−0.094	0.406	−0.594 / 0.094	0.094
	0.222	0.222	−0.333	0.667	−1.333 / 1.333	−0.667
	0.278	—	−0.167	0.833	−1.167 / 0.167	0.167

三跨梁

荷载图	跨内最大弯矩		支座弯矩		剪力			
	M_1	M_2	M_B	M_C	V_A	V_{Bl} / V_{Br}	V_{Cl} / V_{Cr}	V_D
	0.080	0.025	−0.100	−0.100	0.400	−0.600 / 0.500	−0.500 / 0.600	−0.400
	0.101	—	−0.050	−0.050	0.450	−0.550 / 0	0 / 0.550	−0.450
	—	0.075	−0.050	−0.050	0.050	−0.050 / 0.500	−0.500 / 0.050	0.050
	0.073	0.054	−0.117	−0.033	0.383	−0.617 / 0.583	−0.417 / 0.033	0.033
	0.094	—	−0.067	0.017	0.433	−0.567 / 0.083	0.083 / −0.017	−0.017

荷载图	跨内最大弯矩		支座弯矩		剪力			
	M_1	M_2	M_B	M_C	V_A	V_{Bl} V_{Br}	V_{Cl} V_{Cr}	V_D
	0.054	0.021	−0.063	−0.063	0.183	−0.313 0.250	−0.250 0.313	−0.188
	0.068	—	−0.031	−0.031	0.219	−0.281 0	0 0.281	−0.219
	—	0.052	−0.031	−0.031	0.031	−0.031 0.250	−0.250 0.051	0.031
	0.050	0.038	−0.073	−0.021	0.177	−0.323 0.302	−0.198 0.021	0.021
	0.063	—	−0.042	0.010	0.208	−0.292 0.052	0.052 −0.010	−0.010
	0.175	0.100	−0.150	−0.150	0.350	−0.650 0.500	−0.500 0.650	−0.350
	0.213	—	−0.075	−0.075	0.425	−0.575 0	0 0.575	−0.425
	—	0.175	−0.075	−0.075	−0.075	−0.075 0.500	−0.500 0.075	0.075
	0.162	0.137	−0.175	−0.050	0.325	−0.675 0.625	−0.375 0.050	0.050
	0.200	—	−0.100	0.025	0.400	−0.600 0.125	0.125 0.025	−0.025
	0.244	0.067	−0.267	0.267	0.733	−1.267 1.000	−1.000 1.267	−0.733
	0.289	—	0.133	−0.133	0.866	−1.134 0	0 1.134	−0.866
	—	0.200	−0.133	0.133	−0.133	−0.133 1.000	−1.000 0.133	0.133
	0.229	0.170	−0.311	−0.089	0.689	−1.311 1.222	−0.778 0.089	0.089
	0.274	—	0.178	0.044	0.822	−1.178 0.222	0.222 −0.044	−0.044

建筑结构

四跨梁

荷载图	跨内最大弯矩				支座弯矩			剪力				
	M_1	M_2	M_3	M_4	M_B	M_C	M_D	V_A	V_{Bl} / V_{Br}	V_{Cl} / V_{Cr}	V_{Dl} / V_{Dr}	V_E
	0.077	0.036	0.036	0.077	-0.107	-0.071	-0.107	0.393	-0.607 / 0.536	-0.464 / 0.464	-0.536 / 0.607	-0.393
	0.100	—	0.081	—	-0.054	-0.036	-0.054	0.446	-0.554 / 0.018	0.018 / 0.482	-0.518 / 0.054	0.054
	0.072	0.061	—	0.098	-0.121	-0.018	-0.058	0.380	-0.620 / 0.603	-0.397 / -0.040	-0.040 / -0.558	-0.442
	—	0.056	0.056	—	-0.036	-0.107	-0.036	-0.036	-0.036 / 0.429	-0.571 / 0.571	-0.429 / 0.036	0.036
	0.094	—	—	—	-0.067	0.018	-0.004	0.433	-0.567 / 0.085	0.085 / -0.022	0.022 / 0.004	0.004
	—	0.071	—	—	-0.049	-0.054	0.013	-0.049	-0.049 / 0.496	-0.504 / 0.067	0.067 / 0.013	-0.013
	0.062	0.028	0.028	0.052	-0.067	-0.045	-0.067	0.183	-0.317 / 0.272	-0.228 / 0.228	-0.272 / 0.317	-0.183
	0.067	—	0.055	—	-0.084	-0.022	-0.034	0.217	-0.234 / 0.011	0.011 / 0.239	-0.261 / 0.034	0.034
	0.200	—	—	—	-0.100	-0.027	-0.007	0.400	-0.600 / 0.127	0.127 / -0.033	-0.033 / 0.007	0.007

建 筑 结 构

荷载图	跨内最大弯矩				支座弯矩			剪力				
	M_1	M_2	M_3	M_4	M_B	M_C	M_D	V_A	V_{Bl} / V_{Br}	V_{Cl} / V_{Cr}	V_{Dl} / V_{Dr}	V_E
	—	0.173	—	—	-0.074	-0.080	0.020	-0.074	-0.074 / 0.493	-0.507 / 0.100	0.100 / -0.020	-0.020
	0.238	0.111	0.111	0.238	-0.286	-0.191	-0.286	0.714	1.286 / 1.095	-0.905 / 0.905	-1.095 / 1.286	-0.714
	0.286	—	0.222	—	-0.143	-0.095	-0.143	0.857	-1.143 / 0.048	0.048 / 0.952	-1.048 / 0.143	0.143
	0.226	0.194	—	0.282	-0.321	-0.048	-0.155	0.679	-1.321 / 1.274	-0.726 / -0.107	-0.107 / 1.155	-0.845
	—	0.175	0.175	—	-0.095	-0.286	-0.095	-0.095	0.095 / 0.810	-1.190 / 1.190	-0.810 / 0.095	0.095
	0.274	—	—	—	-0.178	0.048	-0.012	0.822	-1.178 / 0.226	0.226 / -0.060	-0.060 / 0.012	0.012
	—	0.198	—	—	-0.131	-0.143	0.036	-0.131	-0.131 / 0.988	-1.012 / 0.178	0.178 / -0.036	-0.036
	0.049	0.042	—	0.066	-0.075	-0.011	-0.036	0.175	-0.325 / 0.314	-0.186 / -0.025	-0.025 / 0.286	-0.214

荷载图	跨内最大弯矩				支座弯矩			剪力				
	M_1	M_2	M_3	M_4	M_B	M_C	M_D	V_A	V_{Bl} / V_{Br}	V_{Cl} / V_{Cr}	V_{Dl} / V_{Dr}	V_E
	—	0.040	0.040	—	-0.022	-0.067	-0.022	-0.022	-0.022 / 0.205	-0.295 / 0.295	-0.205 / 0.022	0.022
	0.088	—	—	—	-0.042	0.011	-0.003	0.208	-0.292 / 0.053	0.053 / -0.014	-0.014 / 0.003	0.003
	—	0.051	—	—	-0.031	-0.034	0.008	-0.031	-0.031 / 0.247	-0.253 / 0.042	0.042 / -0.008	-0.008
	0.169	0.116	0.116	0.169	-0.161	-0.107	-0.161	0.339	-0.661 / 0.554	-0.446 / 0.446	-0.554 / 0.661	-0.330
	0.210	—	0.183	—	-0.080	-0.054	-0.080	0.420	-0.580 / 0.027	0.027 / 0.473	-0.527 / 0.080	0.080
	0.159	0.146	—	0.206	-0.181	-0.027	-0.087	0.319	-0.681 / 0.654	-0.346 / -0.060	-0.060 / 0.587	-0.413
	—	0.142	0.142	—	-0.054	-0.161	-0.054	0.054	-0.054 / 0.393	-0.607 / 0.607	-0.393 / 0.054	0.054

五跨梁

荷载图	跨内最大弯矩			支座弯矩				剪力					
	M_1	M_2	M_3	M_B	M_C	M_D	M_E	V_A	V_{Bl} / V_{Br}	V_{Cl} / V_{Cr}	V_{Dl} / V_{Dr}	V_{El} / V_{Er}	V_F
(荷载图)	0.078	0.033	0.046	-0.105	-0.079	-0.079	-0.105	0.394	-0.606 / 0.526	-0.474 / 0.500	-0.500 / 0.474	-0.526 / 0.606	-0.394
(荷载图)	0.100	—	0.085	-0.053	-0.040	-0.040	-0.053	0.447	-0.553 / 0.013	0.013 / 0.500	-0.500 / -0.013	-0.013 / 0.553	-0.447
(荷载图)	—	0.079	—	-0.053	-0.040	-0.040	-0.053	-0.053	-0.053 / 0.513	-0.487 / 0	0 / 0.487	-0.513 / 0.053	0.053
(荷载图)	①—/0.098	②0.059 / 0.078	—	-0.119	-0.022	-0.044	-0.051	0.380	-0.620 / 0.598	-0.402 / -0.023	-0.023 / 0.493	-0.507 / 0.052	0.052
(荷载图)	0.073	0.055	0.064	-0.035	-0.111	-0.020	-0.057	0.035	0.035 / 0.424	0.576 / 0.591	-0.409 / -0.037	-0.037 / 0.557	-0.443
(荷载图)	0.094	—	—	-0.057	0.018	-0.005	0.001	0.433	0.367 / 0.085	0.086 / 0.023	0.023 / 0.006	0.006 / -0.001	0.001
(荷载图)	—	0.074	—	-0.049	-0.054	0.014	-0.004	0.019	-0.049 / 0.496	-0.505 / 0.068	0.068 / -0.018	-0.018 / 0.004	0.004
(荷载图)	—	0.026	0.072	0.013	0.053	0.053	0.013	0.013	0.013 / -0.066	-0.066 / 0.500	-0.500 / 0.066	0.066 / -0.013	0.013
(荷载图)	0.053	—	0.034	-0.066	-0.049	0.049	-0.066	0.184	-0.316 / 0.266	-0.234 / 0.250	-0.250 / 0.234	-0.266 / 0.316	0.184
(荷载图)	0.067	—	0.059	-0.033	-0.025	-0.025	0.033	0.217	0.283 / 0.008	0.008 / 0.250	-0.250 / -0.006	-0.008 / 0.283	0.217

荷载图	跨内最大弯矩			支座弯矩				剪力					
	M_1	M_2	M_3	M_B	M_C	M_D	M_E	V_A	V_{Bl}/V_{Br}	V_{Cl}/V_{Cr}	V_{Dl}/V_{Dr}	V_{El}/V_{Er}	V_F
	—	0.055	—	-0.033	-0.025	-0.025	-0.033	0.033	-0.033 / 0.258	-0.242 / 0	0 / 0.242	-0.258 / 0.033	0.033
	0.049	②0.041 / 0.053	—	-0.075	-0.014	-0.028	-0.032	0.175	0.325 / 0.311	-0.189 / -0.014	-0.014 / 0.246	-0.255 / 0.032	0.032
	①— / 0.066	0.039	0.044	-0.022	-0.070	-0.013	-0.036	-0.022	-0.022 / 0.202	-0.298 / 0.307	-0.198 / -0.028	-0.023 / 0.286	-0.214
	0.063	—	—	-0.042	0.011	-0.003	0.001	0.208	-0.292 / 0.053	0.053 / -0.014	-0.014 / 0.004	0.004 / -0.001	-0.001
	—	0.051	—	-0.031	-0.034	0.009	-0.002	-0.031	-0.031 / 0.247	-0.253 / 0.043	0.049 / -0.011	-0.011 / 0.002	0.002
	—	—	0.050	0.008	-0.033	-0.033	0.008	0.008	0.008 / -0.041	-0.041 / 0.250	-0.250 / 0.041	0.041 / -0.008	-0.008
	0.171	0.112	0.132	-0.158	-0.118	-0.118	-0.158	0.342	-0.658 / 0.540	-0.460 / 0.500	-0.500 / 0.460	-0.540 / 0.658	-0.342
	0.211	—	0.191	-0.079	-0.059	-0.059	-0.079	0.421	-0.579 / 0.020	0.020 / 0.500	-0.500 / -0.020	-0.020 / 0.579	-0.421
	—	0.181	—	-0.079	-0.059	-0.059	-0.079	-0.079	-0.079 / 0.520	-0.480 / 0	0 / 0.480	-0.520 / 0.079	0.079

建 筑 结 构

荷载图	跨内最大弯矩			支座弯矩				剪力					
	M_1	M_2	M_3	M_B	M_C	M_D	M_E	V_A	V_{Bl} / V_{Br}	V_{Cl} / V_{Cr}	V_{Dl} / V_{Dr}	V_{El} / V_{Er}	V_F
	0.160	②0.144 / 0.178	—	-0.179	-0.032	-0.066	-0.077	0.321	-0.679 / 0.647	-0.353 / -0.034	-0.034 / 0.489	-0.511 / 0.077	0.077
	① — / 0.207	0.140	0.151	-0.052	-0.167	-0.031	-0.086	-0.052	-0.052 / 0.385	-0.615 / 0.637	-0.363 / -0.056	-0.056 / 0.586	-0.414
	0.200	—	—	-0.100	0.027	-0.007	0.002	0.400	-0.600 / 0.127	0.127 / -0.031	-0.034 / 0.009	0.009 / -0.002	-0.002
	—	0.173	0.171	-0.073	-0.081	0.022	-0.005	-0.073	-0.073 / 0.493	-0.507 / 0.102	0.102 / -0.027	-0.027 / 0.005	0.005
	—	0.100	0.122	0.020	-0.079	-0.079	0.020	0.020	0.020 / -0.099	-0.099 / 0.500	-0.500 / 0.099	0.099 / -0.020	-0.020
	0.240	—	0.228	-0.281	-0.211	0.211	-0.281	0.719	-1.281 / 1.070	-0.930 / 1.000	-1.000 / 0.930	1.070 / 1.281	-0.719
	0.287	—	—	-0.140	-0.105	-0.105	-0.140	0.860	-1.140 / 0.035	0.035 / 1.000	1.000 / -0.035	-0.035 / 1.140	-0.860
	—	0.216	—	-0.140	-0.105	-0.105	-0.140	-0.140	-0.140 / 1.035	-0.965 / 0	0.000 / 0.965	-1.035 / 0.140	0.140

续表

荷载图	跨内最大弯矩			支座弯矩				剪力					
	M_1	M_2	M_3	M_B	M_C	M_D	M_E	V_A	V_{Bl} V_{Br}	V_{Cl} V_{Cr}	V_{Dl} V_{Dr}	V_{El} V_{Er}	V_F
(荷载图)	0.227	②$\dfrac{0.189}{0.209}$	—	-0.319	-0.057	-0.118	-0.137	0.681	-1.319 1.262	-0.738 -0.061	-0.061 0.981	-1.019 0.137	0.137
(荷载图)	①$\dfrac{—}{0.282}$	0.172	0.198	-0.093	-0.297	-0.054	-0.153	-0.093	-0.093 0.796	-1.204 1.243	-0.757 -0.099	-0.099 1.153	-0.847
(荷载图)	0.274	—	—	-0.179	0.048	-0.013	0.003	0.821	-1.179 0.227	0.227 -0.061	-0.061 0.016	0.016 -0.003	-0.003
(荷载图)	—	0.198	—	-0.131	-0.144	0.038	-0.010	-0.131	-0.131 0.987	-1.031 0.182	0.182 -0.048	-0.048 0.010	0.010
(荷载图)	—	—	0.193	0.035	-0.140	-0.140	0.035	0.035	0.035 -0.175	-0.175 1.000	-1.000 0.175	0.175 -0.035	-0.035

注：①分子及分母分别为 M_1 及 M_5 的弯矩系数；②分子及分母分别为 M_2 及 M_4 的弯矩系数。

附表 6 双向板各支承下的边界条件及弯矩系数

边界条件	(1)四边简支		(2)三边简支、一边固定				

l_x/l_y	M_x	M_y	M_x	$M_{x,max}$	M_y	$M_{y,max}$	M_y^0
0.50	0.0994	0.0335	0.0914	0.0930	0.0352	0.0397	−0.1215
0.55	0.0927	0.0359	0.0832	0.0846	0.0371	0.0405	−0.1193
0.60	0.0860	0.0379	0.0752	0.0765	0.0386	0.0409	−0.116
0.65	0.0795	0.0396	0.0676	0.0688	0.0396	0.0412	−0.1133
0.70	0.0732	0.0410	0.0604	0.0616	0.0400	0.0417	−0.1096
0.75	0.0673	0.0420	0.0538	0.0519	0.0400	0.0417	0.1056
0.80	0.0617	0.0428	0.0478	0.0490	0.0397	0.0415	0.1014
0.85	0.0564	0.0432	0.0425	0.0436	0.0391	0.0410	−0.0970
0.90	0.0516	0.0434	0.0377	0.0388	0.0382	0.402	−0.0926
0.95	0.0471	0.0432	0.0334	0.0345	0.0371	0.0393	−0.0882
1.00	0.0429	0.0429	0.0296	0.0306	0.0360	0.0388	−0.0839

边界条件	(2)三边简支、一边固定					(3)两对边简支、两对边固定		

l_x/l_y	M_x	$M_{x,max}$	M_y	$M_{y,max}$	M_x^0	M_x	M_y	M_y^0
0.50	0.0593	0.0657	0.0157	0.0171	−0.1212	0.0837	0.0367	−0.1191
0.55	0.0577	0.0633	0.0175	0.0190	−0.1187	0.0743	0.0383	0.1156
0.60	0.0556	0.0608	0.0194	0.0209	−0.1158	0.0653	0.0393	−0.1114
0.65	0.0534	0.0581	0.0212	0.0226	−0.1124	0.0569	0.0394	−0.1066
0.70	0.0510	0.0555	0.0229	0.0242	−1.1087	0.0494	0.0392	−0.1031
0.75	0.0485	0.0525	0.0244	0.0257	−0.1048	0.0428	0.0383	0.0959
0.80	0.0459	0.0495	0.0258	0.0270	−0.1007	0.0369	0.0372	−0.0904
0.85	0.0434	0.0466	0.0271	0.0283	−0.0965	0.0318	0.0358	−0.0850
0.90	0.0409	0.0438	0.0281	0.0293	−0.0922	0.0275	0.0343	−0.0767
0.95	0.0384	0.0409	0.0290	0.0301	−0.0880	0.0238	0.0328	−0.0746
1.00	0.0360	0.0388	0.0296	0.0306	−0.0839	0.0206	0.0311	−0.0698

| 边界条件 | (3)两对边简支、两对边固定 | | | (4)两邻边简支、两邻边固定 | | | | | |

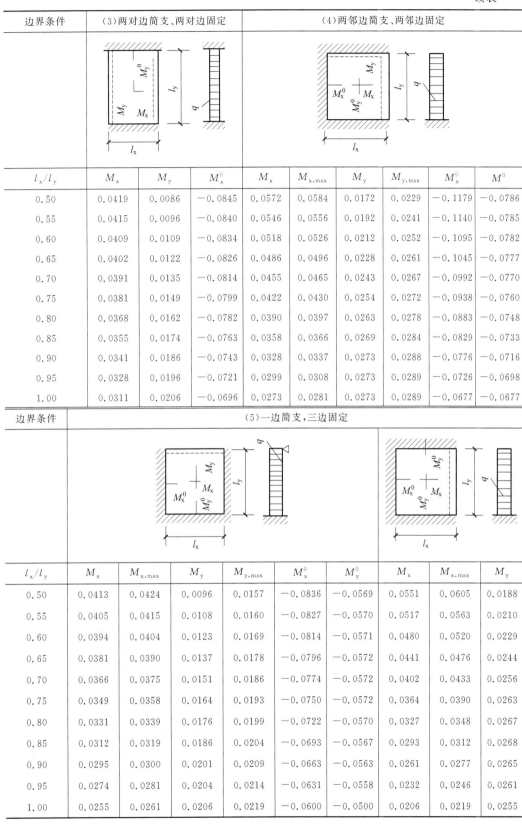

l_x/l_y	M_x	M_y	M_x^0	M_x	$M_{x,max}$	M_y	$M_{y,max}$	M_x^0	M^0
0.50	0.0419	0.0086	−0.0845	0.0572	0.0584	0.0172	0.0229	−0.1179	−0.0786
0.55	0.0415	0.0096	−0.0840	0.0546	0.0556	0.0192	0.0241	−0.1140	−0.0785
0.60	0.0409	0.0109	−0.0834	0.0518	0.0526	0.0212	0.0252	−0.1095	−0.0782
0.65	0.0402	0.0122	−0.0826	0.0486	0.0496	0.0228	0.0261	−0.1045	−0.0777
0.70	0.0391	0.0135	−0.0814	0.0455	0.0465	0.0243	0.0267	−0.0992	−0.0770
0.75	0.0381	0.0149	−0.0799	0.0422	0.0430	0.0254	0.0272	−0.0938	−0.0760
0.80	0.0368	0.0162	−0.0782	0.0390	0.0397	0.0263	0.0278	−0.0883	−0.0748
0.85	0.0355	0.0174	−0.0763	0.0358	0.0366	0.0269	0.0284	−0.0829	−0.0733
0.90	0.0341	0.0186	−0.0743	0.0328	0.0337	0.0273	0.0288	−0.0776	−0.0716
0.95	0.0328	0.0196	−0.0721	0.0299	0.0308	0.0273	0.0289	−0.0726	−0.0698
1.00	0.0311	0.0206	−0.0696	0.0273	0.0281	0.0273	0.0289	−0.0677	−0.0677

| 边界条件 | (5)一边简支,三边固定 | | | | | | | | |

l_x/l_y	M_x	$M_{x,max}$	M_y	$M_{y,max}$	M_x^0	M_y^0	M_x	$M_{x,max}$	M_y
0.50	0.0413	0.0424	0.0096	0.0157	−0.0836	−0.0569	0.0551	0.0605	0.0188
0.55	0.0405	0.0415	0.0108	0.0160	−0.0827	−0.0570	0.0517	0.0563	0.0210
0.60	0.0394	0.0404	0.0123	0.0169	−0.0814	−0.0571	0.0480	0.0520	0.0229
0.65	0.0381	0.0390	0.0137	0.0178	−0.0796	−0.0572	0.0441	0.0476	0.0244
0.70	0.0366	0.0375	0.0151	0.0186	−0.0774	−0.0572	0.0402	0.0433	0.0256
0.75	0.0349	0.0358	0.0164	0.0193	−0.0750	−0.0572	0.0364	0.0390	0.0263
0.80	0.0331	0.0339	0.0176	0.0199	−0.0722	−0.0570	0.0327	0.0348	0.0267
0.85	0.0312	0.0319	0.0186	0.0204	−0.0693	−0.0567	0.0293	0.0312	0.0268
0.90	0.0295	0.0300	0.0201	0.0209	−0.0663	−0.0563	0.0261	0.0277	0.0265
0.95	0.0274	0.0281	0.0204	0.0214	−0.0631	−0.0558	0.0232	0.0246	0.0261
1.00	0.0255	0.0261	0.0206	0.0219	−0.0600	−0.0500	0.0206	0.0219	0.0255

附录

边界条件	(5)一边简支、三边固定			(6)四边固定			

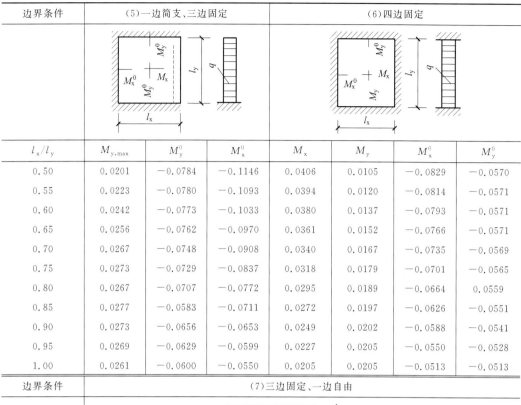

l_x/l_y	$M_{y.max}$	M_y^0	M_x^0	M_x	M_y	M_x^0	M_y^0
0.50	0.0201	-0.0784	-0.1146	0.0406	0.0105	-0.0829	-0.0570
0.55	0.0223	-0.0780	-0.1093	0.0394	0.0120	-0.0814	-0.0571
0.60	0.0242	-0.0773	-0.1033	0.0380	0.0137	-0.0793	-0.0571
0.65	0.0256	-0.0762	-0.0970	0.0361	0.0152	-0.0766	-0.0571
0.70	0.0267	-0.0748	-0.0908	0.0340	0.0167	-0.0735	-0.0569
0.75	0.0273	-0.0729	-0.0837	0.0318	0.0179	-0.0701	-0.0565
0.80	0.0267	-0.0707	-0.0772	0.0295	0.0189	-0.0664	0.0559
0.85	0.0277	-0.0583	-0.0711	0.0272	0.0197	-0.0626	-0.0551
0.90	0.0273	-0.0656	-0.0653	0.0249	0.0202	-0.0588	-0.0541
0.95	0.0269	-0.0629	-0.0599	0.0227	0.0205	-0.0550	-0.0528
1.00	0.0261	-0.0600	-0.0550	0.0205	0.0205	-0.0513	-0.0513

边界条件	(7)三边固定、一边自由					

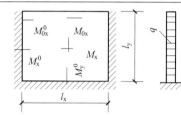

l_x/l_y	M_x	M_y	M_x^0	M_y^0	M_{0x}	M_{0x}^0
0.30	0.0018	-0.0039	-0.0135	-0.0344	0.0068	-0.0345
0.35	0.0039	-0.0026	-0.0179	-0.0406	0.0112	-0.0432
0.40	0.0063	0.0008	-0.0227	-0.0454	0.160	-0.0506
0.45	0.0090	0.0014	-0.275	-0.0489	0.0207	-0.0564
0.50	0.0166	0.0034	-0.0322	-0.0513	0.0250	-0.0607
0.55	0.0142	0.0054	-0.0368	-0.0530	0.0288	-0.0635
0.60	0.0166	0.0072	-0.0412	0.0541	0.0320	-0.0652
0.65	0.0188	0.0087	-0.0453	-0.0548	0.0347	-0.0661
0.70	0.0209	0.0100	-0.0490	0.0553	0.0368	-0.0663
0.75	0.0228	0.0111	0.0526	0.0557	0.0385	-0.0661
0.80	0.0246	0.0119	-0.0558	-0.0560	0.0399	-0.0656
0.85	0.0262	0.0125	-0.558	-0.0562	0.0409	-0.0651
0.90	0.0277	0.0129	-0.0615	-0.0563	0.0417	-0.0644
0.95	0.0291	0.0132	-0.0639	-0.0564	0.0422	-0.0638

建
筑
结
构

边界条件	(7)三边固定、一边自由

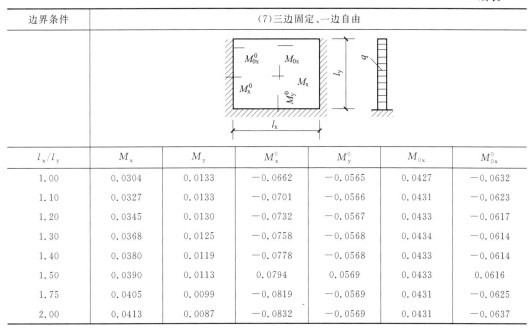

l_x/l_y	M_x	M_y	M_x^0	M_y^0	M_{0x}	M_{0x}^0
1.00	0.0304	0.0133	-0.0662	-0.0565	0.0427	-0.0632
1.10	0.0327	0.0133	-0.0701	-0.0566	0.0431	-0.0623
1.20	0.0345	0.0130	-0.0732	-0.0567	0.0433	-0.0617
1.30	0.0368	0.0125	-0.0758	-0.0568	0.0434	-0.0614
1.40	0.0380	0.0119	-0.0778	-0.0568	0.0433	-0.0614
1.50	0.0390	0.0113	0.0794	0.0569	0.0433	0.0616
1.75	0.0405	0.0099	-0.0819	-0.0569	0.0431	-0.0625
2.00	0.0413	0.0087	-0.0832	-0.0569	0.0431	-0.0637

附表 7　钢材的强度设计值

单位：N/mm^2

钢材		抗拉、抗压和抗弯	抗剪	端面承压
牌号	厚度或直径/mm	f	f_v	(刨平顶紧)f_{ce}
Q235	＊16	215	125	325
	＞16～40	205	120	
	＞40～60	200	115	
	＞60～100	190	110	
Q345	＊16	310	180	400
	＞16～35	295	170	
	＞35～50	265	155	
	＞50～100	250	145	
Q390	＊16	350	205	415
	＞16～35	335	190	
	＞35～50	315	180	
	＞50～100	295	170	
Q420	＊16	380	220	440
	＞16～35	360	210	
	＞35～50	340	195	
	＞50～100	325	185	

注：表中厚度系指计算点的钢材厚度，对轴心受拉和轴心受压构件系指截面中较厚板件的厚度。

附表 8　焊缝的强度设计值

单位：N/mm²

焊接方法和焊条型号	构件钢材		对接焊缝				角焊缝
	牌号	厚度或直径 /mm	抗压 f_c^w	焊缝质量为下列等级时，抗拉 f_t^w		抗剪 f_v^w	抗拉、抗压和抗剪 f_f^w
				一级、二级	三级		
自动焊、半自动焊和 E43 型焊条的手工焊	Q235 钢	≤16	215	215	185	125	160
		>16～40	205	205	175	120	
		>40～60	200	200	170	115	
		>60～100	190	190	160	110	
自动焊、半自动焊和 E50 型焊条的手工焊	Q345 钢	≤16	310	310	265	180	200
		>16～35	295	295	250	170	
		>35～50	265	265	225	155	
		>50～100	250	250	210	145	
自动焊、半自动焊和 E55 型焊条的手工焊	Q390 钢	≤16	350	350	300	205	220
		>16～35	335	335	285	190	
		>35～50	315	315	270	180	
		>50～100	295	295	250	170	
	Q420 钢	≤16	380	380	320	220	220
		>16～35	360	360	305	210	
		>35～50	340	340	290	195	
		>50～100	325	325	275	185	

附表 9　螺栓连接的强度设计值

单位：N/mm²

螺栓的性能等级、锚栓和构件钢材的牌号		普通螺栓						锚栓	承压型连接高强度螺栓		
		C 级螺栓			A 级、B 级螺栓						
		抗拉 f_t^b	抗剪 f_v^b	承压 f_c^b	抗拉 f_t^b	抗剪 f_v^b	承压 f_c^b	抗拉 f_t^b	抗拉 f_t^b	抗剪 f_v^b	承压 f_c^b
普通螺栓	4.6 级、4.8 级	170	140	—	—	—	—	—	—	—	—
	5.6 级	—	—	—	210	190	—	—	—	—	—
	8.8 级	—	—	—	400	320	—	—	—	—	—
锚栓	Q235 钢	—	—	—	—	—	—	140	—	—	—
	Q345 钢	—	—	—	—	—	—	180	—	—	—
承压型连接高强度螺栓	8.8 级	—	—	—	—	—	—	—	400	250	—
	10.9 级	—	—	—	—	—	—	—	500	310	—

螺栓的性能等级、锚栓和构件钢材的牌号		普通螺栓						锚栓	承压型连接高强度螺栓		
		C 级螺栓			A 级、B 级螺栓						
		抗拉 f_t^b	抗剪 f_v^b	承压 f_c^b	抗拉 f_t^b	抗剪 f_v^b	承压 f_c^b	抗拉 f_t^b	抗拉 f_t^b	抗剪 f_v^b	承压 f_c^b
构件	Q235 钢	—	—	305	—	—	405	—	—	—	470
	Q345 钢	—	—	385	—	—	510	—	—	—	590
	Q390 钢	—	—	400	—	—	530	—	—	—	615
	Q420 钢	—	—	425	—	—	560	—	—	—	655

注：1. A 级螺栓用于 $d \leqslant 24$mm 和 $l \leqslant 10d$ 或 $l \leqslant 150$mm（按较小值）的螺栓；B 级螺栓用于 $d > 24$mm 或 $l > 10d$ 或 $l > 150$mm（按较小值）的螺栓。d 为公称直径，l 为螺杆公称长度。

2. A、B 级螺栓孔的精度和孔壁表面粗糙度，C 级螺栓孔的允许偏差和孔壁表面粗糙度，均应符合现行国家标准《钢结构工程施工质量验收规范》GB 50205 的要求。

附表 10　轴心受压构件截面分类

轴心受压构件的截面分类（板厚 $t < 40$mm）

截面形式		对 x 轴	对 y 轴
轧制		a 类	a 类
轧制	$b/h \leqslant 0.8$	a 类	b 类
	$b/h > 0.8$	a^* 类	b^* 类
轧制等边角钢		a^* 类	a^* 类
焊接、翼缘为焰切边	焊接	b 类	b 类
轧制		b 类	b 类
轧制、焊接(板件宽厚比>20)	轧制或焊接		

截面形式		对 x 轴	对 y 轴
 焊接	 轧制截面和翼缘为 焰切边的焊接截面	b 类	b 类
 格构式	 焊接，板件 边缘焰切		
 焊接，翼缘为轧制或剪切边		b 类	c 类
 焊接，板件边缘轧制或剪切	 轧制、焊接(板件宽厚比≤20)	c 类	c 类

注：1. a* 类含义为 Q235 钢取 b 类，Q345、Q390、Q420 和 Q460 钢取 a 类；b* 类含义为 Q235 钢取 c 类，Q345、Q390、Q420 和 Q460 钢取 b 类；

2. 无对称轴且剪心和形心不重合的截面，其截面分类可按有对称轴的类似截面确定，如不等边角钢采用等边角钢的类别；当无类似截面时，可取 c 类。

轴心受压构件的截面分类（板厚 $t \geqslant 40$mm）

截面形式		对 x 轴	对 y 轴
 轧制工字形或H形截面	$t < 80$mm	b 类	c 类
	$t \geqslant 80$mm	c 类	d 类
 焊接工字形截面	翼缘为焰切边	b 类	b 类
	翼缘为轧制或剪切边	c 类	d 类
 焊接箱形截面	板件宽厚比>20	b 类	b 类
	板件宽厚比≤20	c 类	c 类

建筑结构

附表 11　截面稳定性系数

a 类截面轴心受压构件的稳定系数 φ

$\lambda\sqrt{\dfrac{f_y}{235}}$	0	1	2	3	4	5	6	7	8	9
0	1.000	1.000	1.000	1.000	0.999	0.999	0.998	0.998	0.997	0.996
10	0.995	0.994	0.993	0.992	0.991	0.989	0.988	0.986	0.985	0.983
20	0.981	0.979	0.977	0.976	0.974	0.972	0.970	0.968	0.966	0.964
30	0.963	0.961	0.959	0.957	0.955	0.952	0.950	0.948	0.946	0.944
40	0.941	0.939	0.937	0.931	0.932	0.929	0.927	0.924	0.921	0.919
50	0.916	0.913	0.910	0.907	0.904	0.900	0.897	0.894	0.890	0.886
60	0.883	0.879	0.875	0.871	0.867	0.863	0.858	0.854	0.849	0.844
70	0.839	0.834	0.829	0.824	0.818	0.813	0.807	0.801	0.795	0.789
80	0.783	0.776	0.770	0.763	0.757	0.750	0.743	0.736	0.728	0.721
90	0.714	0.706	0.699	0.691	0.684	0.676	0.668	0.661	0.653	0.645
100	0.638	0.630	0.622	0.615	0.607	0.600	0.592	0.585	0.577	0.570
110	0.563	0.555	0.548	0.541	0.534	0.527	0.520	0.514	0.507	0.500
120	0.494	0.488	0.481	0.475	0.469	0.463	0.457	0.451	0.445	0.440
130	0.434	0.429	0.423	0.418	0.412	0.407	0.402	0.397	0.392	0.387
140	0.383	0.378	0.373	0.369	0.364	0.360	0.356	0.351	0.347	0.343
150	0.339	0.335	0.331	0.327	0.323	0.320	0.316	0.312	0.309	0.305
160	0.302	0.298	0.295	0.292	0.289	0.285	0.282	0.279	0.276	0.273
170	0.270	0.267	0.264	0.262	0.259	0.256	0.253	0.251	0.248	0.246
180	0.243	0.241	0.238	0.236	0.233	0.231	0.229	0.226	0.224	0.222
190	0.220	0.218	0.215	0.213	0.211	0.209	0.207	0.205	0.203	0.201
200	0.199	0.198	0.196	0.194	0.192	0.190	0.189	0.187	0.185	0.183
210	0.182	0.180	0.179	0.177	0.175	0.174	0.172	0.171	0.169	0.168
220	0.166	0.165	0.164	0.162	0.161	0.159	0.158	0.157	0.155	0.154
230	0.153	0.152	0.150	0.149	0.148	0.147	0.146	0.144	0.143	0.142
240	0.141	0.140	0.139	0.138	0.136	0.135	0.134	0.133	0.132	0.131
250	0.130	—	—	—	—	—	—	—	—	—

b 类截面轴心受压构件的稳定系数 φ

$\lambda\sqrt{\dfrac{f_y}{235}}$	0	1	2	3	4	5	6	7	8	9
0	1.000	1.000	1.000	0.999	0.999	0.998	0.997	0.996	0.995	0.994
10	0.992	0.991	0.989	0.987	0.985	0.983	0.981	0.978	0.976	0.973
20	0.970	0.967	0.963	0.960	0.957	0.953	0.950	0.946	0.943	0.939
30	0.936	0.932	0.929	0.925	0.922	0.918	0.914	0.910	0.906	0.903
40	0.899	0.895	0.891	0.887	0.882	0.878	0.874	0.870	0.865	0.861
50	0.856	0.852	0.847	0.842	0.838	0.833	0.828	0.823	0.818	0.813
60	0.807	0.802	0.797	0.791	0.786	0.780	0.774	0.769	0.763	0.757
70	0.751	0.745	0.739	0.732	0.726	0.720	0.714	0.707	0.701	0.694

$\lambda\sqrt{\dfrac{f_y}{235}}$	0	1	2	3	4	5	6	7	8	9
80	0.688	0.681	0.675	0.668	0.661	0.655	0.648	0.641	0.635	0.628
90	0.621	0.614	0.608	0.601	0.594	0.588	0.581	0.575	0.568	0.561
100	0.555	0.549	0.542	0.536	0.529	0.523	0.517	0.511	0.505	0.499
110	0.493	0.487	0.481	0.475	0.470	0.464	0.458	0.453	0.447	0.442
120	0.437	0.432	0.426	0.421	0.416	0.411	0.406	0.402	0.397	0.392
130	0.387	0.383	0.378	0.374	0.370	0.365	0.361	0.357	0.353	0.349
140	0.345	0.341	0.337	0.333	0.329	0.326	0.322	0.318	0.315	0.311
150	0.308	0.304	0.301	0.298	0.295	0.291	0.288	0.285	0.282	0.279
160	0.276	0.273	0.270	0.267	0.265	0.262	0.259	0.256	0.254	0.251
170	0.249	0.246	0.244	0.241	0.239	0.236	0.234	0.232	0.229	0.227
180	0.225	0.223	0.220	0.218	0.216	0.214	0.212	0.210	0.208	0.206
190	0.204	0.202	0.200	0.198	0.197	0.195	0.193	0.191	0.190	0.188
200	0.186	0.184	0.183	0.181	0.180	0.178	0.176	0.175	0.173	0.172
210	0.170	0.169	0.167	0.166	0.165	0.163	0.162	0.160	0.159	0.158
220	0.156	0.155	0.154	0.153	0.151	0.150	0.149	0.148	0.146	0.145
230	0.144	0.143	0.142	0.141	0.140	0.138	0.137	0.136	0.135	0.134
240	0.133	0.132	0.131	0.130	0.129	0.128	0.127	0.126	0.125	0.124
250	0.123	—	—	—	—	—	—	—	—	—

c 类截面轴心受压构件的稳定系数 φ

$\lambda\sqrt{\dfrac{f_y}{235}}$	0	1	2	3	4	5	6	7	8	9
0	1.000	1.000	1.000	0.999	0.999	0.998	0.997	0.996	0.995	0.993
10	0.992	0.990	0.988	0.986	0.983	0.981	0.978	0.976	0.973	0.970
20	0.966	0.959	0.953	0.947	0.940	0.934	0.928	0.921	0.915	0.909
30	0.902	0.896	0.890	0.884	0.877	0.871	0.865	0.858	0.852	0.846
40	0.839	0.833	0.826	0.820	0.814	0.807	0.801	0.794	0.788	0.781
50	0.775	0.768	0.762	0.755	0.748	0.742	0.735	0.729	0.722	0.715
60	0.709	0.702	0.695	0.689	0.682	0.676	0.669	0.662	0.656	0.649
70	0.643	0.636	0.629	0.623	0.616	0.610	0.604	0.597	0.591	0.584
80	0.578	0.572	0.566	0.559	0.553	0.547	0.541	0.535	0.529	0.523
90	0.517	0.511	0.505	0.500	0.494	0.488	0.483	0.477	0.472	0.467
100	0.463	0.458	0.454	0.449	0.445	0.441	0.436	0.432	0.428	0.423
110	0.419	0.415	0.411	0.407	0.403	0.399	0.395	0.391	0.387	0.383
120	0.379	0.375	0.371	0.367	0.364	0.360	0.356	0.353	0.349	0.346
130	0.342	0.339	0.335	0.332	0.328	0.325	0.322	0.319	0.315	0.312
140	0.309	0.306	0.303	0.300	0.297	0.294	0.291	0.288	0.285	0.282
150	0.280	0.277	0.274	0.271	0.269	0.266	0.264	0.261	0.258	0.256
160	0.254	0.251	0.249	0.246	0.244	0.242	0.239	0.237	0.235	0.233

$\lambda\sqrt{\dfrac{f_y}{235}}$	0	1	2	3	4	5	6	7	8	9
170	0.230	0.228	0.226	0.224	0.222	0.220	0.218	0.216	0.214	0.212
180	0.210	0.208	0.206	0.205	0.203	0.201	0.199	0.197	0.196	0.194
190	0.192	0.190	0.189	0.187	0.186	0.184	0.182	0.181	0.179	0.178
200	0.176	0.175	0.173	0.172	0.170	0.169	0.168	0.166	0.165	0.163
210	0.162	0.161	0.159	0.158	0.157	0.156	0.154	0.153	0.152	0.151
220	0.150	0.148	0.147	0.146	0.145	0.144	0.143	0.142	0.140	0.139
230	0.138	0.137	0.136	0.135	0.134	0.133	0.132	0.131	0.130	0.129
240	0.128	0.127	0.126	0.125	0.124	0.124	0.123	0.122	0.121	0.120
250	0.119	—	—	—	—	—	—	—	—	—

d 类截面轴心受压构件的稳定系数 φ

$\lambda\sqrt{\dfrac{f_y}{235}}$	0	1	2	3	4	5	6	7	8	9
0	1.000	1.000	0.999	0.999	0.998	0.996	0.994	0.992	0.990	0.987
10	0.984	0.981	0.978	0.974	0.969	0.965	0.960	0.955	0.949	0.944
20	0.937	0.927	0.918	0.909	0.900	0.891	0.883	0.874	0.865	0.857
30	0.848	0.840	0.831	0.823	0.815	0.807	0.799	0.790	0.782	0.774
40	0.766	0.759	0.751	0.743	0.735	0.728	0.720	0.712	0.705	0.697
50	0.690	0.683	0.675	0.668	0.661	0.654	0.646	0.639	0.632	0.625
60	0.618	0.612	0.605	0.598	0.591	0.585	0.578	0.572	0.565	0.559
70	0.552	0.546	0.540	0.534	0.528	0.522	0.516	0.510	0.504	0.498
80	0.493	0.487	0.481	0.476	0.470	0.465	0.460	0.454	0.449	0.444
90	0.439	0.434	0.429	0.424	0.419	0.414	0.410	0.405	0.401	0.397
100	0.394	0.390	0.387	0.383	0.380	0.376	0.373	0.370	0.366	0.363
110	0.359	0.356	0.353	0.350	0.346	0.343	0.340	0.337	0.334	0.331
120	0.328	0.325	0.322	0.319	0.316	0.313	0.310	0.307	0.304	0.301
130	0.299	0.296	0.293	0.290	0.288	0.285	0.282	0.280	0.277	0.275
140	0.272	0.270	0.267	0.265	0.262	0.260	0.258	0.255	0.253	0.251
150	0.248	0.246	0.244	0.242	0.240	0.237	0.235	0.233	0.231	0.229
160	0.227	0.225	0.223	0.221	0.219	0.217	0.215	0.213	0.212	0.210
170	0.208	0.206	0.204	0.203	0.201	0.199	0.197	0.196	0.194	0.192
180	0.191	0.189	0.188	0.186	0.184	0.183	0.181	0.180	0.178	0.177
190	0.176	0.174	0.173	0.171	0.170	0.168	0.167	0.166	0.164	0.163
200	0.162	—	—	—	—	—	—	—	—	—

附录

参 考 文 献

[1] GB 50068—2018. 建筑结构可靠性设计统一标准.

[2] GB 50009—2012. 建筑结构荷载规范.

[3] GB/T 50083—2014. 工程结构设计基本术语标准.

[4] JGJ 92—2016. 无粘结预应力混凝土结构技术规程.

[5] GB 50010—2010. 混凝土结构设计规范（2015 年版）.

[6] 张誉. 混凝土结构基本原理 [M]. 北京：中国建筑工业出版社，2012.

[7] 李国平. 预应力混凝土结构设计原理 [M]. 2 版. 北京：人民交通出版社，2009.

[8] 罗福午，方鄂华，叶知满. 混凝土结构及砌体结构 [M]. 北京：中国建筑工业出版社，2003.

[9] 叶见曙. 结构设计原理 [M]. 3 版. 北京：人民交通出版社，2014.

[10] 袁锦根. 工程结构 [M]. 3 版. 上海：同济大学出版社，2012.

[11] 东南大学，天津大学，同济大学. 混凝土结构（上册）：混凝土结构设计原理 [M]. 5 版. 北京：中国建筑工业出版社，2011.

[12] 沈蒲生. 混凝土结构设计原理 [M]. 4 版. 北京：高等教育出版社，2012.

[13] 刘立新，叶燕华. 混凝土结构原理 [M]. 2 版. 武汉：武汉理工大学出版社，2012.

[14] 林宗凡. 建筑结构原理及设计 [M]. 3 版. 北京：高等教育出版社，2013.

[15] 董军. 钢结构基本原理 [M]. 重庆：重庆大学出版社，2011.

[16] 罗向荣. 混凝土结构 [M]. 2 版. 北京：高等教育出版社，2007.

[17] 熊丹安，杨冬梅. 建筑结构 [M]. 6 版. 广州：华南理工大学出版社，2014.

[18] 22G101—1. 混凝土结构施工图平面整体表示方法制图规则和构造详图（现浇混凝土框架、剪力墙、梁、板）

[19] GB 50017—2017. 钢结构设计标准.

[20] GB 50011—2010. 建筑抗震设计规范（2016 年版）.

[21] JGJ 3—2010. 高层建筑混凝土结构技术规程.

[22] JGJ 1—2014. 装配式混凝土结构技术规程.

[23] 梁威，吕辉，李桅. 竖向荷载作用下边梁对板柱结构整体刚度影响分析 [J]. 水利与建筑工程学报，2023，21（01）：54-60，178.

[24] 秦春春. 钢筋混凝土结构裂缝检测与分析研究 [J]. 中华建设，2023（02）：152-154.

[25] 陈景辉，胡键威. 房屋建筑装配式混凝土结构建造技术的应用研究 [J]. 工程建设与设计，2022（22）：204-206. DOI：10.13616/j.cnki.gcjsysj.2022.11.266.

[26] 高珺，姚继涛，程正杰. 设计基准期内地震活动区域既有结构寿命模型 [J/OL]. 工程力学：1-9 [2023-03-23]. http：//kns.cnki.net/kcms/detail/11.2595.O3.20221026.1546.085.html.

[27] 董孝曜，郭迅，罗若帆，等. 不同砌筑材料对钢筋混凝土框架的抗震性能影响 [J/OL]. 桂林理工大学学报：1-10 [2023-03-23]. http：//kns.cnki.net/kcms/detail/45.1375.N.20220907.1213.004.html.

[28] 郝昌言，周小姿，周清勇. 钢筋锈蚀对混凝土结构影响研究 [J]. 江西水利科技，2022，48（04）：280-284.